중학생이 쓴

그래서 너무 쉬운

정보처리
기능사

중학생이 쓴
그래서 너무 쉬운
정보처리
기능사

초판인쇄 2014년 10월 24일
초판발행 2014년 10월 24일

지은이 임준혁
펴낸이 채종준

펴낸곳 한국학술정보(주)
주 소 경기도 파주시 회동길 230(문발동 513-5)
전 화 031) 908-3181(대표)
팩 스 031) 908-3189
홈페이지 http://ebook.kstudy.com
E-mail 출판사업부 publish@kstudy.com
등 록 제일산-115호(2000.6.19)

ISBN 978-89-268-6697-9 13560

 이담 Books 는 한국학술정보(주)의 지식실용서 브랜드입니다.

중학생이 쓴

그래서 너무 쉬운

정보처리
기능사

필기

단국대학교
부속중학교 3학년
임준혁 지음

이담
Books

『정보처리기능사 완전정복』은 국내 대기업 및 공공 기관에 근무하는 여러 전문가, 박사, 정보관리기술사, 컴퓨터응용시스템기술사님들에게 책의 내용에 대해 모두 감수를 받았습니다.

머리말

처음 정보처리기능사 자격증을 취득하려고 마음을 먹은 것은 중학교 2학년 겨울방학 때입니다. 매번 방학이 오는데 방학 동안에 무언가 가치 있는 것을 하고 싶다는 생각에 부모님과 의논을 했고, 정보처리기능사 시험에 도전해 보기로 했습니다.

초등학교 때부터 컴퓨터는 흔하게 볼 수 있었고 사용했기 때문에 어렵지 않게 할 수 있을 거라고 생각했습니다. 하지만 막상 해야겠다고 마음먹고 공부를 하려고 하니, 어디서부터 어떻게 해야 할지 알 수가 없었습니다.

그래서 부모님과 상의해서 정보처리기능사 필기 책을 한 권 구매하고 인터넷을 통해 기출문제를 풀어보면서 공부를 시작했습니다. 하지만 처음부터 끝까지 하나도 이해가 되지 않았습니다. 누군가 기출문제만 암기하면 무조건 합격한다고 했는데……

그래서 우선 합격을 먼저 한 후, 배운 것을 다시 보기로 결정하였고 필기시험에 무사히 합격할 수 있었습니다. 그러나 중요한 것은 합격 이후였습니다. 합격 후 스스로 달라진 것이 없다는 생각이 들었고, 필기시험 때 공부한 것을 다시 한 번 보았지만 여전히 이해할 수가 없었습니다.

그래서 유튜브에서 Hello PC라는 동영상을 찾아 청취했고, 정보처리기능사 강사님들의 강의를 들었습니다. 그러고 나서 지금까지 배운 것을 정리해 보기로 했습니다. 출제 가이드를 보고 목차를 잡고 관련 자료를 인터넷에서 찾았습니다. 찾은 자료는 이미지를 복사하여 해당 목차에 붙여넣었습니다. 그다음 해당 자료를 바탕으로 일련의 내용 정리를 하고 다시 그림을 그려 넣어, 『정보처리기능사 완전정복』을 탄생시켰습니다.

저는 정보처리기능사 시험 이후 전체적인 정리를 통해서 더 많은 것을 알수 있었고, '컴퓨터라는 것이 이런 것이구나!'라는 자신감 또한 가질 수 있었습니다.

여러분도 정보처리기능사 자격증을 취득하고 자신이 배운 것을 정리하면 컴퓨터에 대해서 더 많이 알게 될 것입니다.

정보처리기능사
임준혁

'정보처리기능사 완전정복 특장점'

1) 정보처리기능사 주제에 대한 충분한 설명으로 이해력 향상

2) 합격을 위해서 기억해야 할 내용 확인

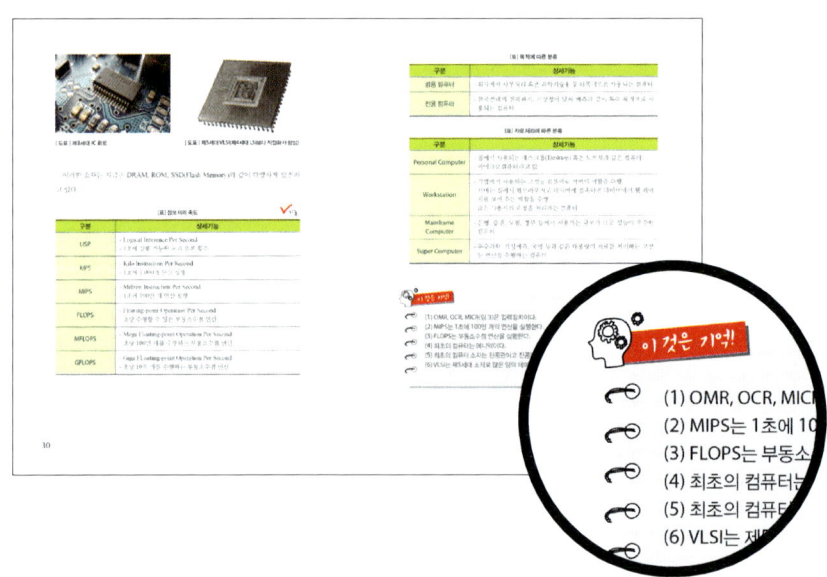

3) 실제 예제 제시

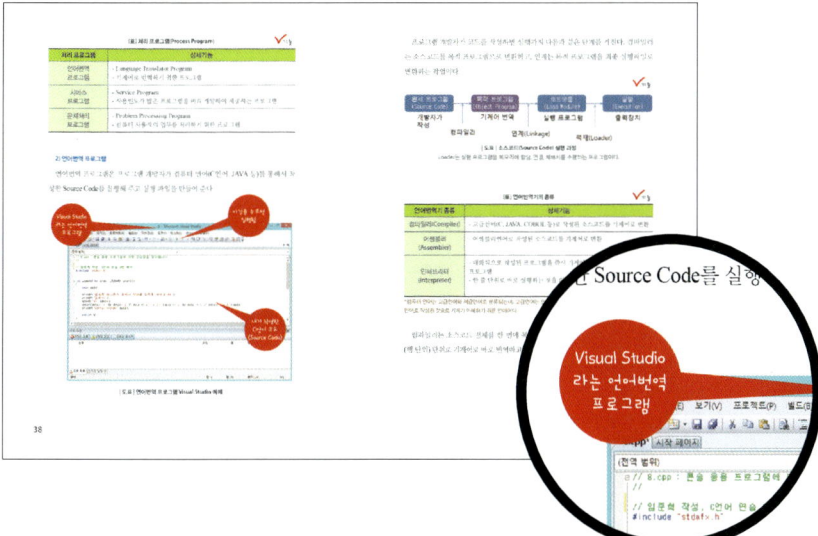

4) 기출문제 풀이에 대한 충분한 설명

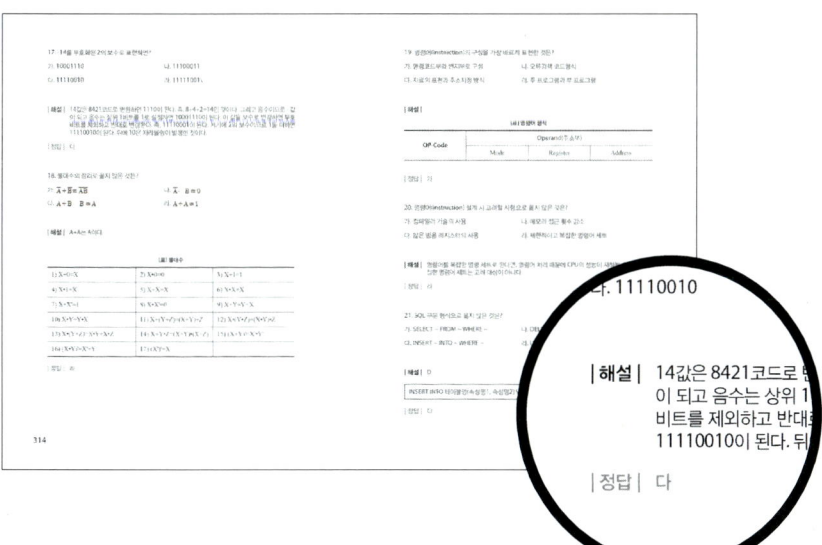

삼성SDS
김동협 수석 / 정보관리기술사

경력
- 現) 삼성SDS 수석
- 前) 대교CNS 차장

자격
- 정보관리기술사

저서
- 『정보처리기술사 핵심 문제 풀이집』

삼성 SDS에 근무하고 있는 김동협 수석입니다. IT(Information Technology) 기업에 근무하다 보면 IT 기술에 대한 기초의 중요성을 매번 느끼곤 합니다. 정보처리기능사는 IT 기술에 대한 기초를 확립할 수 있는 가장 중요하고 기본이 되는 공부라고 생각합니다.

처음 『정보처리기능사 완전정복』에 대한 감수 의뢰를 받았을 때, 정보처리기능사 책을 어떻게 써야 어린 학생들이 쉽고 빠르게 이해할 수 있을까 고민을 했습니다. 그리고 시중 서점에 출간된 몇 권의 정보처리기능사 책을 살펴보았습니다.

그리고 느낀 것은 처음 공부를 시작한 사람들에게 기술에 대한 설명이 부족해서 이해하기 어렵다는 점입니다. 그 이유는 대부분의 책이 정리된 형태라서 책만 보고 학습하는 것은 쉽지 않다는 것입니다.

하지만 임준혁 군의 『정보처리기능사 완전정복』은 정보처리기능사 출제 범위에 대한 설명과 시험을 위한 정리가 같이 되어 있어서 누구나 쉽게, 그리고 충분히 이해할 수 있습니다. 또한, 충분한 그림으로 어린 학생들이 실제 컴퓨터의 구조를 이해하는 데도 많은 도움이 될 것입니다.

진작 이런 책이 출간되어야 했는데 지금이라도 『정보처리기능사 완전정복』이 출간되어 무척 다행이라고 생각합니다. 본 책의 구독자들이 책의 내용을 반복적으로 학습해서 정보처리라는 이론체계를 확립하고, 정보처리기능사 자격증 취득뿐만 아니라 이론에 대한 확실한 개념을 수립해서 미래 정보기술을 이끌어 갈 인재로 거듭나기를 기대합니다.

대구 가톨릭대학교
교직원 박상수 / 컴퓨터응용시스템 기술사

자문 활동(2006~현재)
- 공공데이터 개방 추진위원, 공공기관 정보시스템 사양 선정위원
- 주요 정보통신시설 신규지정 평가위원, 공공기관 장애대응 자문 활동

강의 활동(2012~현재)
- 중소기업 이업종교류회 강의 · 자문
- 정보처리기술사 컴퓨터구조 · 임베디드 강사, 한이음IT 멘토링

주요 업무 경험
- Campus/Enterprise 네트워크 구축 · 운영(1998~2002)
- 통합 정보시스템 구축, 정보시스템 Framework 개발(2002~2006)
- 자문활동 및 강의, 정보시스템 프로젝트 관리(2006~현재)

대구 가톨릭대학교 교직원으로 근무하고 있는 박상수 기술사입니다. 먼저 본 책의 구독자에게 합격의 기쁨이 있기를 바랍니다. 대학교 전산학과에서 정보처리를 공부할 때 정보처리기능사 자격증은 가장 기본이 되는 자격증이라서 향후 대학생이 되면 학과 공부를 좀 더 편하게 할 수 있을 것입니다. 또한, 정보처리기능사는 정보 올림피아드 공부에도 많은 도움이 될 것으로 생각됩니다.

『정보처리기능사 완전정복』은 확실한 두 가지 특징이 있습니다. 첫 번째는 설명이 많다는 것입니다. 설명이 많고 쉽기 때문에 이 책을 통해서 충분히 이해할 수 있을 것으로 기대합니다.

누 번째는 기출문제 풀이 해설이 중분히 되어 있어서 시간이 없을 때 기출 풀이 해설을 위주로 학습하면 분명 많은 도움이 될 것입니다.

이 책의 저자인 임준혁 군은 비록 나이는 어리지만 정보처리에 대한 확실한 개념을 갖추고 있습니다. 저자의 지식과 감수인들이 지적한 내용을 충분히 이해하고 책에 반영했기 때문에 아주 훌륭한 책이 만들어졌습니다.

독자 여러분도 이 책을 통해서 정보기술에 대한 지식을 향상시키고 기능사 취득 이후에도 정보처리산업기사, 정보처리기사, 그리고 기술사까지 모두 취득하여 정보기술 전문가의 미래를 만들어 갈 수 있기를 기대합니다.

한국정보기술단
김동현수석 / 정보관리기술사

회사
-한국정보기술사 수석감리원, 前) 한국신용평가장

강의 활동
- 통계 · 데이터마이닝 강사(2013~현재)
- 정보처리기술사 데이터베이스 · 정보보안 강사(2011~2012)

주요 업무 경험
- 한국신용정보 기업정보시스템, 개인신용정보시스템 구축, 전사 DBA 한신정평가 차세대 프로젝트, 수협중앙회 RMS 구축
  프로젝트 등 다수(1999~2008)
- 정보시스템 구축 감리(2012~현재)

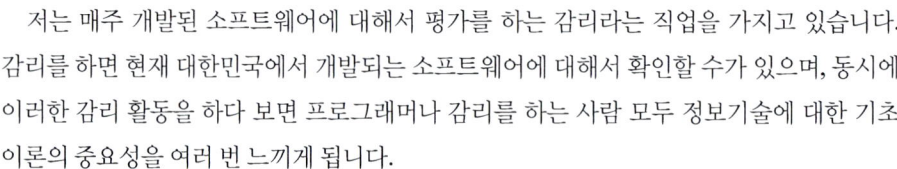

저는 매주 개발된 소프트웨어에 대해서 평가를 하는 감리라는 직업을 가지고 있습니다. 감리를 하면 현재 대한민국에서 개발되는 소프트웨어에 대해서 확인할 수가 있으며, 동시에 이러한 감리 활동을 하다 보면 프로그래머나 감리를 하는 사람 모두 정보기술에 대한 기초 이론의 중요성을 여러 번 느끼게 됩니다.

정보처리기능사의 전자계산기 일반, 패키지 활용, 운영체제, 정보통신은 정보화 기술을 이해하는 데 많은 도움이 될 것입니다.

전자계산기 과목을 통해서 컴퓨터의 작동 원리를 이해할 수 있습니다. 또한, 컴퓨터를 움직이기 위한 운영체제 과목은 윈도우, 유닉스, DOS에 대한 개념을 명확히 할 수 있습니다.

대규모의 데이터 공유 및 활용을 위한 데이터베이스를 포함하고 있는 패키지 활용 과목은 데이터베이스, 데이터베이스 관리 시스템, SQL을 이해시켜서 데이터를 활용한 시스템 구축을 이해할 수 있게 도와줄 것입니다.

정보통신 과목은 프로토콜의 의미를 분명히 이해하고 대표적인 프로토콜인 OSI 7계층을 알게 될 것입니다.

지금 이야기한 과목들은 향후 정보기술인이 반드시 알아야 하는 중요한 기술입니다. 『정보처리기능사 완전정복』을 통해서 독자 여러분의 정보기술인으로서의 꿈을 키우기 바랍니다.

한국인터넷진흥원
이용준 박사

학력

- 숭실대학교 컴퓨터학과 박사(2001~2005)

경력

- 한국인터넷진흥원 침해대응센터(2010~현재)
- LG CNS 기술연구부문(2007~2009)
- 현대정보기술 유비쿼터스사업부(2005~2006)

저서 및 논문

- 「지문인식 기반의 전자의무기록 시스템 인증 모델」(정보처리학회, 2011)
- 「바이오정보 워터마킹을 이용한 전자여권 보안기술」(한국정보보호학회, 2011)

자격

- CISA, CISSP, PMP, ISMS심사원, PIMS심사원, CC수습평가원

최근 개인정보 침해 및 각종 해킹 사고로 인하여 보안 위협 요소가 증가하고 있습니다. IT 강국인 대한민국에는 수백만 개의 홈페이지가 존재하며 서비스를 하고 있습니다. 하지만 보안을 위한 기술적ㆍ관리적 통제를 구현하는 곳은 몇 군데 없습니다.

이것은 서비스 제공자가 정보기술에 대한 지식과 경험이 부족해서 무엇을 어떻게 해야 하는지 모르는 경우가 많기 때문입니다. 특히 중소기업의 경우 이러한 문제점에 많이 노출되어 있습니다.

정보보안을 하기 위한 가장 기본은 정보처리에 대한 이해라고 생각합니다. 컴퓨터가 어떻게 동작하고 작업을 어떻게 처리해야 하는지를 이해해야 합니다. 이러한 이해를 바탕이 되어야 정보보안 강국을 실현할 수 있을 것입니다.

이러한 의미에서 『정보처리기능사 완전정복』을 감수한 결과, 컴퓨터의 동작원리와 네트워크, 운영체제 구조에 대한 상세한 설명과 정보기능사 시험에 충분한 기출문제와 키워드 설명이 반영되어 있다는 점에서 정보기술 혹은 정보보안 전문가를 꿈꾸는 학생들에게 아주 좋은 길라잡이가 될 것이라 생각합니다.

임준혁 군을 처음 보았을 때, **Visual Stdio**로 C언어를 코딩하는 모습을 보고 놀랐습니다.

그 당시 중학교 2학년이었는데 C언어로 알고리즘을 개발하는 모습을 보고 향후 10년 후에는 대한민국 정보기술 인력의 수준이 향상되리라 기대할 수 있게 되었습니다.

미국 오바마 대통령은 어린 학생들에게 소프트웨어 개발을 가르쳐야 한다고 이야기했습니다. 즉, 국가를 이끌어 갈 기반은 융합이고 이 융합의 기본이 되는 것이 소프트웨어라는 말입니다.

이러한 소프트웨어를 제대로 이해하고 활용하기 위해서는 컴퓨터 시스템, 네트워크, 운영체제, 정보보안 등에 대한 이해가 기본이 되어야 합니다.

본 책이 가장 기초적이면서 가장 중요한 기반을 만들어 드릴 것입니다. 그러므로 본 책을 단순히 정보처리기능사 자격증을 취득하는 데만 사용하지 말고 소장하여 정보기술에 대한 확실한 기반을 만드는 도구로 활용하기 바랍니다.

▶ 정보처리기능사 상시시험 접수: http://t.q-net.or.kr/main_t.jsp

▶ 상시접수로 매월 1회씩 필기시험과 실기시험이 있다고 생각하면 된다. 시험 접수 이후 발표는 3일 이후 발표된다.

직무 분야	정보통신	중직무 분야	정보기술	자격 종목	정보처리기능사	적용기간	2014.01.01 ~ 2016.12.31
직무내용			정보시스템의 분석, 설계 결과에 따른 작업을 수행하는 직무로서, 구현, 시험, 운영, 유 지보수 등에 관한 직무 수행				
필기검정방법	객관식	문제 수	60문제		시험시간		1시간

필기과목명	문제 수	주요 항목	세부 항목	항목
전자계산기 일반, 패키지 활용, PC 운영체제, 정보통 신 일반	60	1. 컴퓨터 구성 및 논 리회로	1. 컴퓨터 시스템 구성	1. 하드웨어의 기본 2. 소프트웨어의 기본 3. 컴퓨터 구조에 대한 기초
			2. 논리회로	1. 불대수 2. 기본논리회로 3. 논리회로의 간략화 4. 조합 논리회로 5. 순서 논리회로
		2. 수의 표현 및 명령어	1. 자료의 표현과 연산	1. 수의 표현 2. 자료의 표현방식 3. 수치연산 및 논리연산
			2. 명령어 및 제어	1. 명령어 형식 2. 명령어 실행 3. 주소지정 방식 4. 주소표현 방식 5. 제어장치의 제어방 식에 대한 기본
		3. 컴퓨터 구조	1. 입출력 및 기억장치	1. 입출력 기능 2. 입출력 채널 3. DMA 4. 인터럽트 5. 기억장치
			2. 연산장치와 마이 크로프로세서	1. 연산장치의 기본 2. 레지스터 3. ALU 4. 마이크로프로세서

4. 데이터베이스 일반 5. SQL의 이해	1. 데이터베이스 활용 2. SQL 활용	1. 데이터베이스의 개념 2. 데이터베이스 관리 1. SQL의 기본 개념 2. QUERY의 기본 3. 식, 조건, 연산자 4. 함수 5. 정렬 6. 조인 7. 데이터 처리
6. 패키지 일반	3. 스프레드시트 및 프레젠테이션	1. 개념 파악
7. 운영체제의 일반	1. 운영체제의 개요	1. 운영체제의 개념 2. 운영체제의 발전 3. 운영체제의 기능
8. 운영체제의 종류	1. WINDOW 2. DOS	1. WINDOW의 개요 2. WINDOW의 기능 3. WINDOW의 시스 템 환경 4. WINDOW의 FILE 처리 및 조작 1. DOS의 개요 및 기능 2. DOS의 환경과 기능
9. 전산영어	1. 운영체제 관련 지식	1. 운영체제에 관련된 기본용어 2. 운영체제에 관련된 기본개념
10. 정보통신 개요	1. 정보와 정보통 신의 개념 2. 정보통신 관련 용어의 정의	1. 정보의 개념 2. 정보통신의 개념 1. 신기술 관련 용어 2. 정보통신 용어의 정의
11. 정보전송 회선	1. 전송선로의 종류 와 특성 2. 통신속도 및 통신 용량	1. 전송선로의 종류 2. 전송선로의 특성 1. 통신속도 및 통신용량

	12. 정보전송	1. 전송부호의 종류 및 특성	1. 전송부호의 종류 2. 전송부호의 특성
		2. 정보 전송방식	1. 기저대역 전송 2. 광대역 전송
		3. 신호 변환방식	1. 변조방식 2. 복조방식
		4. 전송에러 제어 방식	1. 에러 제어의 개요 2. 에러 제어 방식의 종류와 특성
	13. 정보통신설비	1. 정보전송 설비	1. 데이터회선 종단장치 2. 다중화 및 역다중화기
		2. 정보교환 설비	1. 회선교환설비 2. 패킷교환설비 3. 인터넷전화, 교환기 (IPT)
	14. 통신프로토콜	1. 프로토콜의 개요	1. 통신 프로토콜의 기초 2. 통신 프로토콜의 종류 및 특성
		2. OSI 7 Layer	1. 프로토콜의 구조 및 기능 2. 계층별 특성
		3. 기타 통신규약	1. 기타 통신 프로토콜의 종류와 특성
	15. 정보통신망	1. 정보통신망의 기본 구성	1. 정보통신망의 개념 2. 정보통신망의 구성
		2. 정보통신망의 종류 및 특성	1. 정보통신망의 종류 2. 정보통신망의 특성
	16. 뉴미디어	1. 뉴미디어의 종류 및 특성	1. 뉴미디어의 종류 2. 뉴미디어의 특성
		2. 멀티미디어	1. 멀티미디어의 개요 2. 멀티미디어 관련 기술

• 정보처리기능사 필기시험은 1시간 동안 총 60문제에 대해서 시험이 실시되며 상시시험으로 한 달에 한 번씩 누구나 응시할 수 있고 과목 과락 없이 36개를 맞으면(평균 60점) 합격한다.

정보처리기능사 실기 출제기준

직무 분야	정보 통신	중직무 분야	정보기술	자격 종목	정보처리기능사	적용 기간	2014.01.01 ~ 2016.12.31
직무내용		정보시스템의 분석, 설계 결과에 따른 작업을 수행하는 직무로서, 구현, 시험, 운영, 유지보수 등에 관한 직무 수행					
수행준거		1. 요구 내용에 대한 기초 알고리즘을 파악 및 구현할 수 있다. 2. 정보시스템을 구축 및 운영할 수 있다. 3. 데이터베이스에 대한 기초 개념을 파악하여 데이터베이스 실무 기초 작업을 수행 할 수 있다. 4. IT 관련 신기술 기초내용을 파악할 수 있다. 5. 기초 실무 전산영어의 용어를 파악할 수 있다.					
실기검정방법		필답형		**시험시간**		2시간	

실기과목명	주요항목	세부항목	세부항목
정보처리 실무	1. 정보처리 실무기초	1. 애플리케이션 개발	1. 애플리케이션을 개발할 수 있다. 2. 기초 알고리즘 작업을 할 수 있다. 3. 현업 알고리즘 기초 작업을 처리 할 수 있다.
		2. DB 구축 및 관리	1. 데이터베이스 용어 이해를 할 수 있다. 2. 데이터베이스 시스템 기초 개념 을 이해할 수 있다. 3. 기타 DB 운영 관리를 할 수 있다.
	2. 정보기술 기초이해	1. 신기술 동향	1. 최신 기술용어의 개념을 파악할 수 있다. 2. 신기술 기초사항을 파악할 수 있다.
		2. 전산영어 실무	1. 기초용어를 파악할 수 있다. 2. 기타 기초실무에 관한 내용을 파 악할 수 있다.

- 정보처리기능사 실기는 필기 합격자가 2년 동안 자유롭게 응시할 수 있으며 알고리즘 위주의 학습이 가장 중요하다. 그 이유는 알고리즘의 배점이 50점이어서 전체 시험의 50%를 차지한다.
- 기타 데이터베이스, 최신 용어, 전산영어 실무는 기초적인 내용만을 포함하므로 조금만 공부하면 누구나 점수를 받을 수 있다.

CONTENTS

1

전자계산기 일반

컴퓨터 시스템(Computer System) 구조

1.1.1 컴퓨터 시스템 개요

컴퓨터라는 것은 데이터 처리(덧셈, 뺄셈, 데이터 이동, 보수 등)를 수행하는 장비로 하드웨어와 소프트웨어로 구성된다. 여기서 하드웨어는 모니터, 본체, 키보드, 마우스로 구성되는데, 컴퓨터라고 이야기하는 것은 본체를 뜻한다.

| 도표 | 컴퓨터 구성

모니터는 단순히 홈페이지, 문서, 동영상 등을 표출하는 장치이고, 이렇게 컴퓨터 사용자의 눈에 보이게 하는 장치(Output, Standard Output)라고 한다. 키보드는 컴퓨터 사용자가 컴퓨터에 어떤 작업을 지시할 때 사용하는 것으로 입력장치(Input, Standard Input)라고 한다. 요즘은 컴퓨터가 발전되어서 다양한 입력과 출력장치가 존재하는데, 입력장치는 키보드, 마우스, 터치스크린, 음성인식과 같은 형태로 발전되었고, 출력장

치는 모니터, 스마트폰, 빔프로젝터와 같은 형태 등이 존재한다.

실제 컴퓨터는 본체인데, 본체를 열어 보면 메인보드라는 곳에 CPU, 메모리, 디스크 등이 연결된 구조로 되어 있다.

| 도표 | 본체에 존재하는 메인보드(Main Board)

메인보드는 컴퓨터에서 가장 중추적인 역할을 하는 곳으로 중앙처리장치라고 불리는 CPU와 데이터를 보관하는 메모리, 컴퓨터 메인보드 외부에 데이터를 영구적으로 보관하는 보조기억장치를 연결할 수 있는 단자로 구성되어 있으는데, 일명 디스크를 연결하는 것이다.

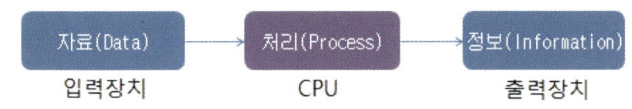

| 도표 | 컴퓨터의 자료처리 과정
정보는 입력된 자료를 처리한 결과로 얻은 것으로 유용하게 활용될 수 있는 결과물이다.

그럼 이러한 컴퓨터는 과연 어떤 기능과 특징을 가지고 있는지 알아보자.

[표] 컴퓨터의 주요 기능

컴퓨터 기능	설명
입력(Input)	프로그램 및 자료를 컴퓨터 시스템에 입력하는 기능으로 가장 대표적인 것이 키보드와 마우스
저장(Store)	입력된 프로그램과 데이터를 기억하는 것으로 메모리와 보조기억장치(하드디스크)가 있음.
연산(Arithmetic Operation)	사칙연산(덧셈, 뺄셈, 곱셈, 나눗셈)과 논리연산(AND, OR, NOT) 기능을 수행
제어(Control)	컴퓨터를 구성하는 장치들을 감독하고 작업을 지시
출력(Output)	모니터와 같은 장치로 처리된 결과를 표출

[표] 컴퓨터의 특징

특징	상세기능
범용성	특정 부분에 영향을 받지 않고 대부분의 업무를 처리할 수 있음.
호환성	서로 다른 컴퓨터 구조와 운영체제(Window 98, Window 10 등)에서도 자료에 대한 공유가 가능함.
대용량성	대용량 자료 및 동영상, 이미지, 음성과 같은 멀티미디어 자료 처리가 가능
자동성	프로그램에 의해서 자동으로 작업을 처리함.
신속성	컴퓨터 사용자의 작업요청에 따라 신속히 작업을 처리함.
정확성	처리된 결과는 정확성을 보장함.

•컴퓨터는 창의성, 창조성은 없고 응답시간을 최소화시킴.

이것은 기억!

- (1) 컴퓨터는 CPU, 메모리, 보조기억장치(하드디스크)로 구성된다.
- (2) 컴퓨터는 응답시간을 최소화(빠르게)시킨다.
- (3) 컴퓨터는 창의성과 창조성은 없다.

주요 기출문제

| 문제 | 프로그램이 컴퓨터의 기종에 관계없이 수행될 수 있는 성질을 의미하는 것은?

가. 가용성 　　　　　　　　　　나. 신뢰성

다. 호환성 　　　　　　　　　　라. 안정성

| 해설 | 호환성은 컴퓨터 하드웨어 및 소프트웨어와 관계없이 정상적으로 기동될 수 있는 특성
이다.

| 정답 | 다

1.1.2 컴퓨터 시스템 등장

1946년 미군의 탄도연구소 요청에 의해서 미국 펜실베이니아 대학 존 모클리와 프레스퍼 에트가 3년간의 공동 설계로 만든 최초의 컴퓨터가 에니악(ENIAC)이다. 에니악은 10진수 체계를 이용한 전자식 자동계산기였다.

| 도표 | 세계 최초의 컴퓨터 에니악
정말 크지요! 이 컴퓨터가 60년도 안 되어서 지금 우리가 사용하는 스마트폰 시대를 만들었다.

에니악은 10진수를 사용하였는데, 이것은 0에서 9까지의 숫자를 인식한다는 뜻이다. 이후 10진수 체계를 2진수 체계로 바꾸게 된다. 1949년 존 폰 노이만은 케임브리지 대학 연구팀에서 프로그램 내장방식의 에드삭(EDSAC)을 개발하고 이후 2진수를 사용하는 에드박(EDVAC)을 개발했다.

이후 1951년 유니박-원(UNIVAC-1)을 만들어 상품화하였다.

즉, 프로그램 내장방식과 2진수 체계(컴퓨터는 0과 1밖에 몰라요) 형태의 컴퓨터가 현재의 컴퓨터이다. 특히, 2진수 0과 1로 데이터를 표현하는 방식은 지금의 컴퓨터도 그대로 사용하고 있고 이것을 디지털이라고 한다.

[표] 전자식 컴퓨터

발전	상세기능
에니악(ENIAC)	- 최초의 전자식 계산기 - 10진수와 외부 프로그램 방식
에드삭(EDSAC)	- 최초로 프로그램 내장 방식 채택
유니박(UNIVAC-1)	- 최초의 상업용 계산기
에드박(EDVAC)	- 폰 노이만 - 프로그램 내장 및 2진수 체계

컴퓨터 시스템에서 연산처리 및 데이터를 저장할 수 있는 것이 소자이다. 이것은 최초의 진공관에서 현재 사용하고 있는 반도체인 VLSI까지 발전했다.

[표] 컴퓨터 소자의 발전 기출

세대	주요 소자	특징
제1세대	진공관	- 속도가 느림. - 하드웨어 부피가 큼.
제2세대	트랜지스터	- 소프트웨어 중심, 운영체제의 등장 - 실시간 처리 및 다중 프로그래밍
제3세대	직접회로(IC)	- OMR, OCR, MICR 등장 - 시분할 처리, 다중 처리
제4세대	고밀도 직접회로(LSI)	- 개인용 컴퓨터 - 마이크로프로세서(CPU) - 가상 기억장치 - 슈퍼컴퓨터 등장
제5세대	초고밀도 직접회로(VLSI)	- 인공지능, 전문가 시스템 - 의사결정 시스템

트랜지스터 소자가 등장한 이후 운영체제가 개발되었는데, 현재 사용하고 있는 윈도우와 같은 프로그램이다. 실시간 시스템이란 컴퓨터 사용자가 자료를 입력 즉시 처리할 수 있는 컴퓨터이고, 다중 프로그래밍은 운영체제에서 여러 개의 프로그램을 동시에 사용하는 것을 의미한다.

또한, 입력장치로 OMR, OCR, MICR 등이 등장하고 CPU가 연산을 할 때 특정 시간 동안 자료를 처리하게 하는 시분할 시스템, 또 한 대의 컴퓨터에 여러 개의 CPU를 탑재한 다중처리 시스템이 등장했다.

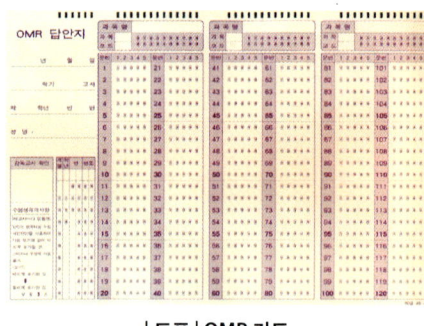

| 도표 | OMR 카드

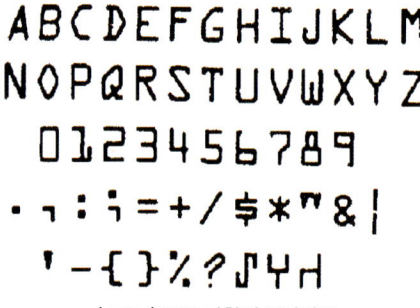

| 도표 | OCR 광학적 문자판독

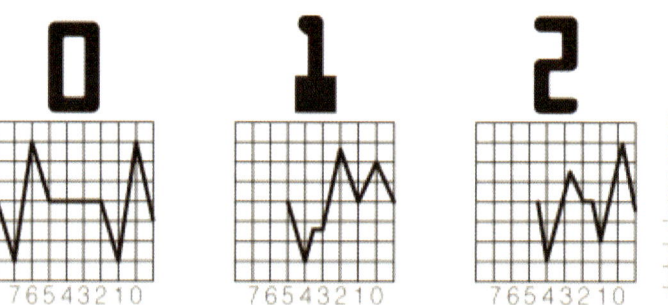

| 도표 | MICR, 자기잉크문자 인식

28

OMR, OCR, MICR과 같은 다양한 입력장치가 개발되어서 컴퓨터로 입력하게 된 것이다.

최초의 소자 진공관을 보면 부피가 굉장히 큰 것을 확인할 수 있다.

| 도표 | 제1세대 진공관

제2세대 트랜지스터에서는 부피를 혁신적으로 줄였다.

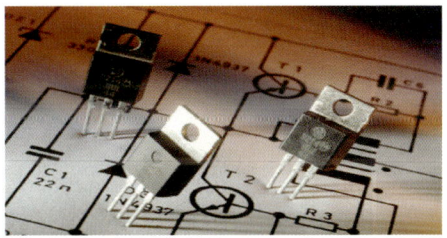

| 도표 | 제2세대 트랜지스터

제3세대부터는 지금과 같은 반도체의 모습을 갖추었고 부피와 성능이 개선되었다. 하지만 반도체는 열에 약한 특성을 가진다.

| 도표 | 제3세대 IC 회로

| 도표 | 제5세대 VLSI(제4세대 LSI보다 직접화가 향상)

이러한 소자는 지금은 DRAM, ROM, SSD(Flash Memory)와 같이 다양하게 발전하고 있다.

[표] 정보처리 속도

기출

구분	상세기능
LISP	- Logical Inference Per Second - 1초에 실행 가능한 논리 추론 횟수
KIPS	- Kilo Instruction Per Second - 1초에 1,000개 연산 실행
MIPS	- Million Instruction Per Second - 1초에 100만 개 연산 실행
FLOPS	- Floating-point Operation Per Second - 초당 수행할 수 있는 부동소수점 연산
MFLOPS	- Mega Floating-point Operation Per Second - 초당 100만 개를 수행하는 부동소수점 연산
GFLOPS	- Giga FLoating-point Operation Per Second - 초당 10억 개를 수행하는 부동소수점 연산

[표] 목적에 따른 분류

구분	상세기능
범용 컴퓨터	- 회사에서 사무처리 혹은 과학기술용 등 다목적으로 사용되는 컴퓨터
전용 컴퓨터	- 한국전력의 전력관리, 기상청의 날씨 예측과 같이 특수 목적으로 사용되는 컴퓨터

[표] 자료처리에 따른 분류

구분	상세기능
Personal Computer	- 집에서 사용되는 데스크톱(Desktop) 혹은 노트북과 같은 컴퓨터 - 마이크로컴퓨터라고 함.
Workstation	- 기업에서 사용하는 고성능 컴퓨터로 서버의 역할을 수행 - 서버는 집에서 웹브라우저로 네이버에 접속하면 네이버에서 웹 페이지를 보여 주는 역할을 수행 - 많은 사용자의 요청을 처리하는 컴퓨터
Mainframe Computer	- 은행, 증권, 보험, 정부 등에서 사용하는 규모가 크고 성능이 우수한 컴퓨터
Super Computer	- 우수과학, 기상예측, 국방 등과 같은 대용량의 자료를 처리하는 고성능 연산을 수행하는 컴퓨터

 (1) OMR, OCR, MICR(잉크)은 입력장치이다.

 (2) MIPS는 1초에 100만 개의 연산을 실행한다.

(3) FLOPS는 부동소수점 연산을 실행한다.

 (4) 최초의 컴퓨터는 에니악이다.

 (5) 최초의 컴퓨터 소자는 진공관이고 진공관의 부피를 줄인 것이 트랜지스터이다.

 (6) VLSI는 제5세대 소자로 많은 양의 데이터를 저장한다.

| 문제 | 컴퓨터 입력장치 중에서 잉크를 사용하는 입력장치는 무엇인가?

　　　가. 키보드　　　　　　　　　나. OCR

　　　다. MICR　　　　　　　　　라. 마우스

| 해설 | 입력장치에서 잉크를 식별하는 입력장치는 MICR이다.

| 정답 | 다

 주요 기출문제

| 문제 | 정보처리 속도 단위 중 초당 100만 개의 연산을 수행한다는 의미의 단위는?

　　　가. MIPS　　　　　　　　　나. KIPS

　　　다. MFLOPS　　　　　　　라. LIPS

| 해설 | - Million Instruction Per Second
　　　　- 1초에 100만 개의 연산을 실행

| 정답 | 가

1.1.3 컴퓨터 하드웨어(Hardware)

하드웨어는 텔레비전이나 냉장고와 같은 것으로 컴퓨터 시스템을 이루는 기계를 의미한다. 컴퓨터가 가전제품과 다른 점은 하드웨어에 프로그램(소프트웨어)을 설치하여 기계를 관리할 수 있다는 것이다.

컴퓨터 하드웨어는 입력장치, 처리장치, 연산장치, 기억장치, 출력장치로 구성된다. 중앙처리장치와 주변장치로 컴퓨터 하드웨어를 분류하면, 중앙처리장치는 연산장치, 제어장치, 주기억장치로 구성되고, 주변장치는 입력장치, 출력장치, 보조기억장치로 구성된다.

1) 중앙처리장치(CPU: Central Processing Unit)

2개의 Core를 가진 Dual Core CPU

인간으로 비유하면 두뇌에 해당되는 것으로 컴퓨터에서 가장 중요한 역할을 수행한다. CPU는 컴퓨터 각 부분의 동작을 제어하고 연산을 수행한다. CPU 내부는 제어장치와 연산장치로 구분된다.

구성요소	상세기능
레지스터(Register)	- CPU 내 고속의 임시 기억장치로 자료를 일시적으로 저장함. - 연산속도의 향상을 위해서 사용됨. - 1비트의 정보를 저장할 수 있는 플립플롭의 모임
제어장치 (Control Unit)	- 연산, 기억장치, 입력과 출력을 감시하고 제어 - 프로그램의 명령을 해독 - 제어신호를 발생시켜 명령을 순차적으로 처리
연산장치 (Arithmetic & Logic Unit)	- CPU 내에서 논리연산, 사칙연산, 데이터 이동 등의 작업을 수행

CPU 내의 제어장치는 많은 레지스터로 구성된다.

[표] 제어장치 구성

제어장치 구성	상세기능
PC (Program Counter)	- 다음 수행할 명령어가 저장된 주기억장치의 번지를 지정
MAR (Memory Address Register)	- 주기억장치에 접근하기 위한 주기억장치의 번지를 기억
MBR (Memory Buffer Register)	- 주기억장치에 입출력할 자료를 기억하는 레지스터
IR (Instruction Register)	- 주기억장치에서 인출한 명령코드를 기억하는 레지스터

* 위의 레지스터 중에서 PC, MAR, MBR, IR은 반드시 기억해야 함.

연산장치는 ACC, 가산기, 레지스터, 보수기 등으로 구성된다.

연산장치 구성	상세기능
ACC (ACC: Accumulator)	- 산술과 논리연산의 결과를 기억 - 연산 수행 결과를 기억하는 레지스터로 연산의 중심이 되는 레지스터
가산기(Adder)	- 누산기와 데이터 레지스터의 값을 더하고 누산기에 저장
데이터 레지스터 (Data Register)	- 연산 과정에서 사용되는 데이터를 저장
상태 레지스터 (Status Register)	- 현재 상태 정보를 가짐. - 프로그램의 수행에 따른 중앙처리장치의 상태정보를 기억하는 레지스터(Program Status Word)
보수기 (Complement)	- 나눗셈과 뺄셈을 위해서 보수로 변경하는 레지스터

2) 주기억장치(Main Memory)

자료와 프로그램을 기억하는 장치로 전원이 차단되면 지워지는 휘발성 메모리의 특성을 가진다.

| 도표 | 주기억 장치

3) 주변장치

입력장치에는 OMR, OCR, MICR, 키보드, 마우스 등이 있으며, 출력장치에는 프린터, 모니터, X-Y플로터 등이 있다. 또, 보조기억장치로 대용량의 데이터를 기억하기 위한 하드디스크, CD-ROM 등이 있다.

| 도표 | 하드디스크

컴퓨터 메인보드와 연결
되어서 대용량의 자료를
저장

 이 것은 기억!

 (1) 연산장치의 구성요소를 기억하자.

 (2) 제어장치에서 PC, IR, MAR, MBR의 역할을 식별하자.

 (3) 입력장치와 출력장치의 종류를 기억하자! 특히 X-Y 플로터는 출력장치이다.

 주요 기출문제

| 문제 | 논리적 연산의 종류에 해당하지 않는 것은?

　　　가. AND　　　　　　　나. OR

　　　다. Rotate　　　　　　라. ADD

| 해설 | 논리연산에는 AND, OR, NOT, Rotate가 있고 ADD는 가산이다.

| 정답 | 라

1.1.4 컴퓨터 소프트웨어(Software)

컴퓨터에 소프트웨어가 없다면 컴퓨터라는 것은 아무것도 할 수 없는 물건에 불과할 것이다. 컴퓨터를 가치 있게 만드는 것이 바로 소프트웨어이다. 소프트웨어는 하드웨어를 움직이게 해서 컴퓨터 사용자의 작업을 처리해 준다.

컴퓨터 시스템에서 소프트웨어는 시스템 소프트웨어와 응용 소프트웨어로 구분된다. 시스템 소프트웨어는 운영체제와 언어번역 프로그램, 유틸리티 프로그램이 존재하고, 응용 소프트웨어는 업무 처리를 위해서 개발된 업무처리 소프트웨어, 스프레드시트, 워드프로세서 등이 존재한다.

시스템 소프트웨어는 시스템을 운영하는 프로그램을 의미하고 운영체제, 언어번역, 유틸리티 프로그램으로 구분된다.

1) 운영체제(OS: Operating System)

운영체제는 컴퓨터 하드웨어를 관리하는 소프트웨어로 하드웨어와 컴퓨터 사용자 사이에 있는 프로그램이며, 제어 프로그램과 처리 프로그램으로 분류된다.

[표] 제어 프로그램(Control Program) 기출

제어 프로그램	상세기능
감시프로그램	- Supervisor Program - 컴퓨터 시스템을 감시 및 감독 수행
작업관리 프로그램	- Job Management Program - 작업처리, 작업관리를 수행하는 프로그램
데이터관리 프로그램	- Data Management Program - 데이터 및 파일을 관리하는 프로그램

처리 프로그램	상세기능
언어번역 프로그램	- Language Translator Program - 기계어로 번역하기 위한 프로그램
서비스 프로그램	- Service Program - 사용빈도가 많은 프로그램을 미리 개발하여 제공하는 프로그램
문제처리 프로그램	- Problem Processing Program - 컴퓨터 사용자의 업무를 처리하기 위한 프로그램

2) 언어번역 프로그램

언어번역 프로그램은 프로그램 개발자가 컴퓨터 언어(C언어, JAVA 등)를 통해서 작성한 Source Code를 실행해 주고 실행 파일을 만들어 준다.

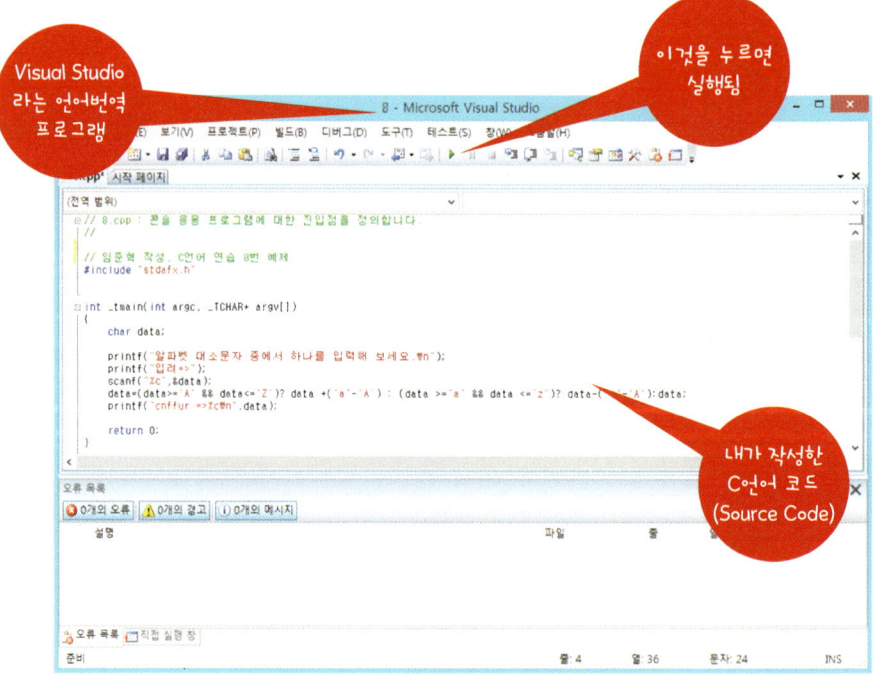

| 도표 | 언어번역 프로그램 Visual Studio 예제

프로그램 개발자가 코드를 작성하면 실행까지 다음과 같은 단계를 거친다. 컴파일러는 소스코드를 목적 프로그램으로 변환하고, 연계는 목적 프로그램을 최종 실행파일로 변환하는 작업이다.

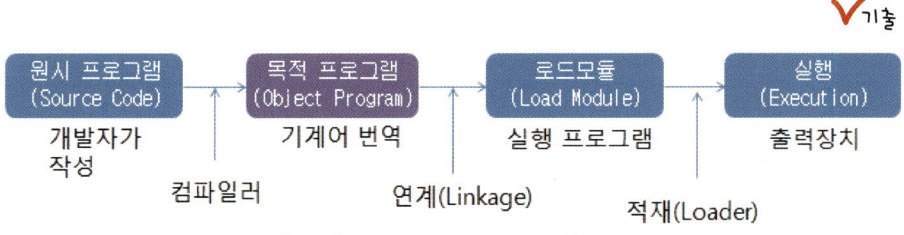

| 도표 | 소스코드(Source Code) 실행 과정
Loader는 실행 프로그램을 메모리에 할당, 연결, 재배치를 수행하는 프로그램이다.

[표] 언어번역기의 종류

언어번역기 종류	상세기능
컴파일러(Compiler)	- 고급언어(C, JAVA, COBOL 등)로 작성된 소스코드를 기계어로 변환
어셈블러 (Assembler)	- 어셈블리언어로 작성된 소스코드를 기계어로 변환
인터프리터 (Interpreter)	- 대화식으로 작성된 프로그램을 즉시 기계어로 번역하고 실행해 주는 프로그램 - 한 줄 단위로 바로 실행하는 것을 의미함.

*컴퓨터 언어는 고급언어와 저급언어로 분류되는데, 고급언어는 인간이 이해하기 쉬운 언어이고 저급언어는 어셈블리언어로 작성된 것으로 기계가 이해하기 쉬운 언어이다.

컴파일러는 소스코드 전체를 한 번에 목적 파일로 변환하지만, 인터프리터는 한 줄 (행 단위) 단위로 기계어로 바로 번역하고 실행까지 수행하는 것이다.

3) 응용 소프트웨어(Application Program)

업무처리를 위해서 작성된 워드프로세서, 프레젠테이션, 데이터베이스, 스프레드시트 등과 같은 프로그램을 의미한다.

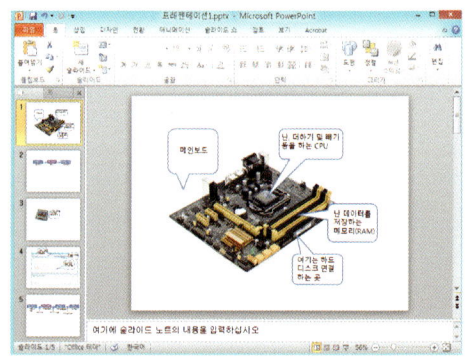

| 도표 | 프레젠테이션(MS Power Point)

 주요 기출문제

| 문제 | 운영체제를 구성하는 프로그램 중 처리 프로그램에 해당하는 것은?

가. 감독 프로그램(Supervisor)   나. 작업관리 프로그램(Job management)

다. 서비스 프로그램(Service)   라. 데이터관리 프로그램(Data management)

| 해설 | 처리 프로그램에는 언어번역, 서비스, 문제처리 프로그램이 있다.

| 정답 | 다

| 문제 | 로더(Loader)가 수행하는 기능으로 옳지 않은 것은?

가. 재배치가 가능한 주소들을 할당된 기억장치에 맞게 변환한다.
나. 로드 모듈은 주기억장치로 읽어 들인다.
다. 프로그램의 수행 순서를 결정한다.
라. 프로그램을 적재할 주기억장치 내의 공간을 할당한다.

| 해설 | 로더(Loader)는 기억장치를 할당, 연결, 재배치, 적재를 수행한다.

| 정답 | 다

1.2.1 불대수(Boolean Algebra)

영국 수학자가 만든 논리수학으로 컴퓨터 부품 설계에 사용된다. 불대수는 하나의 명제가 참인지 거짓인지를 판단하는 데 이용되는 수학적인 방법으로 불대수 연산자에는 논리곱(AND), 논리합(OR), 논리부정(NOT)이 존재한다.

✔기출

1) $X+0=X$	2) $X \cdot 0 = 0$	3) $X+1=1$
4) $X \cdot 1 = X$	5) $X+X=X$	6) $X \cdot X = X$
7) $X+X'=1$	8) $X \cdot X' = 0$	9) $X+Y=Y+X$
10) $X \cdot Y = Y \cdot X$	11) $X+(Y+Z)=(X+Y)+Z$	12) $X \cdot (Y \cdot Z)=(X \cdot Y) \cdot Z$
13) $X \cdot (Y+Z)=X \cdot Y + X \cdot Z$	14) $X+Y \cdot Z = (X+Y) \cdot (X+Z)$	15) $(X+Y)'=X' \cdot Y'$
16) $(X \cdot Y)'=X'+Y'$	17) $(X')'=X$	

불대수는 AND는 곱하기이고 OR은 더하기이다. 또한, NOT은 반대이며, NOT이 2개이면 없는 것과 같다. 즉, AND에서 $X \times 0 = 0$이 되고 $X \times 1 = 1$이 된다. $X+0=X$이다.

 (1) 불대수의 논리식은 반드시 기억하자.

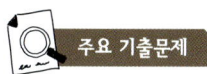

| 문제 | 불대수의 정리 중 옳지 않은 것은?

       가. A+A=1   나. A·A=A

       다. 1+A=1   라. A·1=A

| 해설 | 불대수에서 A+A=A이다.

| 정답 | 가

| 문제 | Y=A+A^×B를 간소화하면?

       가. A   나. B

       다. A+B   라. A×B

| 해설 | 불대수 분배법칙을 적용하면 (A+A^)×(A+B)가 되고 A+A^는 1이 되므로 A+B가 된다.

| 정답 | 다

1.2.2 논리 게이트(Gate)

논리 게이트는 디지털 신호인 "0"과 "1"로 2진 정보를 게이트(Gate)라는 논리회로에서 처리하는 것을 의미하는 것으로, 2진 정보를 처리하기 위한 논리회로의 기본소자이다. 논리 게이트는 하드웨어를 구성하는 가장 기본적인 소자이다.

1) AND 게이트

논리곱으로 두 개의 입력값이 모두 1일 때 출력이 1이 된다.

[표] 스위치 및 AND 게이트   ✔기출

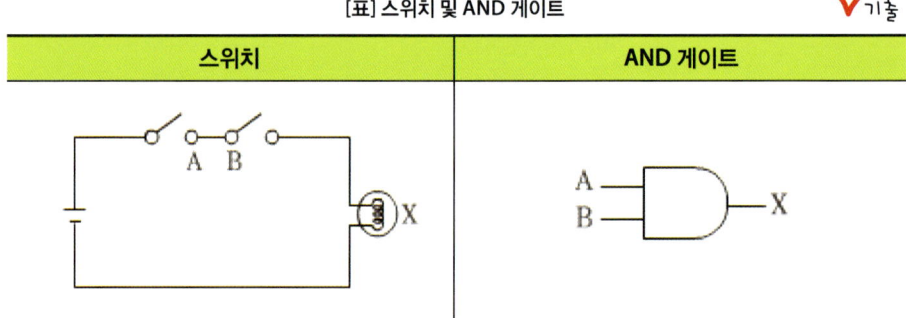

스위치	AND 게이트

위의 도표에서 A와 B 모두가 On일 경우 램프가 켜진다.

스위치			AND 게이트
A	B	Y	
0	0	0	$Y=A \times B$
0	1	0	$Y=AB$
1	0	0	
1	1	1	

2) OR 게이트

논리합으로 입력 신호 중 1개만 1이 되어도 1로 출력된다.

[표] 스위치 및 OR 게이트

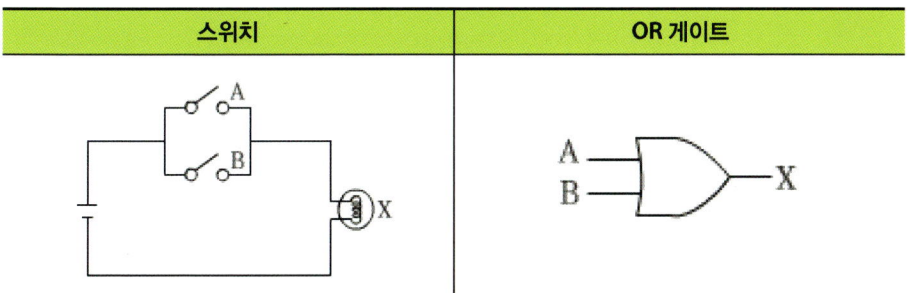

스위치	OR 게이트

[표] OR 게이트 진리표 및 논리식

진리표			논리식
A	B	Y	
0	0	0	
0	1	1	Y=A+B
1	0	1	
1	1	1	

3) NOT(Inverter) 게이트

입력되는 값에 대해서 반대로 출력되는 게이트이다.

[표] 스위치 및 NOT 게이트

스위치	NOT 게이트
	A —▷o— X

[표] NOT 게이트 진리표 및 논리식

진리표	논리식
A Y 0 1 1 0 A는 입력, Y는 출력	$Y = A'$

4) XOR(exclusive OR) 게이트

베타적 논리합으로 둘 중 하나의 값이 1일 때만 출력이 1이 된다.

[표] 스위치 및 XOR 게이트

스위치	NOT 게이트
	A, B ⊐D— X

[표] XOR 게이트 진리표 및 논리식

진리표			논리식
A	B	Y	
0	0	0	$Y=A \oplus B$
0	1	1	$Y=A'B+AB'$
1	0	1	$Y=(A+B)(A'+B')$
1	1	0	$Y=(A+B)(AB)'$
A와 B는 입력, Y는 출력			

5) NAND(NOT AND) 게이트

NAND는 AND 게이트와 NOT 게이트의 결합으로 AND 출력을 역으로 출력하는 것이다.

[표] NAND 진리표 및 논리식 기출

진리표			NAND게이트	논리식
A	B	Y		
0	0	1		
0	1	1		$Y=A'+B'$
1	0	1		
1	1	0		
A의 B는 입력, Y는 출력				

6) NOR(NOT OR) 게이트

NOR는 OR 게이트와 NOT 게이트의 결합으로 OR 출력을 역으로 출력하는 것이다.

[표] NOR 진리표 및 논리식

진리표	NAND게이트	논리식
<table><tr><th>A</th><th>B</th><th>Y</th></tr><tr><td>0</td><td>0</td><td>1</td></tr><tr><td>0</td><td>1</td><td>0</td></tr><tr><td>1</td><td>0</td><td>0</td></tr><tr><td>1</td><td>1</td><td>0</td></tr></table> A와 B는 입력, Y는 출력		$Y=A'+B'$

7) XNOR(Equivalence) 게이트

exclusive NOR로 베타적 부정 논리합, 두 수 모두 0 또는 1일 때만 출력값이 1이 된다.

[표] XNOR 진리표 및 논리식

진리표	XNOR 게이트	논리식
<table><tr><th>A</th><th>B</th><th>Y</th></tr><tr><td>0</td><td>0</td><td>1</td></tr><tr><td>0</td><td>1</td><td>0</td></tr><tr><td>1</td><td>0</td><td>0</td></tr><tr><td>1</td><td>1</td><td>1</td></tr></table> A와 B는 입력, Y는 출력		$Y=A{\odot}B$ $Y=X{\oplus}Y$ $Y=AB+A'B'$ $Y=(A'+B)(A+B')$ $Y=(AB)(A+B)'$

이것은 기억!

 (1) 논리 게이트의 진리표와 논리 게이트 그림은 꼭 기억해야 한다.

| 문제 | 다음 그림의 논리회로에서 출력(C)은? (단, A=1, B=1이다)

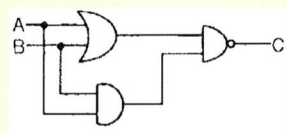

　　가. 0　　　　　　　　　　　　나. 1

　　다. 11　　　　　　　　　　　라. 1

| 해설 | A와 B가 OR 게이트를 만나므로 1이 된다. 또한, A와 B가 AND를 만나면 1이 된다. 그리고 마지막 Not AND를 만나므로 1과 1은 1이지만 Not이므로 0이 된다.

| 정답 | 가

| 문제 | 특정 비트 또는 특정 문자를 삭제하기 위해 사용하는 연산은?

　　가. OR 연산　　　　　　　　　　나. AND 연산

　　다. MOVE 연산　　　　　　　　라. Complement 연산

| 해설 | AND 연산은 0과 1 혹은 1과 0이 입력되면 0이 되므로 문자를 삭제하기 위해서 사용된다.

| 정답 | 나

| 문제 | 보기의 도형과 관련 있는 것은?

```
A ──────────▷○────── X
```

가. OR 게이트   나. 버퍼(buffer)

다. NAND 게이트   라. 인버터(Inverter)

| 해설 | 위의 게이트는 NOT(Inverter)이다. 즉, 1이면 0이 되고 0이면 1이 된다.

| 정답 | 라

1.2.3 조합 논리회로(Combinational Circuit)

조합 논리회로는 현재의 입력값으로 출력값이 결정되는 논리회로 반가산기, 전가산기, 디코더, 인코더, 멀티플렉서, 디멀티플렉서가 존재하며 조합 논리회로는 기억능력이 없다.

입력과 출력을 가진 논리 게이트 집합으로 출력값은 입력의 0과 1들의 조합 함수이다.

1) 반가산기(Half Adder)

반가산기는 두 개의 입력(A, B)으로 두 개의 출력(Sum, Carry)을 발생시키는 것으로 XOR 게이트와 AND 게이트로 구성된다. 출력 Sum은 입력 A와 B의 합과 자리올림(Carry)을 얻는 회로이다.

· 합(Sum): S=x'y+xy'
· 자리올림(Carry): C=xy

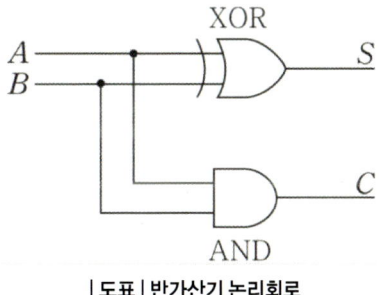

| 도표 | 반가산기 논리회로

A와 B에 1과 0이 입력된다고 가정해 보자. A와 B는 1, 0이고 XOR 게이트의 출력은 1이 나온다. 그리고 1, 0은 AND 게이트에서 0이 나온다.

만약, A와 B가 1, 1이 입력된다고 가정하면 XOR는 0이 된다. 그리고 AND는 1이 된다.

이 말의 의미는 1+1은 SUM=0이고 한 자리가 올라가서 Carry는 1이 된다. 즉, 10이 되는데, 10은 자리가 올라가서 가산한 기능을 가진다. 즉, 8421 코드로 2진수로 변환하면 10은 8421에서 2에 1이 설정되어 있으므로 10진수 2가 되는 것이다.

이처럼 반가산기는 XOR와 AND 게이트로 가산의 역할을 하고 Carry가 자리올림의 기능을 하는 것이다.

2) 전가산기(Full Adder)

전가산기와 두 개의 반가산기와 하나의 OR 게이트로 구성된다.

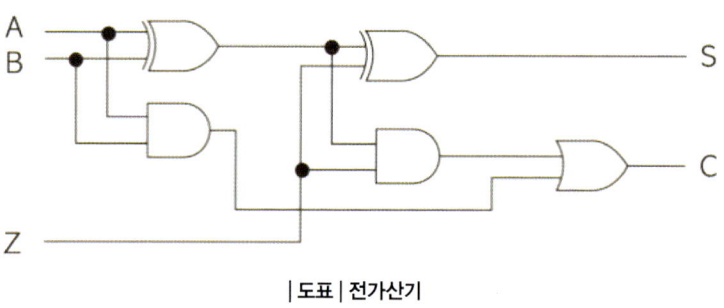

| 도표 | 전가산기

두 개의 입력에 2진수 A와 B, 그리고 하위비트의 자리올림을 포함하고 2진수 3개를 덧셈 연산을 수행하는 논리회로이다.

[표] 전가산기 진리표

A	B	C_0	S(합)	C_1(자리올림)
0	0	0	0	0
0	0	1	1	0
0	1	0	1	0
0	1	1	0	1

1	0	0	1	0
1	0	1	0	1
1	1	0	0	1
1	1	1	1	1

[도표] 전가산기 논리식

$S = A \oplus B \oplus C_0$
$C_i = A \times B + (A \oplus B) \times C_0$

3) 해독기(Decoder, 디코더)

n개의 신호를 입력받아 2^n개의 출력신호를 얻어 내는 논리회로이다. 해독기는 2진 코드 형식의 신호를 출력신호로 변화하는 것으로 AND 게이트로 구성된다. 해독기는 명령어 또는 주소(Address) 해독에 사용된다.

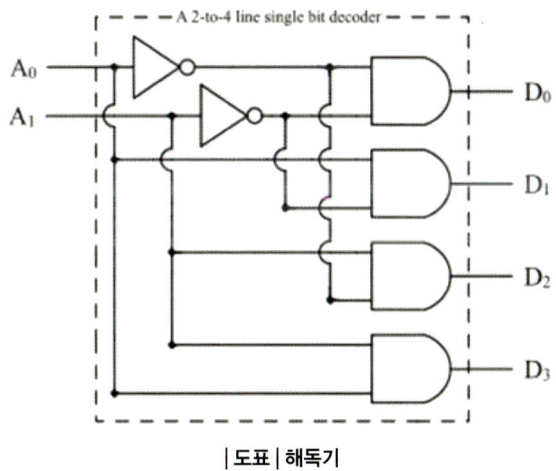

| 도표 | 해독기

4) 부호기(Encoder, 인코더)

해독기와 반대되는 것으로 2^n개의 입력값에 대해서 n개의 2진 코드를 출력한다. 부호기는 OR 게이트로 구성되며 특정 장치에서 보낸 신호를 2진수로 변환하는 데 사용된다.

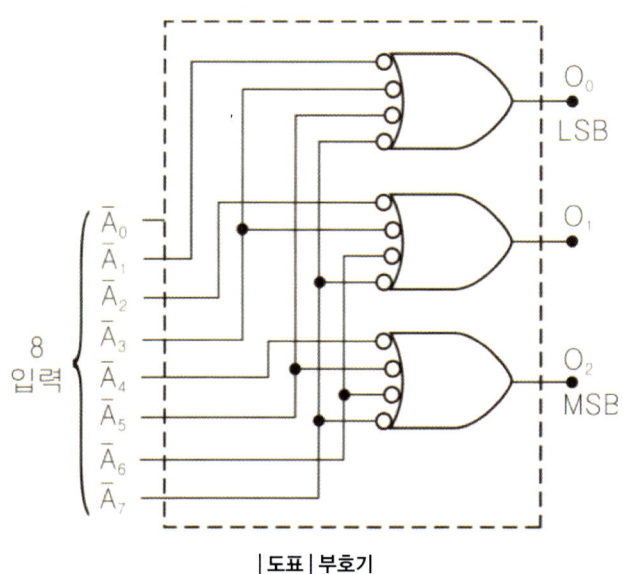

| 도표 | 부호기

5) 멀티플렉서(Multiplexer, MUX)

2^n개의 입력 중에서 입력 n개를 이용하여 하나의 정보를 출력하는 논리회로이다.

6) 디멀티플렉서(Demultiplexer, DeMUX)

한 개의 선으로 정보를 받아 2^n개의 출력 가능한 선 중에서 하나를 선택하여 정보를 출력한다.

 (1) 논리 게이트의 진리표와 논리 게이트 그림은 꼭 기억해야 한다.

 주요 기출문제

| 문제 | 반가산기(half-adder)에서 두 개의 입력 비트가 모두 1일 때 합(sum)은?

가. 0 나. 1

다. 10 라. 11

| 해설 | 반가산기의 합(Sum)은 XOR 게이트이므로 1과 1일 때 0이 된다.

| 정답 | 가

 주요 기출문제

| 문제 | 다음 논리회로는 무슨 회로인가?

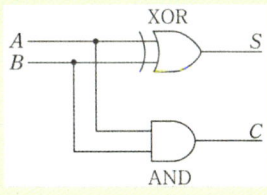

가. 전가산기 나. 반가산기

다. 카운터 라. 패리티 발생기

| 해설 | 반가산기는 XOR 한 개와 AND 한 개로 이루어진다.

| 정답 | 나

1.2.4 순서 논리회로(Sequential Circuit)

순서 논리회로는 회로의 출력값이 내부상태와 입력에 따라 정해지는 논리회로 기억 능력을 보유한다. 즉, 순서 논리회로는 조합 논리회로와 1비트 기억소자인 플립플롭 (Flip-Flop)으로 구성된다.

플립플롭은 0 혹은 1의 최소 정보를 기억할 수 있는 소자이다. 플립플롭 4개는 $2^4=16$ 가지를 식별할 수 있는 4비트 기억용량을 가진다.

1) RS(Reset, Set) 플립플롭

Reset과 Set의 신호에 따라 2진수 한 자리를 기억하고 Reset에만 신호를 보내면 플립 플롭값은 "0"을 기억한다. Set에 신호를 보내면 플립플롭은 "1"을 기억한다.

두 비트가 동시에 1이면 출력은 불능상태가 된다.

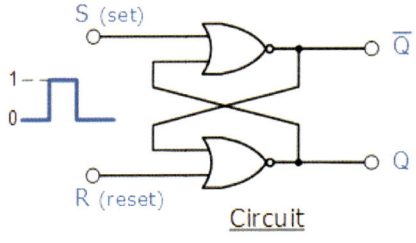

| 도표 | RS 플립플롭

[표] RS 플립플롭 진리표

S	R	Q_{n+1}	동작
0	0	Q_n	불변
0	1	0	리셋
1	0	1	세트

| 1 | 1 | 불확정 | 불변 |

2) JK(Jack, King) 플립플롭

RS의 불능상태를 보완하기 위한 회로로 두 비트가 1일 때 반전한다. J=K=1이면 반전(Toggle)된다. JK 플립플롭은 직접회로로 가장 많이 사용되는 플립플롭이다.

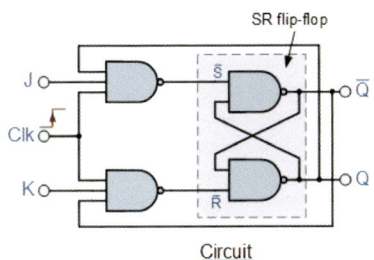

| 도표 | JK 플립플롭

[표] JK 플립플롭 진리표

J	K	Q_{n+1}	동작
0	0	Q_n	불변
0	1	0	리셋
1	0	1	세트
1	1	Q_n'	반전

3) D(Delay) 플립플롭

0이면 0, 1이며 1로 출력하는 플립플롭이다. 클록이 0이면 입력과 관계없이 저장된 데이터가 변하지 않는다. 즉, 입력값과 출력값이 같고 클록펄스 시간 간격만큼 지연시켜 출력한다.

RS 플립플롭에 NOT 게이트(Inverter)를 연결한 플립플롭이다.

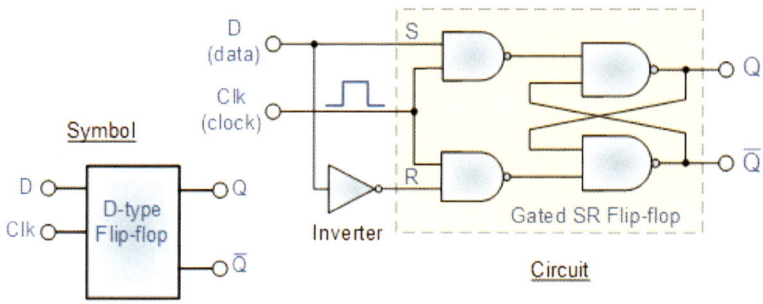

| 도표 | D 플립플롭

4) T(Toggle) 플립플롭

입력 T에 1이 입력될 때마다 출력의 상태가 Toggle이 된다. 카운터(Counter)회로로 많이 사용되고 입력이 "0"이면 상태불변, "1"이면 전 상태의 보수값을 갖는다.

(1) 플립플롭은 1비트의 정보를 기억할 수 있는 소자라는 것과 플립플롭별 특성은 기억
해야 한다.

| 문제 | 다음 중 플립플롭의 종류가 아닌 것은?

　　　가. R-S　　　　　　　　　　나. J-K

　　　다. D　　　　　　　　　　　라. R

| 해설 | 플립플롭은 R-S, J-K, T, D 플립플롭이 있다. 플립플롭의 1비트의 정보를 저장할 수 있는 소자이다.

| 정답 | 라

| 문제 | 이항(Binary)연산에 해당하는 것은?

　　　가. COMPLEMENT　　　　　나. AND

　　　다. ROTATE　　　　　　　　라. SHIFT

| 해설 | 이항연산은 입력값이 2개인 것을 의미하는데, AND는 A와 B를 입력받아 Y를 출력하므로 이항연산이다. OR, XOR도 이항연산이다.

| 정답 | 나

| 문제 | 다음 [보기]에 나열된 내용과 관계있는 장치는?

　　　[보기] 논리회로, 누산기, 가산기, 보수기

　　　가. 연산장치　　　　　　　　나. 기억장치

　　　다. 제어장치　　　　　　　　라. 보조기억장치

| 해설 | 논리회로, 누산기, 가산기, 보수기는 연산을 수행하는 것이고 논리회로는 논리연산을 수행한다.

| 정답 | 가

| 문제 | JK 플립플롭(Flip Flop)에서 보수가 출력되기 위한 J, K의 입력 상태는?

가. J=1, K=0

나. J=0, K=1

다. J=1, K=1

라. J=0, K=0

| 해설 | JK 플립플롭은 J와 K가 1이 되면 보수(반전)가 된다.

| 정답 | 다

1.3.1 진법변환

컴퓨터는 0과 1밖에 모른다. 0과 1로 수를 표현하는 것이 2진수이고, 우리가 일상적으로 사용하는 수는 0부터 9까지의 10진수를 사용한다. 즉, 이러한 10진수를 2진수로 변환해서 컴퓨터에 보내야 컴퓨터가 무슨 뜻인지 이해할 수 있게 된다.

또한, 0에서 7까지의 8진수, 0에서 15까지의 16진수(10에서 15는 A에서 F로 표현), 소수점을 사용하는 부동소수점과 같은 것을 변환해서 컴퓨터가 이해할 수 있도록 해야 한다.

그러면 10진수를 변환하는 진법변환부터 알아보자.

1) 10진수를 진법으로 변환

[표] 진법변환 과정

구분	상세기능
정수부분 변환	- 변환하려는 진수로 나누어지지 않을 때까지 나누어 몫과 나머지를 구하고 거꾸로 읽음. - 즉, 2진수로 변환하고 싶다면 10진수 100을 계속 나누는 것
소수부분 변환	- 변환하려는 진수로 소수점 이하가 0이 될 때까지 곱하여 곱한 결과의 소수점 윗자리 값을 위로부터 아래로 읽음.

2) 진법에서 10진수로 변환

구분	상세기능
2진법 → 8진법	- 2진수를 3자리씩 묶어서 8진수 1자리로 만듦.
2진법 → 16진법	- 2진수 4자리씩 묶어 16진수 1자리로 만듦.

그럼 10진수 5를 2진수로 변환하는 것을 알아보자.

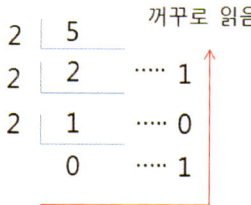

| 도표 | 10진수 5를 2진수로 변환
10진수 5는 2진수로 101이 됨.

소수점 이하 자리의 경우는 10진수를 2진수로 어떻게 변환하는지 확인해 보자.

```
        0.375
  X         2
        0.750
  X         2
        1.5
  X         2
        1.0
```

| 도표 | 소수점을 2진수로 변환

62

그럼 2진수, 8진수, 16진수에서 10진수로 변환하는 과정을 알아보자.

1011 2진수는 $1 \times 2^3 + 0 \times 2^2 + 1 \times 2^1 + 1 \times 2^0$으로 계산하면 8+0+2+1=11이 된다. 21의 8진수를 10진수로 변환하면 $2 \times 8^1 + 1 \times 8^0$=17이 된다.

16진수 3D를 10진수로 변환하면 먼저 2진수로 변환한다. 2진수는 3과 D를 8421코드로 2진수로 변환한다. 즉, 3은 8421코드에서 0011이 설정되면 3이 되므로 0011이고 D는 A=10, B=11, C=12, D=13, E=14, F=15이므로 D는 13이고 8421코드로 13을 만들려면 1101이 된다.

결론적으로 3D의 2진수는 0011 1101이다. 이것을 다시 10진수로 바꾸면 $0 \times 2^7 + 0 \times 2^6 + 1 \times 2^5 + 1 \times 2^4 + 1 \times 2^3 + 1 \times 2^2 + 0 \times 2^1 + 1 \times 2^0$이다. 32+16+8+4+1=61이 최종 10진수가 된다.

3) 보수(Complement)

2진수 연산을 수행하는 컴퓨터는 컴퓨터 내부에 덧셈기(Adder)만이 존재해서 뺄셈을 할 수가 없다. 따라서 덧셈기를 통해서 2진수 뺄셈을 하기 위해서는 보수 연산을 수행해야 한다.

1의 보수는 입력된 값의 반대가 되는 것이다. 즉, 0이면 1이 되고 1이면 0이 되는 것이다. 2의 보수는 1의 보수 결과에 1을 가산하면 된다. 예를 들어, 1111의 2의 보수는 먼저 1의 보수인 0000이 된다. 여기에 2의 보수는 1을 가산해서 0001이 되는 것이다.

(1) 2진수, 8진수, 16진수 변환은 한 문제는 출제된다고 보면 된다. 그래서 변환할 수 있
어야 하고 보수도 한 문제가 출제된다.

주요 기출문제

| 문제 | (101101)2의 2의 보수는 얼마인가?

가. (110111)2   나. (110001)2

다. (111000)2   라. (010011)2

| 해설 | 보수는 반대이다. 그래서 101101의 1의 보수는 010010이다. 여기에 2의 보수는 1을
더하므로 010011이 된다.

| 정답 | 라

주요 기출문제

| 문제 | 10진수 0.1875를 8진수로 변환하면?

가. 0.17   나. 0.15

다. 0.14   라. 0.16

| 해설 | 0.1875×8=1.50000이고 이것을 다시 0.5×8을 하면 4.0이다. 이것은 순차적으로 표
시하면 0.14가 된다.

| 정답 | 다

1.3.2 컴퓨터 자료구성

컴퓨터 자료구성의 최소단위는 비트(Bit)이다. 비트는 0 혹은 1로 자료를 구성하는 것이고 8비트가 묶여서 1바이트(Byte)을 이룬다. 또한, 1워드(Word)는 한 번에 처리할 수 있는 데이터 양이고 여러 개의 바이트가 묶여서 워드가 된다.

[표] 워드의 종류

워드	상세기능
반워드(Half Word)	- 16비트, 2바이트
전워드(Full Word)	- 32비트, 4바이트
이중워드(Double Word)	- 64비트, 8바이트

[표] 자료구성

구성	상세기능
비트(Bit)	- Binary Dit, 디지털 정보의 최소 표현단위, 2진수 0 혹은 1로 표현
바이트(Byte)	- 8개의 비트가 1바이트를 구성하고 컴퓨터에서 문자를 표현하는 기본단위
워드(Word)	- 컴퓨터 내부에서 명령을 처리하는 단위로 N개의 바이트로 구성
필드(Field)	- 항목(item)이라고 하며, 파일을 구성하는 최소단위 - 의미를 갖는 정보단위 - 예) 학번, 성명, 주소 등
레코드(Record)	- 여러 필드를 한 개의 행으로 묶은 것 - 하나 이상의 필드로 묶어서 구성한 자료처리 단위
파일(File)	- 여러 개의 레코드가 묶인 것 - 디스크의 자료를 관리하는 단위
데이터베이스 (Database)	- 조직에서 필요한 모든 자료를 연관성을 유지하도록 묶어서 저장, 처리, 검색할 수 있는 정보의 집합체

자료처리는 작은 것부터 비트, 바이트, 워드, 필드, 레코드, 파일, 데이터베이스 순이다.
자료의 표현은 정수표현과 실수표현으로 분류된다.

1) 정수표현

[표] 팩형 10진수(Packed Decimal) 표현

- 팩형 10진수 형식은 1바이트에 BCD코드 두 개의 숫자를 표시할 수 있고, 부호는 양수(+)인 경우 1100(2), 음수인 경우 1101(2)로 표시함.
- 1바이트에 숫자 2자리씩 표현하고 연산은 가능하지만 출력은 불가능함.

[표] 언팩형 10진수(UnPacked Decimal) 표현

- 언팩형 10진수 형식은 1바이트에 한 개의 숫자가 저장되고 한 바이트의 상위 4비트를 존(Zone)으로 취급하고 (1111)₂의 숫자가 항상 저장됨.
- 1바이트에 숫자 1자리씩 표현, 출력은 가능하나 연산은 불가능함.

[표] 고정 소수점(Fixed Point) 표현

- 2진 정수 데이터를 표현하고 표현 범위는 작으나 연산속도는 빠른 특징이 있음.
- 부호 비트와 수로 표현
- 10진수 정수 데이터를 2진수 형태로 표현
- 부호는 양수, 음수가 위치하고 0이면 양수, 1이면 음수가 됨.

2) 실수표현

실수는 일반적으로 부동소수점(Floating Point)으로 표현되며 매우 큰 수나 작은 수를 표현할 수 있지만 실수 처리 시에 속도가 느린 단점을 가진다. 하지만 보다 정밀하게 수를 표현할 수가 있어서 공학, 수학, 과학 등에 자주 사용되는 수의 표현방법이다.

S	지수부분	소수부분

부동소수점은 지수부분(Exponential Part)과 소수부분(Mantissa Part)으로 표현되며, S는 부호비트로, 0은 양수, 1은 음수를 의미한다.

3) 자료 표현코드

❶ BCD(Binary Coded Decimal: 2진화된 10진 코드)

BCD코드는 10진수 한 자리의 수를 2진수 4비트로 표현하는 방법이고 다른 말로 8421코드이다. BCD코드는 2^6까지 문자를 표현할 수 있는 것으로 2비트의 Zone부분과 4비트의 Digit로 구성된다. BCD코드는 영문자의 대소문자를 구분하지 못한다.

❷ ASCII 코드(American Standard Code for Information Interchange: 미국 표준코드) ✓기출

ASCII 코드는 개인용 PC 및 데이터 통신에서 사용하는 코드로 영문 대소문자 구분이 가능하며 7비트로 2^7인 128까지의 문자 표현이 가능하다. ACSII는 3비트 Zone과 4비트의 Digit로 구성되어 있다.

DEC	HEX	OCT	Char	DEC	HEX	OCT	Char
43	2B	053	+	86	56	126	V
44	2C	054	,	87	57	127	W
45	2D	055	-	88	58	130	X
46	2E	056	.	89	59	131	Y
47	2F	057	/	90	5A	132	Z
48	30	060	0	91	5B	133	[
49	31	061	1	92	5C	134	₩
50	32	062	2	93	5D	135	]
51	33	063	3	94	5E	136	^
52	34	064	4	95	5F	137	_
53	35	065	5	96	60	140	`
54	36	066	6	97	61	141	a
55	37	067	7	98	62	142	b
56	38	070	8	99	63	143	c
57	39	071	9	100	64	144	d
58	3A	072	:	101	65	145	e
59	3B	073	;	102	66	146	f
60	3C	074	<	103	67	147	g
61	3D	075	=	104	68	150	h
62	3E	076	>	105	69	151	i
63	3F	077	?	106	6A	152	j
64	40	100	@	107	6B	153	k
65	41	101	A	108	6C	154	l
66	42	102	B	109	6D	155	m
67	43	103	C	110	6E	156	n
68	44	104	D	111	6F	157	o
69	45	105	E	112	70	160	p
70	46	106	F	113	71	161	q
71	47	107	G	114	72	162	r
72	48	110	H	115	73	163	s
73	49	111	I	116	74	164	t
74	4A	112	J	117	75	165	u

영문자 A는 65

| 도표 | ASCII 코드 테이블(참고)

ASCII 코드 테이블에 따라 입력하는 문자, 숫자 등에 코드가 매핑되어서 발생되며 영문자 A는 65라는 16진수가 발생된다. 그러면 65를 2진수로 변환하여 컴퓨터가 알아 들을 수 있게 한다.

68

❸ EBCDIC 코드(Extended BCD Interchange Code: 확장 2진화 10진 코드)

| 도표 | IBM에서 개발한 EBCDIC 코드를 사용하는 단말

EBCDIC 코드는 현재 많은 대형 컴퓨터에서 널리 사용되는 코드로 2^8인 256까지 문자, 숫자, 기호 등의 표현이 가능하다. 4비트의 Zone과 4비트의 Digit로 구성된다.

4) 그레이 코드(Gray Code)

아날로그 및 디지털 코드 변환기나 입출력장치 코드로 많이 사용되는 것으로 연산에는 적당하지 않다.

❶ 2진수 코드를 그레이 코드로 변환

- 2진수 첫 번째 비트, 즉 최상위 비트는 그대로 그레이 코드의 첫 비트
- 이웃해 있는 두 비트를 더하여 그 결과를 다음 그레이 비트로 함.

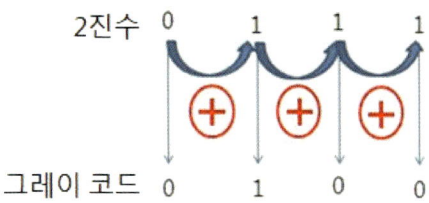

| 도표 | 2진수 코드를 그레이 코드로 변환하는 방법

❷ 그레이 코드를 2진수 코드로 변환

- 그레이 코드의 최상위 비트를 그대로 내려 씀.
- 최상위 비트의 결과와 다음 수를 합하여 결과값을 2진수의 다음 수로 정함.

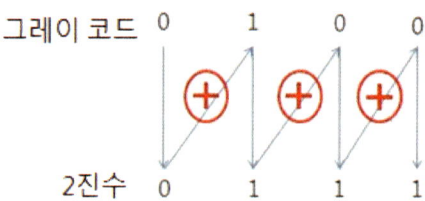

| 도표 | 그레이 코드를 2진수 코드로 변환하는 방법

5) 오류 검출 및 정정코드

[표] 오류 검출 및 정정코드 기출

오류 검출 코드	상세기능
해밍코드 (Hamming Code)	- 해밍코드는 오류의 발견 및 교정이 가능한 코드 - 1비트의 에러 검출 및 교정
CRC코드	- Cyclic redundancy Check - 데이터 통신에서 전송 중에 오류 발생을 확인하기 위해서 덧붙이는 코드
패리티 비트 (Parity Bit)	- 하나의 비트로 코드의 에러를 검출하는 것으로 데이터 내의 Set(1) 비트 수를 체크하여 짝수와 홀수에 따라 코드를 그대로 두거나 1비트를 추가하여 에러를 검출 - 홀수 패리티(Odd Parity): 비트 수가 홀수 개인 경우 - 짝수 패리티(Even Parity): 비트 수가 짝수 개인 경우

 (1) ASCII Code와 EBCDIC Code의 특징은 기억해야 한다.
 (2) 2진수를 그레이 코드로 변환하는 방법을 알아야 한다.
 (3) 오류 검출 및 정정코드에서 해밍코드가 정정도 가능하다는 것을 기억해야 한다.

 주요 기출문제

| 문제 | EBCDIC 코드의 존(zone)코드는 몇 비트로 구성되어 있는가?

가. 8 나. 7

다. 6 라. 4

| 해설 | EBCDIC 코드의 존(Zone)은 4비트로 이루어졌다.

| 정답 | 라

 주요 기출문제

| 문제 | 주기억장치에서 자료 표현의 최소단위는?

가. 레코드(Record) 나. 바이트(Byte)

다. 셀(Cell) 라. 블록(Block)

| 해설 | 주기억장치에서 자료를 저장하는 최소단위는 바이트(Byte)이다.

| 정답 | 나

1.3.3 컴퓨터 시스템 연산

컴퓨터 연산은 두 가지가 존재한다. 즉, 사칙연산(덧셈, 뺄셈, 곱셈, 나눗셈), 산술 Shift 연산을 수행하는 수치적 연산과 Shift, Rotate, Move, AND, OR, NOT 등을 수행하는 비수치적 연산인 논리연산이 존재한다.

1) 수치적 연산 산술 Shift

[표] 산술 Shift

구분	상세기능
왼쪽 Shift	- 왼쪽으로 한 비트씩 이동하는 연산 - n비트의 왼쪽 Shift는 2^n을 곱한 것을 의미함.
오른쪽 Shift	- 오른쪽으로 한 비트씩 이동 - n비트의 오른쪽 Shift는 2^n으로 나눈 것을 의미함.

2) 비수치연산

[표] 논리연산

구분	상세기능
AND 연산	- 두 비트가 모두 1일 때 1이 됨. - 특정 문자 일부분을 삭제하는 기능
OR 연산	- 두 비트 중 하나만 1이면 1이 됨. - 특정 문자를 추가하는 기능
NOT 연산	- 입력값이 1이면 0이 되고 입력값이 0이면 1이 되는 연산

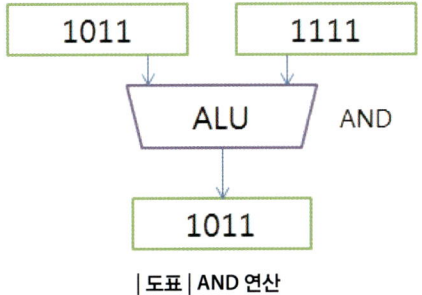

| 도표 | AND 연산

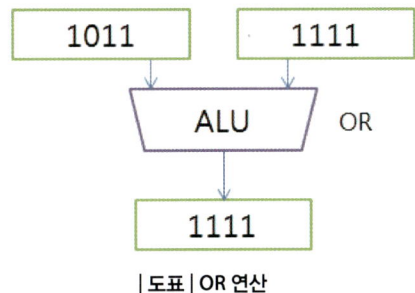

| 도표 | OR 연산

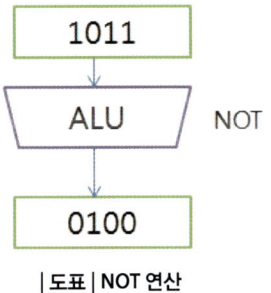

| 도표 | NOT 연산

 (1) AND 연산은 곱하기라고 생각하면 된다. 그래서 AND 연산은 반드시 기억해야 한다.

 **주요 기출문제**

| 문제 | 하나의 레지스터에 기억된 자료를 모두 다른 레지스터로 옮길 때 사용되는 논리연산은?

　가. Rotate　　　　　　　　나. Shift

　다. Move　　　　　　　　라. Complement

| 해설 | Move는 자리이동을 하는 논리연산이다.

| 정답 | 다

컴퓨터 명령어(Computer Instruction)

1.4.1 명령어(Instruction)

컴퓨터 시스템이 작업을 처리하기 위해서 어떤 작업 처리를 원하는지 컴퓨터 시스템, 즉 CPU에게 알려 주어야 한다. 이때 작업을 가르쳐 주는 것이 바로 명령어이다. 명령어는 컴퓨터에게 특정한 동작을 수행할 수 있게 하는 비트들의 모임이다. 이러한 명령어는 기본적으로 수행해야 하는 동작을 의미하는 명령코드부(OP-Code: Operation Code)와 메모리 어디에서 데이터를 읽어야 할지를 나타내는 주소부(Operand)로 구성된다.

[표] 명령어 형식

OP-Code	Operand(주소부)		
	Mode	Register	Address

주소부는 그 내부에 모드(Mode)인 1비트 자리가 있고, 모드는 직접주소와 간접주소를 구분한다. 레지스터(Register)는 사용할 레지스터를 나타낸다. 마지막으로 Address는 메모리의 주소정보를 가진다. 직접주소는 메모리를 참조하는데 바로 데이터가 존재하는 것을 의미하며, 간접주소는 메모리를 참조하는데 메모리 내에 실제 데이터가 존재하는 주소값이 있고 이 주소를 통해서 다시 메모리를 참조해서 데이터를 읽는 것을 의미한다.

OP-Code는 CPU에게 수행해야 하는 작업을 가르쳐 준다. 즉, 산술과 논리연산을 수행하기 위해서 ADD, SUB, MUL, DIV, AND, OR, NOT 등의 명령을 나타내고 주기억장치에 있는 데이터를 CPU에게 보내는 Load 및 CPU에서 처리된 내용을 주기억장치에 저장하는 Store 작업을 수행하는 전달기능을 수행한다.

또한, GOTO 및 JUMP와 같은 이동과 조건을 파악하는 IF문의 작업을 수행하는 제어 기능을 수행한다. OP-Code는 입출력 명령어에 해당되는 INPUT과 OUTPUT의 명령을 지시할 수도 있다.

1) 명령어 주소 형식

❶ 0-주소 방식

0-주소 방식은 명령어에서 주소부가 존재하지 않고 수행할 명령코드인 OP-Code만 존재하는 명령 형식으로 메모리를 참조할 필요가 없기 때문에 연산속도가 빠르며 Stack 에서 사용한다.

[표] 0-주소 방식

OP-Code

❷ 1-주소 방식

OP-Code와 Operand인 주소부 한 개를 가진 형태로 누산기(Accumulator)에서 사용한다.

[표] 1-주소 방식

OP-Code	Operand

❸ 2-주소 방식

주소부인 Operand가 2개인 형태로 A=A+B를 표현할 수 있다. 2주소 방식은 입력값이 A, B에서 연산결과 A를 변경하게 된다.

연산 후 입력값을 기억하지 않는 레지스터에 사용된다.

[표] 2-주소 방식

OP-Code	Operand 1	Operand 2

❹ **3-주소 방식**

주소부인 Operand가 3개인 형태로 C=A+B를 표현할 수 있어서 연산 후에 입력값이 변하지 않는 형태이다.

이해하기는 쉽지만, 기억장치를 많이 사용하는 문제점이 있다.

[표] 3-주소 방식

OP-Code	Operand 1	Operand 2	Operand 3

 (1) 명령어 형식과 명령어 주소방식은 기억해야 한다.
 (2) Load와 Store가 무엇인지도 반드시 알아야 한다.

주요 기출문제

| 문제 | 명령어 구성에서 연산자의 기능에 해당하지 않는 것은?

　　　가. 입출력 기능　　　　　　　나. 주소지정 기능

　　　다. 제어 기능　　　　　　　　라. 함수연산 기능

| 해설 | 주소지정 기능은 Operand의 기능이다. 명령어는 입출력 기능, 제어 기능, 함수연산 기능이 있다.

| 정답 | 나

| 문제 | 0-주소 명령은 연산 시 어떤 자료 구조를 이용하는가?

가. STACK   나. TREE

다. QUEUE   라. DEQUE

| 해설 | 0-주소 방식은 먼저 들어간 것이 늦게 출력되는 Stack을 사용한다.

| 정답 | 가

| 문제 | 주소지정 방식 중 기억장치에 접근할 피연산자가 없는 것으로 산술에 필요한 명령어는
스택 구조 형태에서 처리하도록 하는 것은?

가. 0-주소 형식   나. 1-주소 형식

다. 2-주소 형식   라. 3-주소 형식

| 해설 | 0이 존재하는 명령형식으로 메모리를 참조할 필요가 없기 때문에 연산 속도가 빠르며
Stack에서 사용한다.
저장이 가능한 PROM이

[표] 0-주소 방식

OP-Code

| 정답 | 가

1.4.2 주소지정 방식

명령어 형식은 OP-Code와 Operand로 되어 있다. Operand에는 주소(Address)가 포함되어 있는데, 주소는 메모리 내의 데이터 주소를 의미한다. 이러한 주소를 지정하는 방법은 계산을 통해서 주소를 파악하는 상대주소와 일련번호 형태로 주소를 지정하는 절대주소가 있다.

[표] 절대주소와 상대주소

구분	설명
절대주소	- 순서대로 기억장치의 주소를 연속적으로 지정하는 방법 - 간단한 방법이지만 기억장치의 효율성이 저하됨.
상대주소	- 특정 번지를 기준으로 주소를 지정함. - 기억장치 효율성이 좋지만 주소에 대한 파악이 어려움.

또한, 접근방식에 따라 묵시적 주소, 즉시 주소, 직접 주소, 간접 주소가 존재한다.

묵시적 주소지정 방식(Implied Addressing)은 OP-Code만 존재하는 명령어 형식으로 주소 부분인 Operand가 존재하지 않는다. 묵시적 주소는 Stack Push(삽입) 및 Pop(삭제)와 같이 주소지정 없이 명령코드와 레지스터로 이루어진 구성이다. 묵시적 주소지정 방식은 메모리를 참조하지 않는 특성이 있다.

[표] 묵시적 주소지정 방식

OP-Code

즉시 주소지정 방식(Immediate Addressing)은 Operand 부분에 실제 데이터가 존재하는 형태이다. 빠르게 데이터를 읽을 수 있는 장점이 있지만 처리 가능한 데이터 길이가 제한적인 단점이 존재한다. 즉시 주소지정 방식도 메모리 참조가 발생하지 않는다.

[표] 즉시 주소지정 방식

OP-Code	실제 데이터가 존재

직접 주소지정(Direct Addressing) 방식은 Operand 내에 주소가 존재하고 해당 주소의 메모리를 참조하면 실제 데이터가 존재하는 형태이다. 직접 주소지정 방식은 1회의 메모리 참조가 발생하지만 실제 메모리 크기가 주소 비트 크기에 제한된다는 단점이 존재한다.

[표] 직접 주소지정 방식

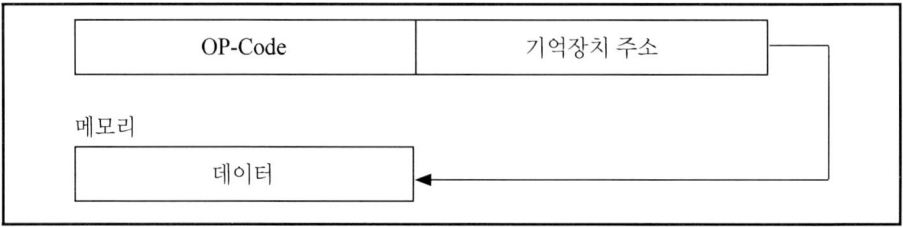

간접 주소지정(Indirect Addressing) 방식은 Operand 내에 기억장치의 주소가 아니라 기억장치 내에 데이터가 있는 메모리 주소를 가지는 것으로 2회의 메모리 참조를 통해서 데이터를 참조한다.

[표] 간접 주소지정 방식

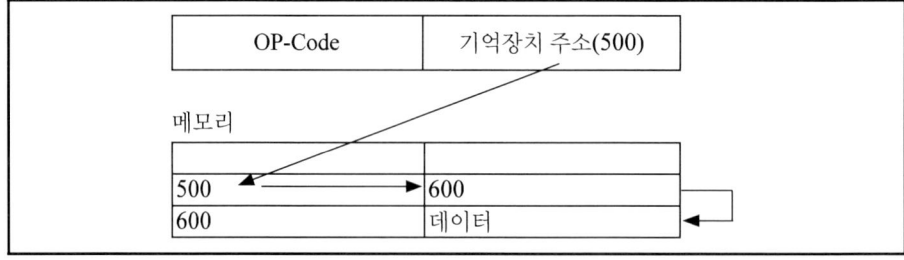

계산에 의한 주소지정 방식은 Operand의 주소 부분에 있는 값과 특정 레지스터 (Register)에 기억된 값을 더해서 주소를 지정하는 방법이다. 여기서 이야기하는 특정 레지스트는 인덱스 레지스터, 베이스 레지스터, 프로그램 카운터 등이다.

[표] 계산에 의한 주소지정 방법의 종류

종류	설명
인덱스 주소지정	- Index Addressing - 인덱스 레지스터 값과 Operand의 주소를 더하여 주소를 지정함.
베이스 주소지정	- Base Addressing - 베이스 레지스터 값과 Operand의 주소를 더하여 주소를 지정함.
상대 주소지정	- Relative Addressing - 프로그램 카운터의 값과 Operand의 주소를 더해서 주소를 지정함.

 (1) 주소지정 방식에서 직접 주소와 간접 주소지정 방식의 차이점을 반드시 기억해야 한다.
 (2) 절대 주소와 상대 주소의 차이점도 알아야 한다.

| 문제 | 기억장치 고유의 번지로서 0, 1, 2, 3…과 같이 16진수로 약속하여 순서대로 결정해 놓은 번지, 즉 기억장치 중 기억장소를 직접 숫자로 지정하는 주소로서 기계어 정보가 기억되어 있는 곳을 무엇이라고 하는가?

가. 기호번지　　　　　　　　나. 상대번지

다. 변위번지　　　　　　　　라. 절대번지

| 해설 | 절대번지는 주소를 연속적, 즉 순차적으로 지정하는 것이다.

| 정답 | 라

| 문제 | 주소 부분에 있는 값이 실제 데이터가 있는 실제 기억장치 내의 주소를 나타내며 단순한 변수 등을 액세스하는 데 사용되는 주소지정 방식은?

　　가. 상대 주소(Relative Address)　　나. 절대 주소(Absolute Address)

　　다. 간접 주소(Indirect Address)　　라. 직접 주소(Direct Address)

| 해설 | 직접 주소는 오퍼랜드(Operand)에 데이터를 가지고 있는 기억장치 주소를 가지고 있다. 직접 주소방식은 간접 주소보다 빠르게 데이터를 참조할 수 있지만 많은 주소공간을 표현할 수는 없다.

| 정답 | 라

| 문제 | 명령의 오퍼랜드 부분에 실제 데이터가 기록되어 있어 메모리 참조를 하지 않고 데이터를 처리하는 방식으로 수행 시간이 빠르지만 오퍼랜드 길이가 한정되어 실제 데이터의 길이에 제약을 받는 주소지정 방식은?

　　가. Direct Addressing　　나. Indirect Addressing

　　다. Relative Addressing　　라. Immediate Addressing

| 해설 | 즉시 주소지정 방식(Immediate Addressing)은 Operand 부분에 실제 데이터가 존재하는 형태이다. 빠르게 데이터를 읽을 수 있는 장점이 있지만 처리 가능한 데이터 길이가 제한적인 단점이 존재한다. 즉시 주소지정 방식도 메모리 참조가 발생하지 않는다.

| 정답 | 라

| 문제 | 명령어의 주소(Address)부를 연산 주소(Address)로 이용하는 주소지정 방식은?

가. 상대 Addressing 방식   나. 절대 Addressing 방식

다. 간접 Addressing 방식   라. 직접 Addressing 방식

| 해설 | 직접 주소방식은 명령어 주소부를 연산 주소로 이용한다. 이것은 메모리 주소를 참조하고 메모리 내에 데이터가 있는 것이다.

| 정답 | 라

| 문제 | 명령어(Instruction)의 구성을 가장 바르게 표현한 것은?

가. 명령코드부와 번지부로 구성   나. 오류검색 코드형식

다. 자료의 표현과 주소지정 방식   라. 주 프로그램과 부 프로그램

| 해설 | 명령어는 명령코드부와 번지부로 구성된다.

[표] 명령어 형식

OP-Code	Operand(주소부)		
	Mode	Register	Address

| 정답 | 가

1.4.3 명령어 처리방법

이전 장에서 살펴본 명령어 형식을 이제는 CPU가 어떤 단계로 명령을 실행하는지 알아보자. 이렇게 명령어 형식에서 명령어(OP-Code)를 추출하여 CPU에서 실행하는 단계를 명령어 사이클(Instruction Cycle)이라고 하고 현재 CPU가 어떠한 것을 하고 있는지 나타내는 것을 메이저 스테이트(Major State)라고 한다.

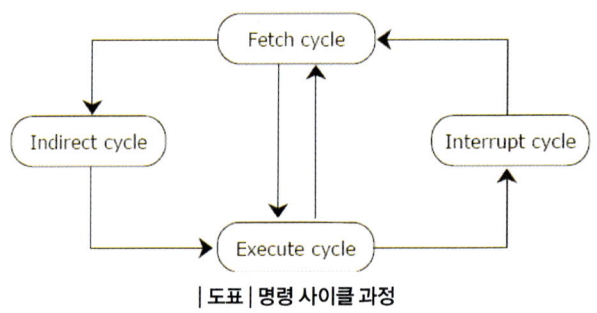
| 도표 | 명령 사이클 과정

[표] 명령 사이클 세부작업

명령 사이클	설명
인출 사이클 (Fetch Cycle)	- 주기억장치에서 CPU로 명령어를 읽어 오는 과정 - Load라는 프로그램이 수행함.
간접 사이클 (Indirect Cycle)	- 명령어 형식의 Operand가 간접 주소 형태인 경우 유효 주소를 계산
실행 사이클 (Execute Cycle)	- 인출된 명령어를 실행하는 사이클
인터럽트 사이클 (Interrupt Cycle)	- 명령 실행 중에 인터럽트가 발생할 경우 인터럽트를 처리하는 사이클

그럼 명령 사이클에서 인출 사이클과 실행 사이클에 대해서 자세히 알아보자.

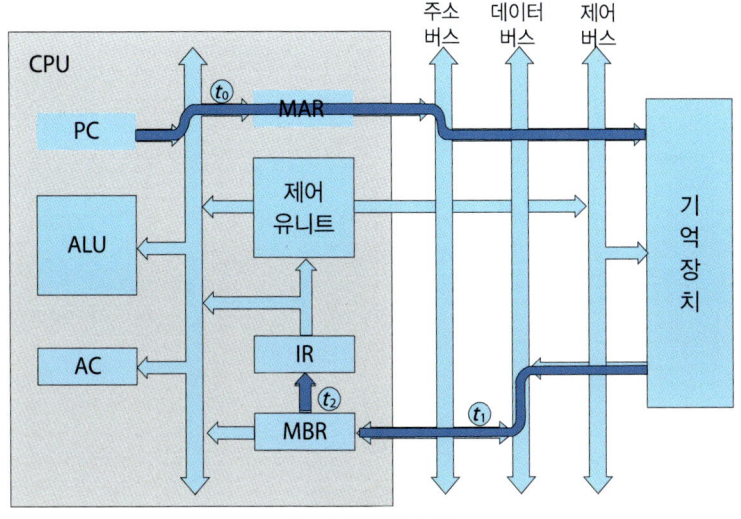

| 도표 | 인출 사이클

인출 사이클은 PC(Program Counter)에서 다음에 실행할 명령어의 주소를 MAR(Memory Address Register)에 넣고 MAR을 통해서 기억장치를 참조한다. 기억장치에서 데이터를 찾은 후 데이터를 MBR(Memory Buffer Register)에 넣는다. MBR에서 명령어 코드(OP-Code)를 추출하여 IR(Instruction Register)에 넣으면 인출 작업은 끝난다.

인출이 끝나면 실행 사이클을 수행한다.

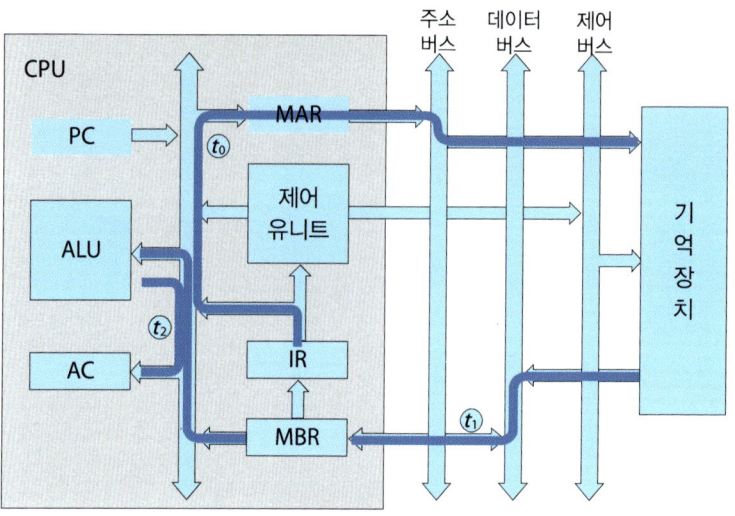

| 도표 | 실행 사이클

실행 사이클은 IR에서 명령어를 CPU(ALU, AC)에게 지시한다. 그리고 필요한 데이터를 MBR에서 읽어서 명령을 실행하게 된다.

제어 유니트(Control Unit)는 CPU 내에서 명령어가 순차적으로 처리될 수 있도록 하는 신호를 발생하거나, 명령어 해독, 연산장치와 기억장치를 제어하는 역할을 수행한다.

 이것은 기억!

 (1) 인출, 간접, 실행, 인터럽트 사이클을 기억해야 한다.

| 문제 | 제어장치가 앞의 명령 실행을 완료한 후 다음에 실행할 명령을 기억장치로부터 가져오는 동작을 완료할 때까지의 주기를 무엇이라고 하는가?

가. fetch cycle   나. transfer cycle

다. search time   라. run time

| 해설 | • 인출(Fetch Cycle)

- 주기억장치에서 CPU로 명령어를 읽어 오는 과정
- Load라는 프로그램이 수행함.

| 정답 | 가

 주요 기출문제

| 문제 | 하나의 명령어를 중앙처리장치에서 처리하는 데 포함된 일련의 동작들을 총칭하여 명령어 주기(Instruction Cycle)라 하는데 명령어 주기에 속하지 않는 것은?

가. Branch Cycle   나. Fetch Cycle

다. Indirect Cycle   라. Interrupt Cycle

| 해설 | 명령어 주기는 Fetch, Indirect, Execution, Interrupt Cycle이다.

| 정답 | 가

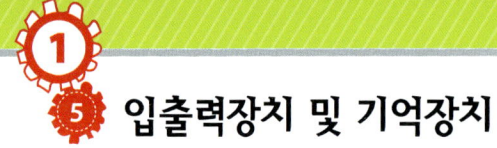

입출력장치 및 기억장치

1.5.1 입출력장치(Input Output Device)

컴퓨터 시스템의 입력장치는 컴퓨터 본체에 데이터를 입력하는 기기(Machine)들을 의미하는 것으로 가장 대표적인 것이 키보드와 마우스이다.

키보드나 마우스와 같은 입력장치를 통해서 컴퓨터에 명령을 입력하면 컴퓨터는 입력신호를 디지털 신호로 변환해서 연산처리를 수행한다.

이렇게 처리된 연산결과는 모니터(영상표시장치)와 같은 장치로 출력해서 사용자에게 그 결과를 보여주게 한다.

[표] 입력장치 종류

종류	설명
키보드(Keyboard)	- 표준 입력장치(Standard Input)로 가장 기본적인 입력장치
마우스(Mouse)	- 커서(Cursor)를 통해서 화면에 데이터를 입력하는 것으로 좌표정보와 왼쪽 혹은 오른쪽 버튼 클릭 등을 식별함.
OCR	- 광학문자판독기(Optical Character Reader)
OMR	- 자기마크판독기(Optical Mark Reader) 예: OMR 답안지
MICR	- 자기잉크문자판독기(Magnetic Ink Character Reader)
스캐너(Scanner)	- 이미지를 입력하기 위해서 사용함.
CIM	- 마이크로필름 입력장치(Computer Input Microfilm)

OCR, 즉 광학문자판독기는 인쇄된 문자에 빛을 비추어서 반사되는 빛의 양을 가지

고 문자를 인식하는 장치이다. **MICR**은 자기화가 쉬운 특성을 가진 잉크를 이용하여 인쇄된 글자를 직접 판독한다.

OMR은 빛을 이용해 용지에 빛을 비추어 판독하고 전기신호로 바꾸어 주는 역할을 하는 장치이다.

위의 입력장치에서 광학(빛)을 사용한 입력장치는 **OMR, OCR,** 스캐너가 존재한다.

[표] 출력장치 종류

종류	설명
영상표시장치	- 표준출력(Standard Output) 장치로 모니터가 대표적임.
COM	- 마이크로 필림 출력장치(Computer Output Microfilm)는 마이크로 필름에 결과를 기록하는 장치
X-Y 플로터	- 도형 및 그래픽 데이터를 출력하는 장치
프린터	- 가정에서 흔히 사용되는 출력장치로 잉크젯, 레이저 등이 존재함.

X-Y 플로터는 전문가들이 사용하는 출력장치로 건축물의 설계 도형 및 지도와 같은 데이터를 특수한 용지에 출력할 수 있다.

| 도표 | X-Y 플로터

 (1) 입력장치에서 MICR은 잉크를 사용한다는 것을 기억해야 한다.

 주요 기출문제

| 문제 | 원격지에 설치된 입출력장치를 무엇이라고 하는가?

　　가. 변복조장치　　　　　　　　　나. 콘솔

　　다. 단말장치　　　　　　　　　　라. X-Y 플로터

| 해설 | 단말장치는 원격지에 설치된 컴퓨터이고 이것은 입출력을 수행하는 장치이다.

| 정답 | 가

1.5.2 컴퓨터 입출력 방법(Computer Input Output)

컴퓨터 시스템의 입출력 방법이라는 것은 CPU에서 연산작업을 수행 중에 필요한 데이터가 메모리에 없는 경우 보조기억장치에서 데이터를 읽어 메모리에 올려 두어야 한다.

보조기억장치(예: 하드디스크)에서 메모리에 데이터 적재가 완료되면 CPU는 메모리를 참조해서 데이터를 CPU 내부로 읽어 들이고 연산작업을 수행하는 것이다.

이때 보조기억장치와 메모리 사이의 입출력 방법은 프로그램에 의한 입출력, 인터럽트에 의한 입출력, DMA(Direct Memory Access) 입출력, 채널(Channel)에 의한 입출력 방법이 존재한다.

프로그램에 의한 입출력은 CPU가 연산 도중에 입출력 작업이 발생하면 CPU가 입출력에 개입하여 입출력이 완료될 때까지 연산작업을 수행할 수 없는 방법으로 가장 비효율적인 방법이다.

인터럽트에 의한 입출력은 CPU가 입출력이 발생되면 인터럽트가 발생하고, CPU는 현재 수행 중인 작업을 저장하고 입출력 인터럽트를 처리한다. 입출력 인터럽트가 완료되면 CPU는 진행 중인 작업을 계속 진행하는 방식이고 프로그램에 의한 입출력보다는 CPU의 개입이 적다.

이러한 인터럽트에 의한 입출력은 소프트웨어 기반으로 인터럽트를 식별하는 폴링(Polling)과 하드웨어 기반으로 인터럽트를 식별하는 데이지 체인 방식 등이 존재한다.

DMA(Direct Memory Access) 입출력 방식은 CPU의 개입 없이 입출력장치와 기억장치 간에 직접 데이터를 전송하는 방식이다.

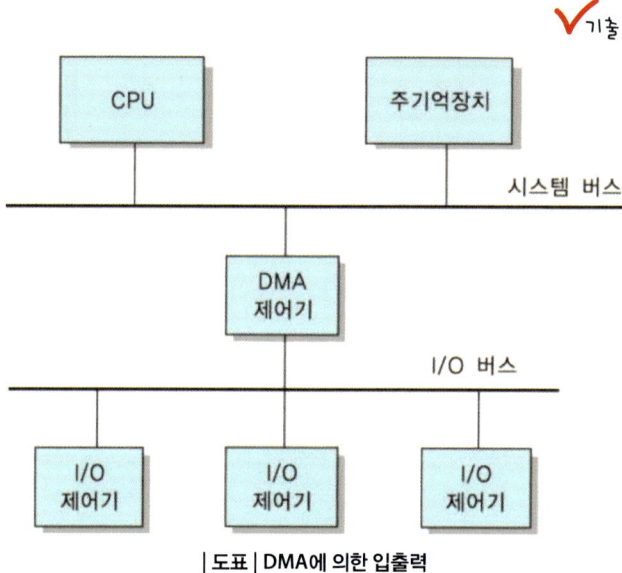

✓기출

| 도표 | DMA에 의한 입출력

　　DMA에 의한 입출력은 입출력 작업이 발생하면 DMA 제어기가 입출력 제어기에게
입출력 작업을 지시한다.

· **DMA 과정**

(1) CPU가 DMA 제어기에게 명령을 전송
(2) DMA는 CPU로 BUS REQ(Request) 신호를 전송
(3) CPU가 DMA에게 BUS GRANT 신호를 전송
(4) DMA가 메모리에서 데이터를 읽어 디스크에 저장
(5) 전송할 데이터가 남아 있는 경우 위의 내용을 반복함.
(6) 모든 데이터 전송이 끝나면 CPU에게 INTR(인터럽트) 신호를 전송함.

　　이렇게 해서 입출력 작업 시에 CPU의 개입을 최소화한다.

　　채널(Channel)에 의한 입출력 방법은 입출력을 전담하는 전용 CPU를 가지고 있는
입출력 전용 카드(하드웨어)이다. 입출력은 전용장치를 가지게 되므로 가장 빠르고 안
정적으로 입출력을 수행할 수 있고, CPU는 입출력 작업에 영향을 받지 않고 연산 작업

을 계속적으로 진행할 수 있다. 채널은 현재 대부분의 컴퓨터에 모두 적용되어 사용되고 있는 방법이기도 하다.

채널은 입출력을 전담해서 작업을 처리하고, 입출력이 완료되면 인터럽트를 발생시켜 CPU에게 입출력 완료를 알려 준다.

· 채널의 기능

- 입출력 명령 해독
- 각 입출력장치에 입출력 명령 지시
- 지시된 명령의 실행을 제어

이러한 채널에 의한 입출력은 다음과 같은 종류가 있다.

[표] 채널에 의한 입출력 방법

종류	설명
셀렉터 채널 (Selector Channel)	- 자기 디스크 혹은 자기 테이블에서 사용되는 고속 입출력장치로 한 번에 한 개의 장치를 선택해서 동작하며 데이터는 블록 단위로 입출력함.
멀티플렉서 채널 (Multiplexer Channel)	- 카드 리더, 프린터 등과 같은 저속 입출력장치에서 사용되는 채널로 바이트 단위로 입출력됨.
블록 멀티플렉서 채널 (Block Multiplexer Channel)	- 블록 단위 전송을 수행하고 여러 개의 입출력 작업을 동시에 작업할 수 있어서 고속 입출력을 수행함.

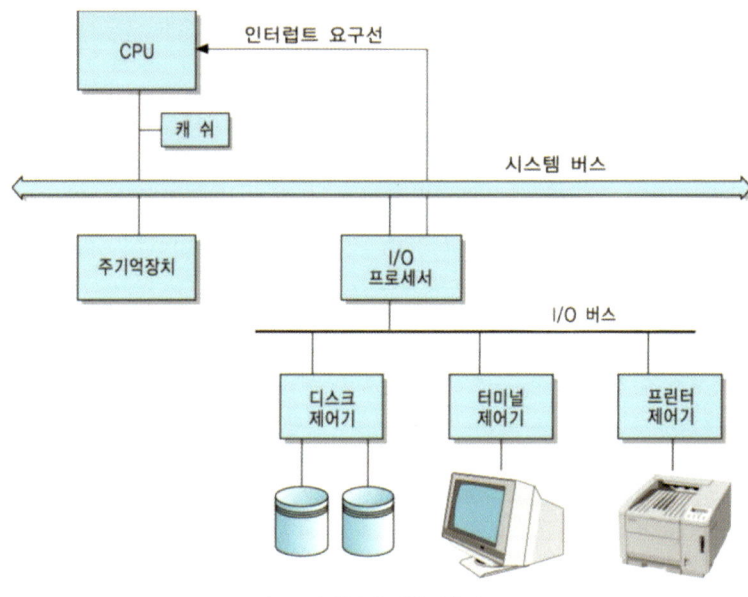

| 도표 | 채널에 의한 입출력

위의 도표를 보면 I/O 프로세서라는 것이 입출력을 수행하는 채널을 의미한다.

(1) DMA는 CPU의 개입 없이 직접 입출력을 수행한다는 것을 기억해야 한다.

(2) 채널의 종류는 기억하고 있어야 한다. 특히 셀렉터 채널이 바이트 멀티플렉서 채널
보다 속도가 빠르다는 것을 기억해야 한다.

| 문제 | 입출력장치와 주기억장치 사이에 위치하여 데이터 처리 속도의 차이를 줄이는 데 도움이 되는 장치는?

    가. 입출력 채널   나. 명령 해독기

    다. 연산장치   라. 인덱스 레지스터

| 해설 | 입출력은 전용장치를 가지게 되므로 가장 빠르고 안정적으로 입출력을 수행할 수 있고, CPU는 입출력 작업에 영향을 받지 않고 연산 작업을 계속적으로 진행할 수 있다. 채널은 현재 대부분의 컴퓨터에 모두 적용되어 사용되고 있는 방법이기도 하다.

| 정답 | 가

| 문제 | 동시에 여러 개의 입출력장치를 제어할 수 있는 채널은?

    가. Duplex Channel   나. Multiplexer Channel

    다. Register Channel   라. Selector Channel

| 해설 | 멀티플렉서 채널은 동시에 여러 개의 입출력을 수행할 수 있고 바이트 멀티플렉서와 블록 멀티플렉서가 존재한다.

| 정답 | 나

| 문제 | 연산자의 기능과 거리가 먼 것은?

    가. 주소지정 기능   나. 제어 기능

    다. 함수연산 기능   라. 입출력 기능

| 해설 | 연자자는 함수연산, 제어, 입출력 기능을 수행하지만, 주소지정 기능은 없다. 주소지정은 명령어에서 오퍼랜드의 역할이다.

| 정답 | 가

| 문제 | 입출력장치와 중앙처리장치의 속도 차이로 인한 단점을 해결하는 장치는?

　　　　가. 채널장치　　　　　　　나. 제어장치

　　　　다. 터미널장치　　　　　　라. 콘솔장치

| 해설 | 채널은 입출력장치와 중앙처리장치의 속도 차이를 해결하기 위한 고속의 입출력장치
이다.

| 정답 | 가

1.5.3 인터럽트(Interrupt)

사용자가 컴퓨터를 사용하다가 갑자기 전원 콘센트가 뽑혔다. 그러면 컴퓨터는 전원 인터럽트라는 것을 발생시킨다. 전원 인터럽트가 발생하면 컴퓨터는 현재 작업 중인 것을 저장하고 컴퓨터를 종료한다.

그래서 컴퓨터를 다시 기동하면 이전 화면을 유지하는 기능을 가지고 있는 것이다. 이러한 처리를 담당하는 것은 인터럽트 처리 루틴이다.

즉, 인터럽트는 컴퓨터 사용 도중에 예기치 않은 특수한 상태가 발생하면 작업을 중단하고 인터럽트 처리 루틴이 인터럽트를 먼저 처리한 후 이전에 처리하던 작업으로 되돌아가 나머지 작업을 계속적으로 수행하는 과정이다.

[표] 인터럽트 종류

종류	설명
정전 인터럽트 (Power Failure)	- 갑작스러운 정전이 발생하면 발생
기계고장 인터럽트 (Machine Check)	- 기계고장이 발생
외부 인터럽트 (External)	- 오퍼레이터(Operator)의 콘솔 버튼 조작, 타이머(Timer) 종료
입출력 인터럽트 (Input Output)	- 데이터 입출력 종료 및 오류
프로그램 인터럽트 (Program)	- 0으로 나누는 연산, 무한루프 등의 잘못된 사용
슈퍼바이저 콜 인터럽트 (Supervisor Call)	- 감시자 호출, SVC 명령 실행

*인터럽트 우선순위는 하드웨어 인터럽트에 해당되는 정전부터 입출력 인터럽트, 소프트웨어 인터럽트인 프로그램 및 슈퍼바이저 콜의 순임.

인터럽트 우선순위의 결정은 하드웨어가 결정하는 하드웨어 방식과 소프트웨어 우선순위 방식이 있다. 하드웨어 우선순위는 데이지 체인(Daisy Chain) 및 병렬 우선순위가 있고 소프트웨어 방식은 폴링(Polling) 방식이 존재한다.

데이지 체인 방식은 모든 장치를 우선순위에 따라 하드웨어를 직렬로 연결하여 우선순위를 결정한다. 병렬 우선순위는 각 장치의 인터럽트 요청에 의해서 개별적으로 지정되는 레지스터를 사용한다.

폴링방식은 프로그램에 의해서 인터럽트 우선순위를 결정한다.

· **인터럽트 처리 루틴(작동방법)**

(1) 인터럽트 요청 신호 발생
(2) 프로그램 실행을 중단: 현재 실행 중이던 명령어(Micro Instruction)는 끝까지 실행
(3) 현재 프로그램 상태 보존: 프로그램 상태는 다음에 실행할 명령의 번지로서 PC가 가짐.
(4) 인터럽트 처리 루틴을 실행: 인터럽트를 요청한 장치를 식별
(5) 인터럽트 서비스 루틴을 실행: 실질적인 인터럽트를 처리
(6) 상태 복구: 인터럽트 요청 신호가 발생했을 때 보관한 PC의 값을 다시 PC에 저장
(7) 중단된 프로그램 실행 재개: 인터럽트 발생 이전에 수행 중이던 프로그램을 계속 실행

 (1) 인터럽트의 종류와 우선순위를 기억해야 하고 정전이 가장 우선순위가 높다는 것을 잊으면 안 된다.
 (2) 소프트웨어에 의한 방식 폴링과 하드웨어에 의한 방식 데이지 체인을 기억해야 한다.

| 문제 | 다음은 무엇에 대한 설명인가?

A hardware signal that suspends execution of a program and calls a special handler program. It breaks the normal flow of the program execution. After the handler program executed, the suspended program is resumed.

가. interrupt   나. polling

다. method invocation   라. virus

| 해설 | 인터럽트는 컴퓨터 사용 도중에 예기치 않은 특수한 상태가 발생하면 작업을 중단하고, 인터럽트 처리 루틴이 인터럽트를 먼저 처리한 후, 이전에 처리하던 작업으로 되돌아가 나머지 작업을 계속적으로 수행하는 과정이다.

| 정답 | 가

1.5.4 기억장치(Memory)

컴퓨터 기억장치는 자료를 처리하는 과정에 저장을 하거나 저장된 내용을 조회하기 위해서 사용되는 장치로, 컴퓨터 시스템 내부에 존재하는 메인보드 내에 존재하는 기억장치와 메인보드와 케이블로 연결되어서 사용되는 보조기억장치가 존재한다.

| 도표 | 주기억장치와 보조기억장치

주기억장치는 컴퓨터 메인보드에 직접 연결되는 메모리로 흔히 DRAM(Dynamic Random Access Memory)이라고 한다. 보조기억장치는 케이블로 메인보드와 연결되는 메모리로 일명 하드디스크, 테이블, SSD와 같은 메모리가 존재하고 보조기억장치는 주기억장치에 비해서 저속이지만 대용량의 저장공간을 지원한다.

주기억장치는 전원을 유지하는 동안 저장된 내용을 기억하는 휘발성 메모리와 전원이 차단되어도 저장된 내용을 기억하는 비휘발성 메모리로 분류된다.

[표] 휘발성 메모리와 비휘발성 메모리

기억장치 종류	설명
휘발성 메모리	- 전원이 공급되는 동안 기억된 내용을 유지함. - 주기억장치로 사용되고 DRAM이 존재함.
비휘발성 메모리	- 전원이 차단되어도 저장된 데이터를 유지하는 것으로 ROM(Read Only Memory)이 존재함. - ROM은 읽기 전용으로 사용되지만 전기를 통해서 기록도 가능한 EEPROM과 프로그램에 의해서 한 번 저장이 가능한 PROM이 존재함.

1) 주기억장치(Main Memory)

프로그램을 실행하면 컴퓨터는 보조기억장치(예: 하드디스크)에서 프로그램을 읽어 주기억장치에 올린다. 주기억장치에 올라간 프로그램을 CPU에서 작업을 의뢰하면 프로그램을 수행하게 된다. 이때 사용되는 기억장치를 주기억장치라고 하고 주기억장치는 보조기억장치에 비해 작은 공간을 가지고 있지만, 보조기억장치보다 빠르게 읽고 쓸 수 있는 장점을 가지고 있다.

또한, 주기억장치는 전원이 공급되는 동안만 데이터를 기억할 수 있기 때문에 휘발성 메모리이다.

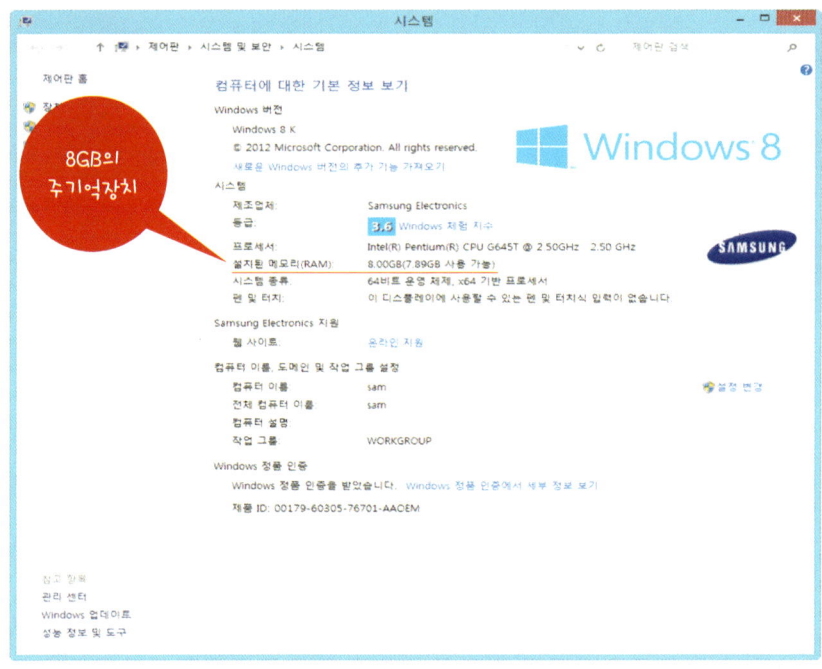

| 도표 | 윈도우 시스템 정보로 주기억장치 확인하기

이러한 주기억장치는 RAM과 ROM이 존재하며 RAM은 Read Write가 가능한 메모리이고 ROM은 읽기만 가능한 메모리를 의미한다.

[표] RAM(Random Access Memory) 종류

RAM 종류	설명
SRAM(Static RAM)	- 전원이 공급되는 데이터를 그대로 유지하는 메모리 - 전력 소비가 많지만 속도가 빠른 장점을 가짐. - 캐시 메모리(Cache Memory) 용도로 사용
DRAM(Dynamic RAM)	- 일정 시간이 지나면 방전되는 문제점을 가지고 있어서 주기적으로 충전을 수행해야 함. - SRAM보다 속도가 느리지만 가격은 저렴 - 주기억장치로 사용

캐시 메모리(Cache Memory)라는 것은 CPU와 주기억장치 간의 속도를 완화시키기 위한 메모리로 주기억장치보다 용량은 작지만 고속으로 읽고 쓸 수 있는 메모리이다. 즉, 주기억장치의 데이터를 캐시 메모리에 저장하고 CPU는 캐시 메모리에서 데이터를 읽거나 쓰기를 수행한다.

ROM(Read Only Memory)은 읽기만 가능한 메모리로 전원이 차단되어도 저장된 데이터를 유지할 수 있는 비휘발성 메모리이다.

[표] ROM 종류

ROM 종류	설명
Mask ROM	- 컴퓨터 제조회사에서 제조 시에 기록하는 메모리로 변경이 불가능함.
PROM (Programmable ROM)	- 한 번만 프로그램에 의해서 ROM의 내용을 변경할 수 있는 메모리
EPROM (Erasable ROM)	- 자외선을 사용해서 쓰기가 가능한 ROM
EEPROM (Electrically ROM)	- 전기적인 방법으로 쓰기가 가능한 ROM

2) 보조기억장치(Auxiliary Storage Unit)

보조기억장치는 메인보드의 케이블을 통해서 외부에 저장되는 기억장치로 외부 기억장치(External Memory)라고도 한다. 보조기억장치는 전원이 차단되어도 저장된 데이터를 그대로 보존할 수 있는 비휘발성 메모리이고 RAM이나 ROM과는 달리 기계적 장치를 사용하여 데이터를 저장한다.

[표] 주기억장치와 보조기억장치의 차이점

구분	주기억장치	보조기억장치
가격	- 고가	- 저가
속도	- 고속	- 저속
용량	- 소용량	- 대용량
입출력 단위	- 바이트, 워드	- 블록

❶ 자기 테이프(Magnetic Tape)

자기 테이프는 과거에 사용되었던 카세트 테이프를 생각하면 된다. 즉, 테이프는 본인이 원하는 음악을 듣고 싶을 때 테이프를 감고 플레이를 시켜야 한다.

이런 테이프의 특징은 순차 탐색만 가능하다는 것이다. 순차 탐색은 내가 원하는 데이터를 읽거나 쓰기 위해서는 테이프를 처음부터 감아서 그 위치로 이동해야 한다는 것이다. 이러한 테이프는 컴퓨터 시스템에서 데이터를 테이프에 기록하여 백업(Backup)하고 외부 장소에 보관하기 위해서 많이 사용된다.

테이프는 컴퓨터 시스템 내에 있는 많은 데이터를 한꺼번에 저장하고 백업하기 위한 일괄 처리(Batch Processing)를 수행한다.

❷ 자기 디스크(Magnetic Disk)

자기 디스크는 보조기억장치로 가장 많이 사용하는 장치로 용량이 크고 처리 속도가 비교적 빠른 특성을 가지며 임의적(Random Access) 접근이 가능한 기계적인 장치이다.

자기 디스크는 디스크(Disk), 액세스 암(Access Arm), 판독/기록 헤더(Read, Write Head)로 구성된다.

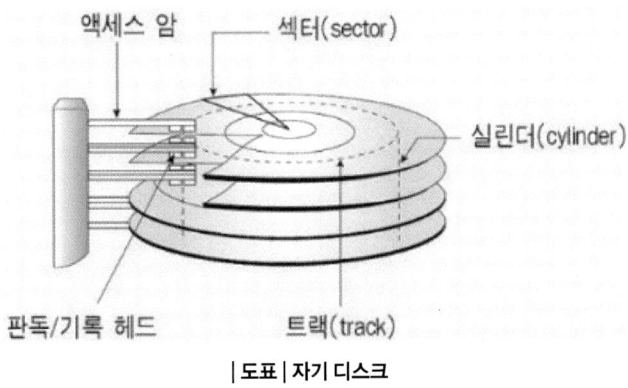

액세스 암   섹터(sector)

실린더(cylinder)

판독/기록 헤드   트랙(track)

| 도표 | 자기 디스크

　자기 디스크는 실린더로 구성되고 실린더는 트랙으로 나누어진다. 트랙은 다시 섹터로 분류되고 입출력을 수행한다.

　실린더는 트랙들의 집합이고 트랙은 회전축을 중심으로 구성된 동심원으로 육상경기에서 트랙이라고 생각하면 된다.

　섹터는 트랙을 여러 개로 나눈 것으로 실제 자기 디스크가 입출력하는 단위가 섹터 단위로 이루어진다.

❸ 자기 드럼(Magnetic Drum)

　자기 드럼은 작은 기억용량으로 고속으로 데이터를 읽기 및 쓰기가 가능한 보조기억 장치다.

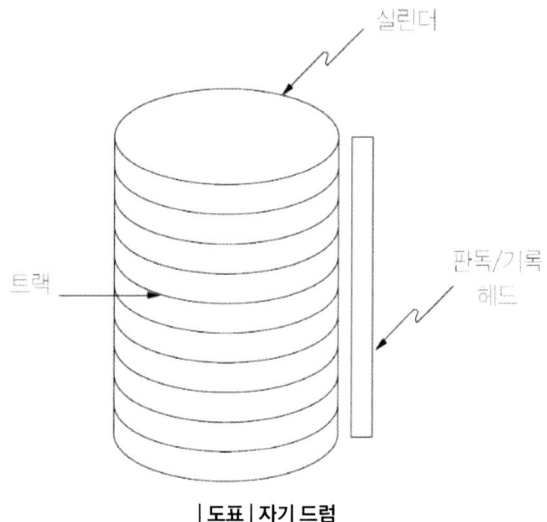

실린더

트랙

판독/기록
헤드

| 도표 | 자기 드럼

자기 드럼은 마치 악기인 드럼처럼 생겼다. 현재에는 사용하지 않는 보조기억장치다.

원통 표면에 자성 물질을 바르고 회전시켜서 임의적(Random)으로 데이터를 읽거나 기록하는 보조기억장치이다. 읽기 및 쓰기를 위해서 헤드(Head)가 고정되어 있어 탐색을 위한 탐색시간(Seek Time)이 필요 없어서 빠르게 데이터를 읽거나 기록할 수 있다.

하지만 자기 드럼의 가장 큰 문제는 용량이 작기 때문에 거의 사용하지 않는 보조기억장치다.

❹ CD-ROM(Compact Disc Read Only Memory)

CD-ROM은 읽기만 가능한 기억장치로 대부분의 컴퓨터에 CD-ROM 드라이버가 부착되어 있고 CD-ROM 드라이버를 통해서 CD-ROM의 데이터를 읽는다. CD-ROM은 650MB(Mega Byte) 정도의 대용량 데이터를 저장할 수 있다. 하지만 CD-ROM은 속도가 느린 것이 단점이다.

| 도표 | CD-ROM

CD-ROM은 빛을 사용해서 데이터를 읽는 것으로 프로그램을 배포할 때 CD-ROM
에 기록하고 배포하는 형태로 많이 사용된다.

3) 가상 기억장치(Virtual Memory)

가상 기억장치는 별도의 기억장치가 아니라 주기억장치의 기억용량이 보조기억장치
에 비해서 적기 때문에 주기억장치의 확대를 위해서 보조기억장치를 마치 주기억장치
처럼 사용하는 기억장치이고, 이것의 실제 데이터는 보조기억장치에 저장된다.

이러한 가상 기억장치를 활용해서 주기억장치의 기억용량을 증대하는 효과를 가진
다. 가상 기억장치를 관리하기 위해서 가상 기억장치 관리 단위를 고정길이로 하는 페
이지(Page) 기법과 가변 길이로 하는 세그먼트(Segment) 기법이 존재한다.

이것은 기억!

(1) RAM과 ROM의 차이점과 ROM의 종류를 기억해야 한다.
(2) 자기 테이프는 순차처리가 된다는 것을 기억해야 한다.
(3) 자기 디스크 부분에서 순차, 랜덤(비순차) 모두 가능하다는 것과 자기 디스크의 구
성요소를 기억해야 한다.

| 문제 | 자외선을 이용하여 메모리를 지우고 Writer로 다시 프로그램을 입력할 수 있는 기억소자는?

    가. ROM   나. EEPROM

    다. CMOS   라. EPROM

| 해설 | EPROM은 자외선을 사용해서 쓰기가 가능한 ROM이다.

| 정답 | 라

| 문제 | 디스크 팩이 6장으로 구성되었을 때 사용하여 기록할 수 있는 면의 수는?

    가. 6   나. 8

    다. 10   라. 12

| 해설 | 6장이면 앞뒤로 6×2=12가 된다. 거기에 제일 위의 앞면과 제일 아래의 뒷면은 사용하지 못하므로 12-2=10

| 정답 | 다

| 문제 | 전원이 꺼져도 내용이 그대로 저장되어 있는 메모리는?

    가. Flash Memory   나. SRAM

    다. DDR RAM   라. SDRAM

| 해설 | RAM은 휘발성 메모리로 전원이 차단되면 모든 내용이 지워진다. 하지만 Flash Memory는 비휘발성으로 전원이 차단되어도 삭제되지 않는다.

| 정답 | 가

연산장치와 마이크로프로세서

1.6.1 연산장치와 레지스터

CPU 내부는 연산장치인 ALU(Arithmetic Logic Unit)와 레지스터(Register)로 이루어져 있다. 이 중에서 ALU는 연산을 수행하고 산술연산과 논리연산을 수행하는 유닛이다.

[표] ALU 구성

구성	설명
누산기(ACCumulator)	- 연산장치에 있는 레지스터로 산술 및 논리연산의 결과를 일시적으로 기억하기 위해서 사용
가산기(Adder)	- 데이터 레지스터와 누산기의 값을 더하고 누산기에 저장
데이터 레지스터 (Data Register)	- 연산에 필요한 데이터를 일시적으로 저장
상태 레지스터 (Status Register)	- Program Status Word - 현재 상태 정보를 가지고 있는 레지스터
보수기(Complementer)	- 보수를 통해서 뺄셈과 나눗셈 연산을 수행

레지스터(Register)는 임시로 자료를 저장할 수 있는 CPU 내부에 존재하는 고속 메모리 버퍼이다. 임시로 데이터를 저장하기 위해서 레지스터는 1비트의 정보를 저장할 수 있는 플립플롭의 집합으로 구성되어 있고 레지스터의 사용은 CPU의 연산속도 향상을 가지고 온다.

종류	설명
MAR (Memory Address Register)	- 주기억장치의 주소를 기억하는 레지스터
MBR (Memory Buffer Register)	- 주기억장치에서 자료를 읽어 저장
명령 레지스터 (IR: Instruction Register)	- 현재 수행하고 있는 명령어를 가짐.
PC(Program Counter)	- 다음에 실행할 명령어의 주소를 기억
명령어 디코더 (Instruction Decoder)	- 명령 레지스터 IR의 내용을 해독하고 각 장치에 신호를 전송
인코더(Encoder)	- 전기 신호를 변환하여 각 장치에 전송
시프트 레지스터 (Shift Register)	- 기억된 데이터를 한 자리씩 왼쪽 혹은 오른쪽으로 이동 - 곱셈 및 나눗셈 연산
범용 레지스터 (General Pupose Register)	- 여러 목적으로 사용되는 레지스터
인덱스 레지스터 (Index Register)	- 유효번지를 상대적으로 계산할 때 사용
베이스 레지스터 (Base Register)	- 유효번지를 절대적으로 계산할 때 사용
버퍼 레지스터 (Buffer Register)	- 데이터를 일시적으로 기억하기 위한 레지스터

 (1) ALU의 구성과 레지스터의 종류를 기억해야 한다. 특히 MAR, MBR, PC, IR을 기억해야 한다.

| 문제 | 현재 수행 중에 있는 명령어 코드(code)를 저장하고 있는 임시저장장치는?

　　　가. 인덱스 레지스터(Index register)　　나. 명령 레지스터(Instruction register)

　　　다. 누산기(Accumulator)　　　　　　라. 메모리 레지스터(Memory register)

| 해설 | 명령 레지스터는 현재 수행하는 명령어, 즉 명령어 코드를 가지고 있다.

| 정답 | 나

| 문제 | 클록펄스(Clock Pulse)에 의해서 기억 내용을 한 자리씩 이동하는 레지스터는?

　　　가. 시프트 레지스터　　　　　　　나. 누산기 레지스터

　　　다. B 레지스터　　　　　　　　　라. D 레지스터

| 해설 | 시프트 레지스터는 한 비트를 왼쪽 혹은 오른쪽으로 이동할 수 있는 레지스터이다.

| 정답 | 가

| 문제 | 레지스터(Register) 내로 새로운 자료(Data)를 읽어 들이면 어떤 변화가 발생하는가?

　　　가. 현존하는 내용에 아무런 영향도 없다.
　　　나. 레지스터의 먼저 내용이 지워진다.
　　　다. 그 레지스터가 누산기일 때만 새 자료가 읽어진다.
　　　라. 그 레지스터가 누산기이거나 명령 레지스터일 때만 자료를 읽어 들일 수 있다.

| 해설 | 레지스터 내에 새로운 자료를 읽어 들이면 먼저 기존 자료가 삭제된다.

| 정답 | 나

| 문제 | 특정한 장치에서 사용되는 정보를 다른 곳으로 전송하기 위하여 일정한 규칙에 따라 암호로 변환하는 장치는?

가. 명령 계수기   나. 명령 레지스터
다. 부호기(Encoder)   라. 해독기(Decoder)

| 해설 | 부호기(Encoder)는 특정한 장치에서 사용되는 정보를 변환하기 위해서 사용된다.

| 정답 | 다

1.6.2 마이크로프로세서(Micro Processor)

컴퓨터의 두뇌 역할을 하는 것은 CPU라는 하드웨어이다. CPU는 주기억장치로부터 데이터를 입력받아 연산작업을 수행하는 비메모리 반도체로 흔히 마이크로프로세서라고도 한다.

이러한 CPU는 고밀도 직접회로로 구성되고 연산장치, 제어장치, 레지스터로 구성된다.

| 도표 | 마이크로프로세서

마이크로프로세서의 기능은 연산기능, 정보제어기능, 정보기억기능, 버스(BUS)를 통해서 정보를 전달하는 기능을 가지며 동작속도가 빠르고 전력소모가 적으며 컴퓨터 시스템의 크기를 소형화하는 장점을 가지고 있다.

이러한 마이크로프로세서는 개인용 컴퓨터부터 자료처리 시스템(Data Processing System), 공정 제어(Process

| 도표 | 쿨러

Control), 시스템 제어(System Control) 및 스마트폰 등에서 다양하게 사용되고 있다.

마이크로프로세서가 연산작업을 수행하면 온도가 올라간다. 이러한 온도를 낮추어 주어서 정상적인 연산을 수행할 수 있도록 마이크로프로세서에는 쿨러라는 것이 장착되어 있다. 쿨러는 마이크로프로세서가 연산을 수행하면 선풍기처럼 바람을 발생시켜서 온도를 낮추는 역할을 수행한다.

마이크로프로세서를 설계하는 방법은 크게 CISC(Complex Instruction Set Computer)와 RISC(Reduced Instruction Set Computer)로 분류된다.

CISC는 명령어가 많으며 여러 주소지정 및 가변길이 명령어를 지원하나 적은 수의 레지스터를 사용해서 처리 속도가 느린 문제점을 가지고 있다.

RISC는 축약형 명령어를 사용하고 주소지정 및 명령어의 종류가 적지만 많은 수의 레지스터를 사용해서 처리속도가 빠른 장점을 가진다.

[표] CISC와 RISC 마이크로프로세서

구분	CISC	RISC
등장	- 1980년대	- 1980년대
클록당 속도	- 1/3 명령어	- 1 명령어
명령	- 복합 명령어 셋	- 단순 명령어 셋
특징	- 구조가 복잡함.	- 구조가 단순함.

마이크로프로세서가 연산을 수행하기 위해서는 데이터를 주기억장치에서 가지고 와서(Load) 연산을 수행해야 한다. 또한, 연산 결과를 다시 주기억장치에 저장(Store)해야한다.

이처럼 마이크로프로세서와 주기억장치 사이에는 서로 데이터를 주고받거나 제어하기 위한 길이 필요한데, 컴퓨터는 이것을 버스(BUS)라고 한다. 즉, 버스는 CPU(마이크로프로세서)와 주기억장치, 입출력장치 사이에서 정보를 전송하는 전기적인 선로로 CPU 내부에 있는 내부 버스와 CPU와 주기억장치, CPU와 주변장치 사이의 외부 버스로 분류된다.

다시 외부 버스는 데이터, 주소, 제어 버스로 나누어진다.

[표] 외부 버스(BUS)의 종류

종류	설명
데이터 버스(Data Bus)	- 데이터를 전송하기 위한 용도로 사용됨.
주소 버스(Address Bus)	- 기억장치 위치 또는 장치식별을 지정하기 위한 라인
제어 버스(Control Bus)	- CPU와 주기억장치 또는 주변장치 사이에서 제어신호를 전송

실질적으로 버스라는 것이 어떻게 구현되었는지 알아보자. 여기서 이야기하는 것은 모두 외부 버스에 대해서이다.

최초의 버스는 IBM에서 개발한 ISA이고 이것은 한 번에 16비트 데이터를 전송할 수 있는 방식으로 버스에서 지연이 발생하는 병목현상이 발생한 버스이다. 이 방식은 속도가 느리고 데이터 전송 폭도 좁은 문제점을 가지고 있다.

EISA(Extended Industry Standard Architecture) 버스는 ISA 버스를 32비트로 확장하고 PC/AT 호환기 버스규격으로 확장 ISA 혹은 확장 업계 표준 구조라고 불린다.

VESA는 과거 486 개인용 컴퓨터에서 사용한 버스로 32비트 데이터를 전송할 수 있고 병목현상을 개선한 버스이다.

[표] VESA 버스

VESA 카드	설명
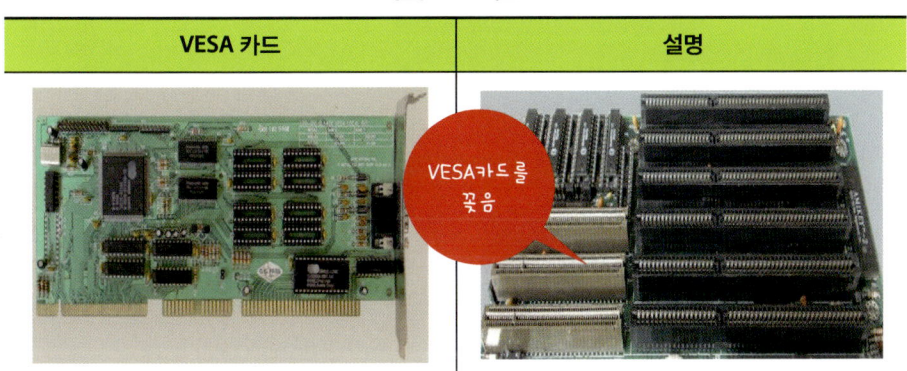	

PCI(Peripheral Component Interconnect Bus)는 최대 64비트의 데이터를 전송할 수 있는 것으로 팬티엄 PC에서부터 사용된 버스이다.

| 도표 | **PCI를 위한 메인보드 확장 슬롯**

메인보드 한 개에 최대 5개까지 확장할 수 있는 PCI 확장 슬롯

AGP(Accelerated Graphices Port)는 디지털 영상을 전송하기 위한 버스로 병목현상을 피하고 처리율을 높인 차세대 버스이다. AGP는 초고속 비디오 전송 포트로 데이터 전송 속도를 획기적으로 개선했다.

- (1) 마이크로프로세서가 CPU라는 것을 기억해야 한다.
- (2) CISC는 복잡한 명령어, RISC는 단순한 명령어를 처리한다는 것을 기억해야 한다.
- (3) 버스는 CPU와 메모리, 주변장치를 연결하는 통로라는 것을 기억해야 한다.

주요 기출문제

| 문제 | 중앙처리장치에 해당하는 부분을 하나의 대규모 직접회로의 칩에 내장시켜 기능을 수행하게 하는 것은?

가. 마이크로프로세서   나. 컴파일러

다. 소프트웨어   라. 레지스터

| 해설 | 마이크로프로세서는 중앙처리장치로 사용되는 직접회로이다.

| 정답 | 가

패키지 활용

데이터베이스(Database) 활용

2.1.1 데이터베이스 개념

데이터베이스(Database)라는 것은 사용자들이 사용하는 데이터를 저장하여 여러 사람이 같이(공유) 사용할 수 있는 데이터의 집합체를 의미한다. 즉, 여러 사람이 데이터를 공유하고 사용하여 편의성을 향상시키는 것이다.

개인용 컴퓨터에 저장하고 있는 **MS Word** 문서가 있다고 생각해 보자. 이 문서는 개인용 컴퓨터에 저장되어 있으므로 사용자 혼자만 사용할 수 있는 데이터이다. 데이터베이스는 이러한 문서를 서버에 저장해 두고 여러 사람이 같이 볼 수 있게 한다. 그래서 데이터를 서버에 저장한다. 하지만 여기에서 문제가 있다. 문서를 그대로 서버에 저장하면 문서를 여러 사람이 공유하는 장점은 있지만, 문서 내용을 사용자별로 그것을 읽어 보거나 문자열로 전체를 검색해서 내가 원하는 단어를 찾는 것뿐이다.

데이터베이스의 이러한 문제점을 해결하기 위해서 데이터 모델(Data Model)이라는 것을 도입했다. 이것은 데이터를 어떻게 저장할 것인가에 대한 것이다. 즉, **MS Word**의 문서를 문서 제목, 장, 단어들로 분류하여 저장한다. 즉, 문서의 이름은 테이블로 매핑하고 문서의 목차는 목차라는 테이블로 저장하며 목차 내의 서브 목차는 컬럼으로 저장한다.

또한, 문서의 본문의 내용은 해당 서브 목차에 대한 단어로 분류하여 내용을 저장한다면 데이터의 구조를 좀 더 쉽게 파악할 수 있고 검색을 할 때 좀 더 편리하게 사용할 것이다. 즉, 이렇게 사용하는 것이 바로 데이터베이스인 것이다.

[표] 데이터베이스(Database)

구성	설명
통합된 데이터	- 데이터의 중복 없이 저장하여 데이터를 최소화
저장된 데이터	- 컴퓨터가 접근 가능한 저장매체에 저장된 데이터
운영 데이터	- 기업의 목적에 맞게 운영할 수 있는 데이터
공용 데이터	- 기업의 조직이 공동으로 소유하고 활용

데이터베이스는 항상 최신의 데이터를 유지해야 하므로 지속적으로 변화하고 이렇게 변화된 데이터는 실시간으로 접근할 수 있어서 다수의 사용자가 공유한다. 또한, 데이터베이스에서 원하는 데이터를 검색하고자 할 때는 데이터를 구성하는 값(Contents)에 따라 검색하는 내용에 의한 참조가 가능하다.

[표] 데이터베이스 특징

특징	설명
실시간성(Real Time)	- 다수의 사용자로부터 데이터 검색, 질의(Query)에 즉시 응답
지속적 변환 (Continuous Evoluation)	- 데이터 입력, 수정, 삭제 등의 작업으로 최신의 데이터를 유지함.
동시 공유성 (Concurrent Sharing)	- 여러 사용자가 데이터에 접근하고 공유함.
내용에 의한 참조 (Contents Reference)	- 데이터의 참조는 데이터 내용에 의해서 참조됨.

이러한 데이터베이스를 만들 때는 몇가지 고려해야 할 내용이 있다. 즉, 데이터베이스 내의 데이터는 독립성을 유지하기 위해서 데이터 중복을 최소화해야 한다. 즉, 이름이라는 컬럼(열)이 있는데, 이름이라는 컬럼이 여러 테이블이라는 곳에 중복되어 있다면 이름 변경 시에 모든 데이터를 전부 수정해야 할 것이다. 또한, 동일한 이름을 여러

곳에 저장하므로 불필요하게 저장장치의 공간을 사용하게 된다.

또한, 기업의 중요한 데이터라면 권한이 없는 사람이 데이터를 검색할 수 없게 해야 할 것이다. 데이터 접근에 대해서 권한을 부여하고 관리해야 하는 보안기능을 가지고 있어야 할 것이다.

데이터를 저장하는 형태, 즉 데이터베이스 구조가 변경되었을 때 모든 데이터를 전부 수정해야 한다면, 데이터 변경으로 인한 작업이 너무 많이 증가하게 될 것이다. 이러한 문제를 해결하기 위해서 데이터베이스는 논리적 및 물리적 독립성을 제공해야 한다.

· 데이터베이스의 장점

```
- 데이터 중복을 최소화
- 실시간으로 접근 가능함.
- 데이터 보안을 제공
- 데이터베이스의 논리적·물리적 독립성을 제공
- 데이터 표준 및 데이터 공유
- 데이터 일관성과 무결성을 제공
```

· 데이터베이스의 단점

```
- 데이터베이스 구축에 따른 비용 발생
- 백업과 복구가 복잡
```

데이터베이스를 구축하는 방법은 우선 데이터베이스를 구축하려는 이유인 목적을 명확히 해야 한다. 데이터베이스 목적을 정의한다면, 우선 테이블은 간단하게 생각하면 엑셀의 Sheet라고 생각하면 된다. 예를 들어, 테이블의 형태는 학생정보 테이블, 입학 테이블, 수강신청 테이블 등과 같이 존재할 수 있고 테이블을 정의하면 테이블을 이루는 컬럼(열, 필드)을 정의해야 한다.

컬럼이라는 것은 테이블을 이루는 구성요소로 학생정보 테이블이라면 학번, 이름, 학년, 전화번호 등과 같은 것이 컬럼이 될 수 있을 것이다.

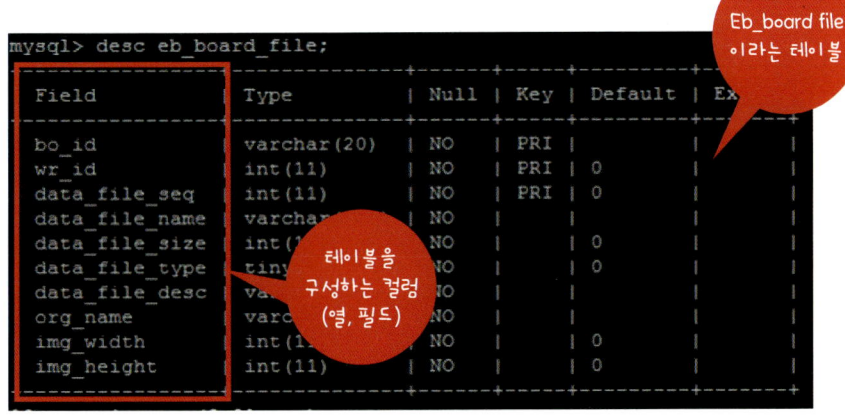

| 도표 | 테이블과 컬럼(필드, 열)

mysql이라는 데이터베이스 관리 시스템에서 테이블의 구조를 보기 위해서 desc 명령을 실행한 모습

(1) 데이터베이스의 특징과 장점은 기억해야 한다. 그리고 주소가 아니라 내용에 의한 참조라는 것을 기억해야 한다.

주요 기출문제

| 문제 | 데이터베이스 관리자 시스템(DBMS) 운용 시 고려사항으로 거리가 먼 것은?

가. 다수 사용자의 이용에 따른 시스템의 보안기능 확보
나. 다양한 장애에 대비한 백업 파일의 확보
다. 효율적 검색지원을 위해 데이터 구조의 비표준화를 적극 추진
라. 효율적 운영 및 성능 최적화를 위한 관련 전문가의 확보 요구

| 해설 | 데이터베이스는 표준화를 통해서 여러 사용자가 데이터를 공유할 수 있게 한다.

| 정답 | 다

2.1.2 데이터베이스 관리 시스템(Database Management System)

데이터베이스 관리 시스템은 데이터베이스를 관리해 주는 소프트웨어이다. 데이터
베이스의 구축은 일명 DBMS라는 소프트웨어를 설치해서 데이터베이스의 테이블을
생성하여 구축한다.

이러한 데이터베이스 관리 시스템은 누구나 쉽게 사용할 수 있는 MySQL이라는 소
프트웨어가 존재한다. 그뿐만 아니라 MS SQL Server, Oracle 등의 다양한 소프트웨어
가 있다.

| 도표 | 데이터베이스 관리 시스템(MS SQL Server)

마이크로소프트 홈페이지에서 SQL Server 평가판을 다운로드하여 사용해 볼 수 있음.

데이터베이스 관리 시스템은 응용 프로그램 및 데이터베이스 간에 데이터베이스를
공유할 수 있도록 관리해 주는 소프트웨어이다.

필수 기능	설명
데이터 정의 (Data Definition)	- 데이터베이스의 물리적인 구조를 정의 - 데이터 형태, 구조 및 데이터베이스 저장에 관한 내용을 정의
데이터 조작 (Data Manipulation)	- 사용자의 요구에 따라 데이터를 입력(Insert), 수정(Update), 삭제 (Delete)를 실행
데이터 제어 (Data Control)	- 데이터 간에 모순 및 오류가 발생하지 않도록 지원 - 권한검사, 보안, 병행제어, 무결성 유지 등

데이터베이스 관리 시스템은 데이터 정의어, 데이터 조작어, 데이터 제어어를 통해서 데이터를 정의(Create, Alert, Drop)할 수 있고 데이터 조작어는 데이터를 입력(Insert), 수정(Update), 삭제(Delete), 조회(Select)를 수행할 수 있다.

또한, 데이터 제어는 데이터 제어어를 사용해서 권한할당(Grant), 권한회수(Revoke), 저장(Commit), 취소(Rollback) 등의 작업을 수행한다.

데이터베이스 사용자가 데이터베이스 관리 시스템에게 작업을 지시하기 위해서는 표준화된 SQL(Structured Query Language)을 사용해야 한다. SQL은 데이터 정의어, 데이터 조작어, 데이터 제어어로 분류된다.

[표] 데이터베이스 언어(SQL: Structured Query Language)

SQL	설명
데이터 정의어 (Data Definition Language)	- 데이터베이스 이름, 테이블, 컬럼 등을 정의하거나 변 경 및 삭제하는 언어 - Create Table, Alter Table, Drop Table
데이터 조작어 (Data Manipulation Language)	- 데이터를 입력, 수정, 삭제, 조회하는 언어 - Insert, Update, Delete, Select
데이터 제어어 (Data Control Language)	- 데이터 제어를 위한 보안, 무결성, 병행수행 등을 제어 하는 언어 - Grant, Revoke, Commit, Rollback 등

SQL은 관계형 데이터베이스 모델에서 데이터를 조작하는 표준 언어

[표] 데이터베이스 관리 시스템의 장점과 단점

장점	단점
- 데이터 중복 최소화 - 데이터 공유 - 데이터 일관성 유지 - 데이터 무결성 유지 - 데이터 보안 - 데이터 표준화 - 데이터에 대한 접근성	- 자료처리의 복잡성 - 데이터베이스 구축 및 운영비용 증가 - 컴퓨터 성능 부담

1) 데이터베이스 스키마(Database Schema)

데이터베이스의 구축은 3층 스키마(3 Level Schema)를 통해서 이루어진다. 3층 스키마는 데이터베이스의 독립성을 확보하기 위해서 데이터베이스의 구조를 정의하는 것으로 외부(External), 개념(Conceptual), 내부(Internal) 스키마로 구분되며 3층 스키마는 데이터베이스에 논리적인 독립성과 물리적인 독립성을 제공한다.

논리적 독립성(Logical Data Independency)이란 데이터베이스의 구조가 변경되어서 응용 프로그램에 영향을 주지 않는 특성이며 물리적 독립성(Physical Data Independency)은 데이터베이스 저장구조인 물리적인 특성이 변경되어서 데이터베이스의 논리적 구조와 응용 프로그램에 영향을 주지 않는 특성이다.

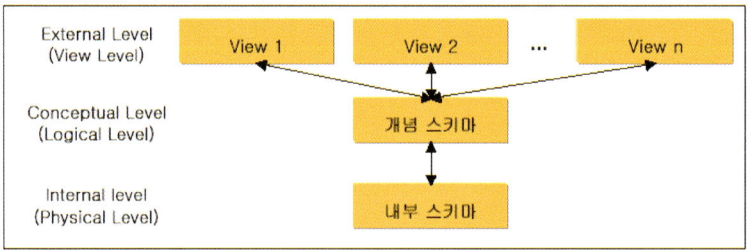

| 도표 | 데이터베이스 스키마(3층 스키마)

126

3층 스키마	설명
외부 스키마	- 서브 스키마(Sub Schema)라고도 하고 사용자 관점에서 데이터베이스 모습을 표현 - 사용자 및 응용 프로그램이 필요한 데이터베이스 구조를 정의
개념 스키마	- 논리적인 측면에서 데이터베이스 구조를 표현 - 데이터에 대한 규칙, 데이터 모델, 접근권한, 무결성 등을 표현함.
내부 스키마	- 데이터베이스의 물리적인 구조를 표현 - 데이터 저장구조, 레코드(튜블, 행) 구조, 필드(열)를 정의

2) 데이터베이스 모델(Database Model)

데이터베이스 모델이라는 것은 데이터베이스에 데이터를 어떠한 형태로 저장할 것인지에 대한 것이다. 데이터베이스 모델은 자료구조(Data Structure)를 어떻게 할 것인가에 대한 것이며 이러한 데이터 모델은 계층형, 네트워크, 관계형 모델이 존재하고 흔히 사용되는 데이터베이스는 대부분 관계형 모델을 사용하고 있다.

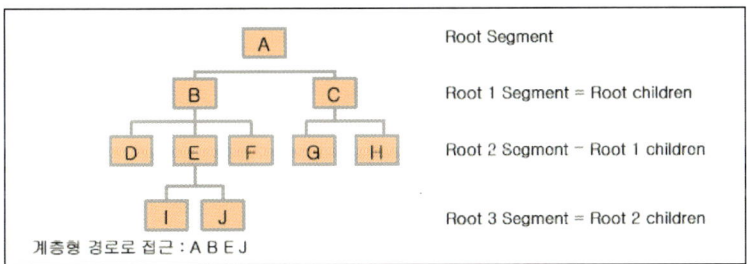

| 도표 | 계층형 데이터베이스

위의 구조에서 가장 위에 있는 A 노드를 Root라고 함.

계층형 데이터베이스 모델은 위 그림처럼 트리(Tree) 형태로 데이터를 표현하기 때문에 1:N의 자료를 표현하기는 우수하지만 M:N 관계를 표현하기는 어렵다. 즉, 1개의 부모에 여러 개의 자식을 표현할 수 있지만 여러 개의 부모에 여러 명의 자식을 표현하기는 어려운 것이다.

네트워크 데이터 모델은 데이터 모델을 오너와 멤버(Owner-Member)로 표현하고 데이터 간의 관계를 링크(Link)로 표현한다. 네트워크 데이터 모델은 1:1, 1:N, M:N 관계를 자유롭게 표현할 수 있는 장점을 가진다.

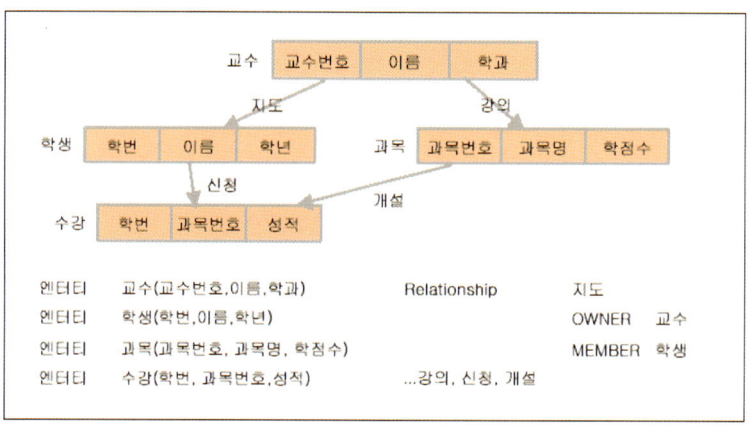

| 도표 | 네트워크 데이터 모델

관계형 데이터 모델은 릴레이션(Relation=Table)으로 데이터를 표현하는 것으로 릴레이션은 속성(Attribute)으로 구성되며 각각의 속성에는 튜플(Tuple)이라는 데이터 들이 입력되는 것이다.

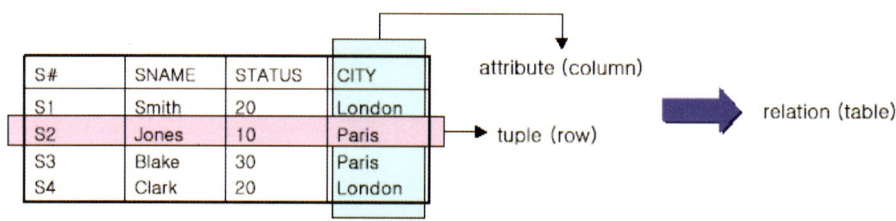

| 도표 | 관계형 데이터 모델

관계형 데이터베이스 구조	설명
테이블(Table, Relation)	- 행과 열로 구성된 2차원 구조로 데이터를 저장하기 위해서 생성
튜플(Tuple)	- 레코드(Record), 행(Row)이라고 함.
속성(Attribute)	- 열(Column), 필드(Field)라고도 함. - 하나의 테이블은 하나 이상의 속성으로 구성됨.
도메인(Domain)	- 속성이 가질 수 있는 값의 범위(집합)
차수(Degree)	- 하나의 테이블이 가지고 있는 속성의 개수
기수(Cardinality)	- 하나의 테이블(릴레이션)이 가질 수 있는 튜플의 수

관계형 데이터베이스의 릴레이션(테이블)에는 해당 릴레이션을 식별할 수 있는 키(Key)를 가지고 있다. 키는 테이블에서 데이터를 유일하게 식별하기 위한 유일한 값으로 하나의 테이블은 하나 혹은 하나 이상의 키를 가지고 있다.

[표] 데이터베이스 키(Key)의 종류

키 종류	설명
후보키(Candidate Key)	- 유일성과 최소성(Not Null)을 만족하는 키
슈퍼키(Super Key)	- 유일성은 만족하나 최소성(Not Null)은 만족하지 못하는 키
기본키(Primary Key)	- 여러 개의 후보키 중에서 하나를 선정하여 테이블을 대표하는 키
대체키(Alternate Key)	- 여러 개의 후보키 중 기본키를 선정하고 남은 키
외래키(Foreign Key)	- 어느 한 릴레이션 속성이 다른 릴레이션에서 기본키로 이용되는 것으로 두 개의 릴레이션이 서로 참조하기 위해서 사용되는 키

3) 데이터베이스 사용자(Database User)

데이터베이스 사용자는 일반 사용자, 응용 프로그램 개발자, 데이터베이스 관리자

(DBA: Database Administrator)가 있다. 일반 사용자는 프로그램을 사용해서 데이터베이스를 사용하는 사용자이고, 응용 프로그램 개발자는 데이터베이스를 사용해서 프로그램을 개발하는 개발자이다. 또한, 데이터베이스 관리자는 데이터베이스를 생성, 변경, 권한 등을 관리하는 관리자이다.

 (1) 데이터베이스의 필수 기능 3개와 데이터베이스 언어 3개는 반드시 알아야 한다.
 (2) 관계형 데이터베이스 구조에서 각각의 용어를 알아야 한다.
 (3) 데이터베이스 키에서 후보키와 기본키, 외래키를 기억해야 한다.

 주요 기출문제

|문제| DBMS의 필수 기능이 아닌 것은?

　　가. 정의 기능　　　　　　　　나. 조작 기능

　　다. 제어 기능　　　　　　　　라. 처리 기능

|해설| 데이터베이스 필수 기능은 데이터 정의, 데이터 조작, 데이터 제어이다.

|정답| 라

| 문제 | 데이터베이스 설계 순서로 가장 적합한 것은?

　　　　가. 개념적 설계 → 물리적 설계 → 논리적 설계
　　　　나. 논리적 설계 → 개념적 설계 → 물리적 설계
　　　　다. 물리적 설계 → 논리적 설계 → 개념적 설계
　　　　라. 개념적 설계 → 논리적 설계 → 물리적 설계

| 해설 | 데이터베이스 설계 절차는 개념적 설계, 논리적 설계, 물리적 설계 순으로 진행된다.

| 정답 | 라

SQL(Structured Query Language) 활동

2.2.1 SQL 개요

데이터베이스 관리 시스템과 대화를 하기 위해서는 데이터베이스 관리 시스템에게 명령을 전달하고 실행, 결과를 확인하기 위한 데이터베이스 언어가 필요하다. 데이터베이스 언어를 여러 개의 데이터베이스 관리 시스템(MS Sql Server, Oracle, MySql 등)별로 다르게 사용한다면 사용자는 모두 개별적인 언어를 배워야 할 것이다. 이러한 문제를 해결하기 위해서 ANSI와 ISO라는 기관에서 모든 데이터베이스 관리 시스템에서 사용할 수 있는 표준화된 언어를 만들었고 그 언어가 바로 SQL(Structured Query Language)이다.

SQL은 데이터베이스 관리 시스템과 대화를 할 수 있는 방법을 사용자에게 제공하고 데이터베이스 관리 시스템에게 테이블 생성, 변경, 삭제할 수 있는 데이터 정의어(DDL)를 제공하고, 데이터베이스에 입력, 수정, 삭제, 조회할 수 있는 데이터 조작어(DML)를 제공한다. 또한, 권한부여, 권한해제, 저장, 취소와 같은 명령을 수행하는 데이터 제어어(DCL)를 제공한다.

1) 데이터베이스 정의어(Data Define Language)

스키마(Schema), 도메인(Domain), 테이블(Table), 뷰(View), 인덱스(Index)를 정의하거나 변경, 삭제하기 위해서 사용되는 언어이고 데이터 정의어를 사용하면 그 내용이 시스템 카탈로그(데이터 딕셔너리)에 저장된다.

데이터 정의어	설명
Create	- 테이블, 뷰, 인덱스 등을 생성함.
Alert	- 생성된 테이블을 변경함.
Drop	- 테이블, 뷰, 인덱스 등을 삭제함.

Create Table문은 아래와 같이 사용한다.

```
CREATE TABLE 테이블명(속성명 데이터_타입 [NOT NULL], …
        [, PRIMARY KEY(기본키_속성명, …)]
        [, UNIQUE(대체키_속성명, …)]
        [, FOREIGN KEY(외래키_속성명, …)
                REFERENCES 참조테이블(기본키_속성명, …)]
                [ON DELETE 옵션]
                [ON UPDATE 옵션]
        [, CONSTRAINT 제약조건명] [CHECK (조건식)]);
        - ON DELETE/UPDATE 옵션: NO ACTION, CASCADE, SET NULL,
SET DEFAULT
```

위의 문법에 맞게 간단하게 테이블을 생성하는 예는 다음과 같다.

```
Create Table 학생[
  학번 int,
  이름 varchar(20)
  나이 int
];
```

위와 같이 실행하면 학생이라는 테이블을 생성하고 학번, 이름, 나이의 속성으로 구성된다.

테이블 생성 시에 **default** 옵션을 주면 입력되지 않을 경우에 기본적으로 입력되는 값을 설정할 수가 있다.

```
Create Table 학생[
  학번 int,
  이름 varchar(20)
  나이 int default 10
];
```

나이 속성에 default값 10을 넣었기 때문에 나이값이 입력되지 않으면 10으로 입력된다.
생성된 테이블 삭제는 Drop Table 문으로 생성된 테이블을 삭제할 수 있다. Drop
Table을 실행하면 테이블 내에 데이터가 존재하는 경우 모두 삭제된다.

```
Drop Table 학생;
```

Drop Table의 명령에는 중요한 두 개의 옵션이 존재한다. Drop table 학생
CASCADE; 로 실행하면, 테이블을 참조하는 다른 테이블 등을 자동으로 한꺼번에 모
두 삭제한다.

Drop Table 학생 RESTRICT; 로 실행하면 테이블을 삭제할 때 다른 테이블이 참조
중이면 삭제를 취소하는 옵션이다.

생성된 테이블에 대한 변경은 Alert Table 명령을 실행해서 할 수 있다. 단, 뷰는 테이
블을 참조하는 가상 테이블이라서 뷰를 수정할 수는 없다.

```
ALTER TABLE 테이블명 ADD 속성명 데이터_타입 [DEFAULT '기본값'];
ALTER TABLE 테이블명 ALTER 속성명 [SET DEFAULT '기본값'];
ALTER TABLE 테이블명 DROP 속성명 [CASCADE];
```

Alert Table을 실행해서 속성을 추가(Add)하거나 삭제(Drop)할 수 있고 속성을 변경

(Alert)할 수도 있다.

2) 데이터 조작어(Data Manipulation Language)

테이블에 데이터를 입력, 수정, 삭제, 조회할 수 있는 언어가 데이터 조작어이다.

테이블에 데이터를 입력하기 위해서 Insert문을 실행해서 입력할 수가 있다.

INSERT INTO 테이블명(속성명1, 속성명2) VALUES (데이터1, 데이터2 ···)

테이블에서 데이터를 수정하는 것은 Update문을 통해서 실행할 수가 있다.

UPDATE 테이블명 SET 속성명=데이터 WHERE 조건;

Update문은 Where문 부분에 수정할 데이터의 조건을 입력하는 것이다. 예를 들어, Where 학번=10으로 입력하면 학번이 10인 것만 수정하게 되는 것이다.

테이블의 데이터 삭제는 행(Row, 튜플)에 대한 삭제를 의미하고 Delete문을 통해서 실행된다.

DELETE FROM 테이블명 WHERE 조건;

Where문에 만족되는 조건에 해당되는 행만 삭제하게 된다. 만약 사용자가 Delete From 학생; 이렇게 실행하면 모든 행이 삭제된다.

3) 데이터 제어어(Data Control Language)

데이터베이스의 보안, 무결성, 회복, 병행제어 등을 위해서 실행되는 언어이다.

[표] 데이터 제어어

데이터 제어어	설명
Commit	- 변경된 내용을 확인하는 것으로 저장의 역할을 수행
Rollback	- 변경된 내용을 취소
Grant	- 사용자에게 권한을 부여
Revoke	- 사용자 권한을 해제

데이터베이스 SQL문에는 다양한 연산자와 함수를 사용할 수 있다. 연산자는 산술연산(덧셈, 뺄셈, 곱셈, 나눗셈, 나머지)과 논리연산(AND, OR, NOT)을 할 수 있고 문자에 대해서 연산을 수행하는 문자연산(IN, LIKE, BETWEEN ~ AND ~)이 있다. 또한, 두 개의 테이블을 대상으로 합칠 수 있는 합집합(UNION)을 만들 수가 있다.

SQL문을 사용해서 학번이 100번이고 나이가 열 살인 사람을 조회하기 위해서는 다음과 같이 한다.

Select * From 학생 Where 학번=100 And 나이=10;

위의 예처럼 논리연산인 AND를 사용할 수 있다.

또한, 이름에서 성이 "임"으로 시작하는 학생의 정보를 조회하기 위해서 Like을 사용할 수 있다.

Select * From 학생 Where 이름 like "임%";

위의 Select문은 이름 속성에서 "임"으로 시작하는 모든 데이터를 검색하는 것이다. 또한, 나이가 10살부터 20살까지를 조회하고 싶으면 Between을 사용한다.

```
Select * From 학생 Where 나이 Between 10 and 20;
```

두 개의 테이블을 합집합으로 만들 수가 있는데 이것은 Union문을 사용한다.

```
Select * From 졸업생
Union
Select * From 재학생;
```

SQL문은 사용자에게 편의성을 제공하기 위해서 미리 함수라는 것을 만들어 두었다.

함수는 집계함수, 문자열함수, 산술함수, 날짜함수가 존재하지만 여기서는 집계함수 위주로 알아보자

[표] SQL 집계함수

종류	설명
SUM()	- SUM함수는 합계를 구하는 함수 - Select Sum(나이) From 학생;
AVG()	- AVG함수는 평균을 구하는 함수 - Select AVG(나이) From 학생;
COUNT()	- 건수를 구하는 함수 - Select Count(*) From 학생;
MAX()	- 최댓값을 구하는 함수 - Select Max(나이) From 학생;
MIN()	- 최솟값을 구하는 함수 - Select Min(나이) From 학생;

문자열함수로는 문자열을 돌려주는 CHAR(), 문자열을 연결하는 CONCAT(), 문자

열을 검색하는 INSTR(), 문자열 길이를 돌려주는 LEN() 등이 있고 산술함수로는 절댓값을 구하는 ABS(), 반올림한 값을 구하는 ROUND() 등이 존재한다.

날짜함수로는 연, 월, 일을 구하는 YEAR(), MONTH(), DAY() 함수가 존재하고 현재 날짜를 구하는 SYSDATE 등이 있다.

(1) 데이터베이스 정의어, 조작어, 제어어의 종류를 알아야 한다. 즉, Create, Drop, Alert, Select, Insert, Delete, Update는 꼭 기억해야 한다.

|문제| 테이블 구조를 변경하는 데 사용하는 SQL 명령은?

    가. ALTER TABLE   나. MODIFY TABLE

    다. DROP TABLE   라. CREATE INDEX

|해설| ALTER TABLE은 테이블의 구조를 변경하기 위해서 사용되고 컬럼을 추가하거나 변경할 수 있다.

|정답| 가

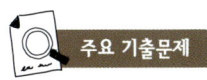

| 문제 | SQL에서 DROP 문의 옵션(Option) 중 "RESTRICT"의 역할에 대한 설명으로 가장 적절한 것은?

가. 제거할 요소들을 기록 후 제거한다.
나. 제거할 요소가 참조 중일 경우에만 제거한다.
다. 제거할 요소들에 대한 예비조치(back up) 작업을 한다.
라. 제거할 요소가 참조 중이면 제거하지 않는다.

| 해설 | Drop Table 학생 RESTRICT; 로 실행하면 테이블을 삭제할 때 다른 테이블이 참조 중이면 삭제를 취소하는 옵션이다.

| 정답 | 라

| 문제 | SQL 명령어 중 DML에 해당하지 않는 것은?

가. INSERT   나. ALTER

다. UPDATE   라. DELETE

| 해설 | ALTER문은 데이터 정의어(DDL)이고 데이터 조작어 DML은 INSERT, UPDATE, DELETE, SELECT가 있다.

| 정답 | 나

| 문제 | SQL의 명령 형태로 옳지 않은 것은?

가. SELECT ~ FROM ~ WHERE ~   나. INSERT ~ INTO ~ VALUES ~

다. DELETE ~ FROM ~ WHERE ~   라. UPDATE ~ FROM ~ WHERE ~

| 해설 | Update문은 Update ~ Set ~ Where이다. Set는 변경하려는 속성을 입력한다.

| 정답 | 라

2.2.2 조인(Join)

관계형 데이터베이스 연산 중에 조인은 두 개의 테이블 간에 결합할 수 있는 방법을 제공한다. 이러한 결합을 통해서 새로운 하나의 테이블(릴레이션)을 생성할 수가 있는 것이다.

데이터베이스의 조인은 교차조인(Cross Join)과 자연조인(Natural Join)이 존재한다. 교차조인은 두 개의 테이블을 직교로 연결하는 것으로 가장 간단한 조인방법이다.

자연조인은 내부조인(Inner Join)과 외부조인(Outer Join)이 존재하는데, 내부조인은 한쪽 테이블에 있는 열과 다른 쪽 테이블의 열 값이 같은 것을 결합하는 것으로 등결합이라고도 한다.

외부조인은 두 테이블 간의 결합 시에 한쪽 테이블에 맞지 않는 것도 결합하는 방법이다.

[표] 조인방법

조인방법	설명
교차조인	- Select * From 졸업생 Cross join 재학생
내부조인	- Select * From 졸업생 Inner Join 재학생 On 졸업생.학번=재학생.학번;
외부조인(좌측)	- Select * From 졸업생 Left Outer Join 재학생 Where 졸업생.학번=재학생.학번;

*우측 외부조인은 좌측 외부조인에 Right Outer Join으로 변경하면 된다.

- INNER JOIN
- EQUI JOIN: '='(equal) 비교를 통해 같은 값을 가지는 행을 연결하여 결과 생성
- NOT-EQUI JOIN: '='을 제외한 나머지 비교 연산자를 사용
- OUTER JOIN
- LEFT OUTER JOIN: INNER JOIN의 결과를 구한 후, 우측 항 릴레이션의 어떤 튜플과도 맞지 않는 좌측의 항의 튜플들에 NULL값을 붙여 결과에 추가
- RIGHT OUTER JOIN: INNER JOIN의 결과를 구한 후, 좌측 항 릴레이션의 어떤 튜플과도 맞지 않는 우측의 항의 튜플들에 NULL값을 붙여 결과에 추가
- FULL OUTER JOIN: LEFT OUTER JOIN과 RIGHT OUTER JOIN을 합쳐 놓은 것
- SELF JOIN: 같은 테이블에서 두 개의 속성을 연결하여 EQUI JOIN을 하는 방법

이것은 기억!

 (1) 조인이 무엇인지 개념만 알면 된다.

스프레드시트 및 프레젠테이션

2.3.1 스프레드시트(Spreadsheet)

스프레드시트는 업무를 처리하기 위해서 계산을 수행할 수 있는 프로그램으로 마이크로소프트사의 엑셀, 훈민시트, 로터스 등과 같은 프로그램이 존재한다. 스프레드시트는 함수 및 통계처리와 같은 수치적 계산을 수행할 수 있는 프로그램이다.

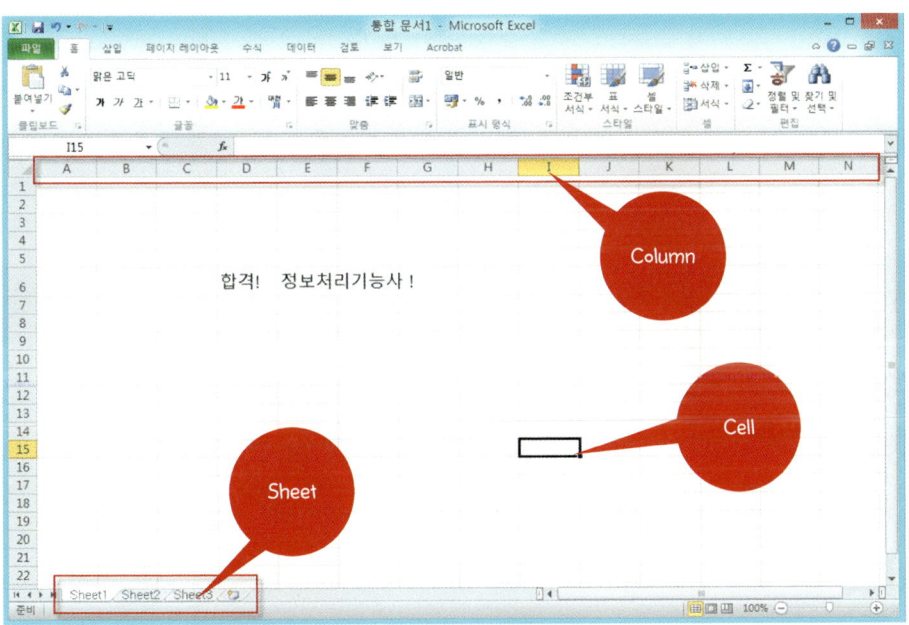

| 도표 | 스프레드시트(예: 엑셀)

Cell은 스프레드시트에 데이터가 입력되는 단위이고 Sheet는 사용자 데이터 입력 공간이다.

· 스프레드시트의 주요 기능

- 데이터 계산 및 입력 데이터 검색
- 각종 차트 작성
- 그림, 지도, 클립아트와 같은 내부 및 외부 객체를 삽입
- 통계지원

· 스프레드시트 활용도

- 각종 재고관리, 성적관리, 판매관리, 급여계산 등
- 각종 차트 및 그래프를 활용한 분석
- 통계분석 기능

 (1) Cell과 Sheet를 알아야 하고 스프레드시트의 기능이 계산이라는 것을 기억하면 된다.

 주요 기출문제

| 문제 | 스프레드시트에서 기본 입력 단위를 무엇이라고 하는가?

　　　　가. 툴 바　　　　　　　　　　나. 셀

　　　　다. 블록　　　　　　　　　　라. 탭

| 해설 | 스프레드시트 입력 단위는 셀(Cell)이다.

| 정답 | 나

2.3.2 프레젠테이션(Presentation)

프레젠테이션 프로그램은 기업에서 발표를 하기 위해서 사용되는 프로그램이다. 여러 사용자에게 프레젠테이션을 사용해서 자신의 생각을 쉽고 간단하게 전달하기 위한 프로그램으로 프레젠테이션 프로그램으로는 파워포인트, 훈민 프레젠테이션 등이 존재한다.

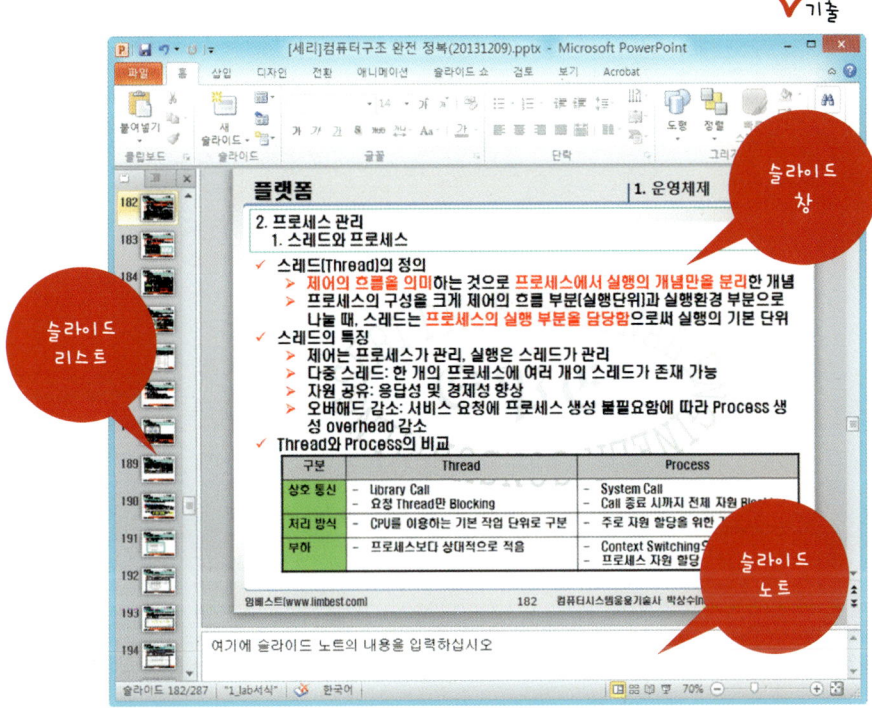

| 도표 | 프레젠테이션(예: 파워포인트)

· **프레젠테이션 기능**

- 텍스트 등의 문자를 표현
- 애니메이션 기능
- 동영상 기능
- 차트 및 그림, 클립아트, 음성 등
- 슬라이더 쇼를 통한 발표

위의 같은 프레젠테이션은 다른 사람에게 발표하기 위해서 프레젠테이션 기획, 준비, 원고 작성, 프레젠테이션 실시, 결과분석의 과정을 통해서 진행된다.

 (1) 프레젠테이션에서 슬라이더라는 말과 기능을 알아야 한다.

 주요 기출문제

| 문제 | 윈도우용 프레젠테이션에서 화면 전체를 전환하는 단위를 의미하는 것은?

　　가. 개체　　　　　　　　　　나. 개요

　　다. 스크린 팁　　　　　　　　라. 쪽(슬라이드)

| 해설 | 프레젠테이션에서 화면을 슬라이드라고 하고 슬라이드 단위로 화면을 전환한다.

| 정답 | 라

 주요 기출문제

| 문제 | 프레젠테이션의 이용 영역으로 가장 적합한 것은?

　　가. 쪽지시험 채점 등의 업무　　　나. 신문 편집 업무

　　다. 회원명부 작성, 검색 등의 업무　　라. 제품의 소개나 회의내용 요약 발표 등의 업무

| 해설 | 프레젠테이션은 제품 소개 및 회의를 할 때 요약발표를 하기 위해서 활용된다.

| 정답 | 라

3

운영체제

운영체제(Operating System) 개요

3.1.1 운영체제

컴퓨터 하드웨어(CPU, Memory, Disk)는 단순한 기계에 불과하다. 이러한 기계가 다른 기계보다 다른 것이 있다면, 그것은 바로 소프트웨어(응용 프로그램)이다. 소프트웨어는 단순한 기계에 프로그래밍을 통해서 원하는 방식으로 작동할 수 있도록 지능을 부여한다. 하지만 소프트웨어도 하드웨어를 직접적으로 제어하기 어렵다. 그것을 각각의 기계가 인식하는 기계어로 소프트웨어를 개발해야 하는데, 그 작업은 너무 힘들고 많은 시간이 발생한다.

이러한 문제를 해결하기 위해서 하드웨어를 제어할 수 있는 운영체제라는 소프트웨어가 등장했다. 운영체제는 하드웨어를 관리하고 응용 프로그램이 작업을 실행할 수 있도록 도와주는 프로그램으로 가정에서 흔히 사용되는 윈도우가 그 대표적이다. 윈도우는 개인용 컴퓨터를 관리해 주고 프로그래머가 개발한 프로그램이 기동될 수 있도록 도와준다.

윈도우 말고도 운영체제는 유닉스, 리눅스, DOS 등과 같이 다양하게 존재하고 현재는 스마트폰의 하드웨어를 관리하는 안드로이드 및 iOS와 같은 형태도 등장했다.

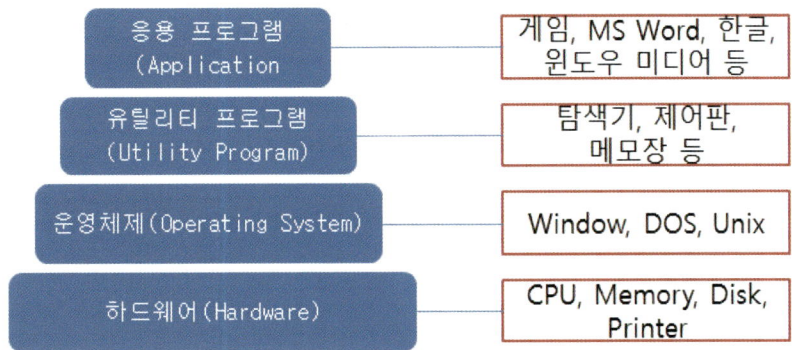

| 도표 | 운영체제 계층

운영체제는 하드웨어 위에 탑재되어서 **CPU** 및 **Memory** 등을 관리한다. 이것은 어떤 프로세스(프로그램이 실행)에 메모리를 할당하고 CPU에서 실행되는지 등을 관리하는 것이고 이런 것을 스케줄링이라고 한다.

[표] 운영체제 목적

목적	설명
처리능력 향상	- 시간당 작업 처리량(Throught) 및 평균 처리시간 개선
신뢰성 향상	- 주어진 기능을 안전적으로 실행
응답시간 단축	- 사용자가 컴퓨터 시스템에 의뢰한 작업 반응 시간을 단축
자원 활용률 향상	- 자원공유 및 자원의 효율적 사용
가용성 향상	- 고장 및 오류가 발생하여도 운영에 영향을 최소화시킴.

[표] 운영체제의 주요 기능

주요 기능	설명
프로세스 관리	- 실행 중인 프로세스(프로그램)에 메모리를 할당하거나 CPU를 사용하게 하는 스케줄링 기능
자원 관리	- 주기억장치, 주변장치 등의 하드웨어 관리
입출력 관리	- 입력과 출력장치 관리
파일 관리	- 보조기억장치에 기록된 폴더 및 파일 관리
하드웨어 제어	- 컴퓨터 시스템의 하드웨어를 관리하고 제어

운영체제는 제어 프로그램(Control Program)과 처리 프로그램(Process Program)으로 구성된다.

1) 제어 프로그램(Control Program)

기출

구분	설명
감시 프로그램 (Supervisor Program)	- 컴퓨터 시스템을 감시 및 제어하는 프로그램
작업 관리 프로그램 (Job Management Program)	- 프로세스 작업을 준비, 처리할 수 있도록 관리
데이터 관리 프로그램 (Data Management Program)	- 주기억장치 및 보조기억장치 사이에서 데이터를 전송, 파일조작과 처리를 수행

2) 처리 프로그램(Process Program)

구분	설명
언어번역 프로그램 (Language Translator Program)	- 원시 프로그램(Source Program)을 컴퓨터가 인식할 수 있는 기계어로 번역하는 프로그램 - 어셈블러, 인터프리터, 컴파일러 등

서비스 프로그램 (Service Program)	- 사용자가 많이 사용하는 프로그램을 사전에 개발해 둔 소프트웨어 - 라이브러리, 로더 등
문제 처리 프로그램 (Problem Processing Program)	- 사용자의 필요에 의해서 개발된 프로그램 - 사원관리, 재무관리 프로그램 등

응용 프로그램을 개발한다는 것은 프로그래머가 원시 프로그램을 개발하는 것을 말한다. 원시 프로그램을 개발하면, 컴파일이라는 과정을 실행하고 컴파일을 통해서 목적 프로그램(Object Program)을 생성한다.

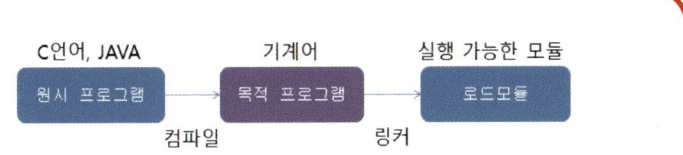

| 도표 | 언어번역 과정

로드모듈(Load Module)은 실행 가능한 프로그램을 의미

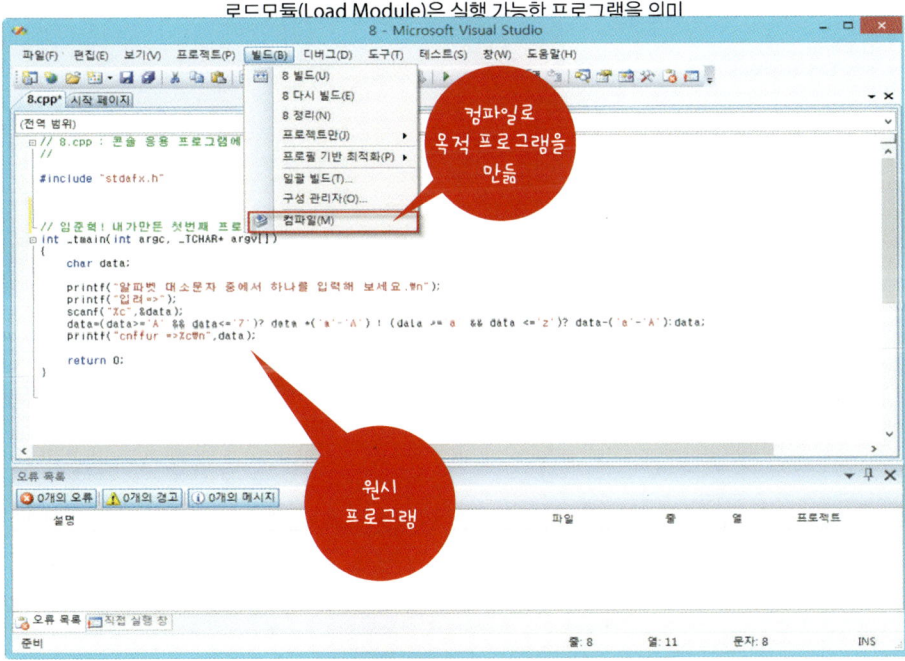

| 도표 | 원시 프로그램과 컴파일

목적 프로그램은 다시 링커(Linker)를 통해서 실행 가능한 프로그램을 만든다. 그러면 최종적으로 프로그램을 실행할 수 있게 된다. 이러한 과정을 언어번역 과정이라고 한다. 언어번역 과정을 통해서 실행 가능한 프로그램이 만들어지면 사용자가 해당 응용 프로그램을 실행시킨다. 실행시킨 프로그램은 로더(Loader)라는 프로그램이 응용 프로그램을 주기억장치에 올려서 실행하게 된다.

 (1) 운영체제가 무엇을 하는 것인지 알아야 한다.
 (2) 처리 프로그램과 제어 프로그램의 종류를 알아야 한다.
 (3) 컴파일러와 링커를 알아야 한다.

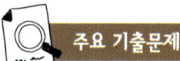 주요 기출문제

| 문제 | 운영체제의 목적이 아닌 것은?

가. 처리능력(Throughput) 향상
나. 턴 어라운드 타임(Turnaround Time)의 증가
다. 사용 가능도(Availability)의 증대
라. 신뢰도(Reliability)의 향상

| 해설 | 턴 어라운드 타임이 감소되어야 한다. 턴 어라운드 타임은 프로세스가 작업을 요청하고 응답이 올 때까지의 시간이다.

| 정답 | 나

3.1.2 운영체제 발전 과정

운영체제의 발전 과정은 컴퓨터 시스템의 하드웨어 발전에 영향을 받는다. 컴퓨터 시스템의 하드웨어가 발전하면 할수록 하드웨어를 좀 더 효율적으로 처리할 수 있는 운영체제가 필요하게 되고 그에 따라 다양한 운영체제가 등장했다.

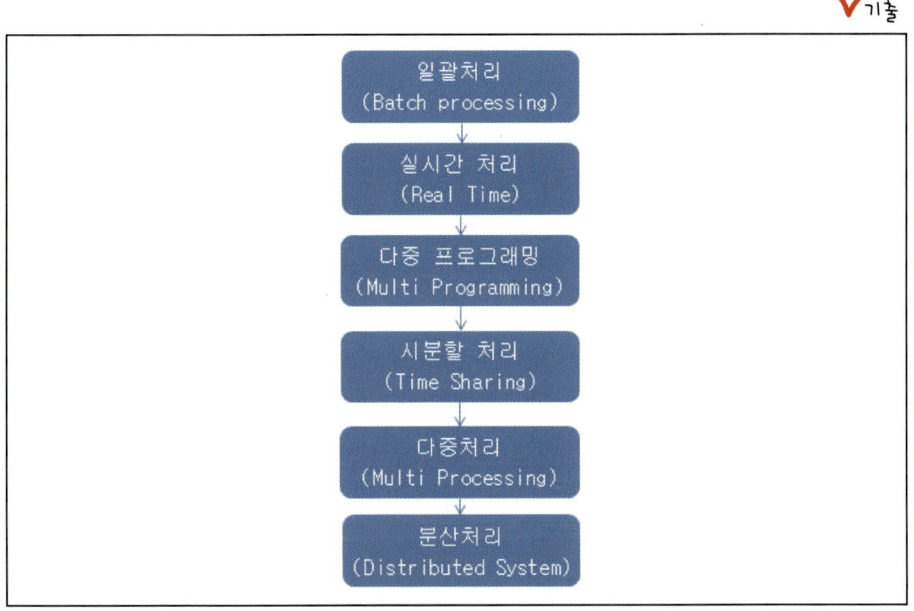

| 도표 | 운영체제의 발전 과정

일괄 처리 시스템(Batch Processing System)은 작업을 처리할 때 유사한 작업을 모아서 일괄적으로 작업을 처리하는 시스템으로, 하드웨어를 효율적으로 사용할 수 있는 장점을 가지고 있지만 실시간 처리가 어려운 문제와 실행 시간에 장시간이 필요한 단점을 가지고 있다.

다중 프로그래밍 시스템(Multi Programming System)은 컴퓨터 시스템의 CPU 사용을 극대화하는 것으로 여러 개의 프로그램이 동시에 실행된다. 여러 개의 프로그램이 동시에 실행되어서 서로 CPU를 점유하려고 하기 때문에 효율적인 관리 방법이 필요하게 되고 그 결과 CPU 스케줄링이 필요하게 된다.

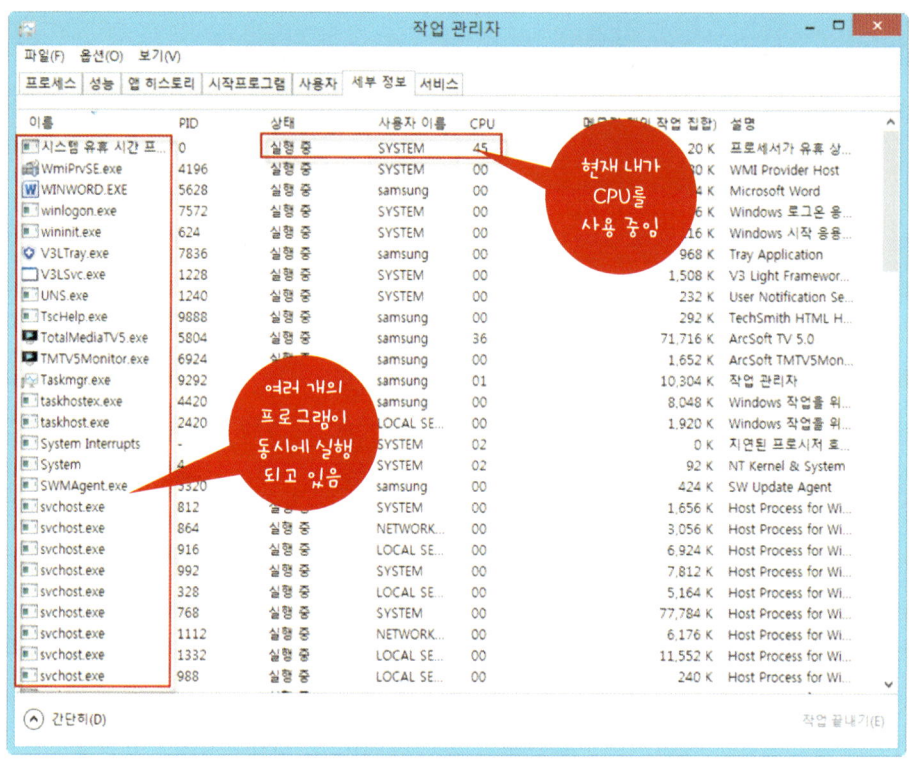

| 도표 | 다중 프로그래밍의 실행 모습(예: 윈도우 작업관리자)

    시분할 처리 시스템(Time Sharing System)은 다중 프로그래밍의 확장으로 프로그램들이 CPU를 점유할 때 제한된 시간 동안만 작업을 처리하는 것으로 시간이 만료되면 CPU 점유를 놓고 다시 대기하는 방식의 운영체제이다.

    다중처리 시스템(Multi Processing System)은 여러 개의 CPU를 사용해서 작업을 동시에 처리하는 시스템으로 컴퓨터 시스템의 성능을 대폭 향상시킨 것이다.

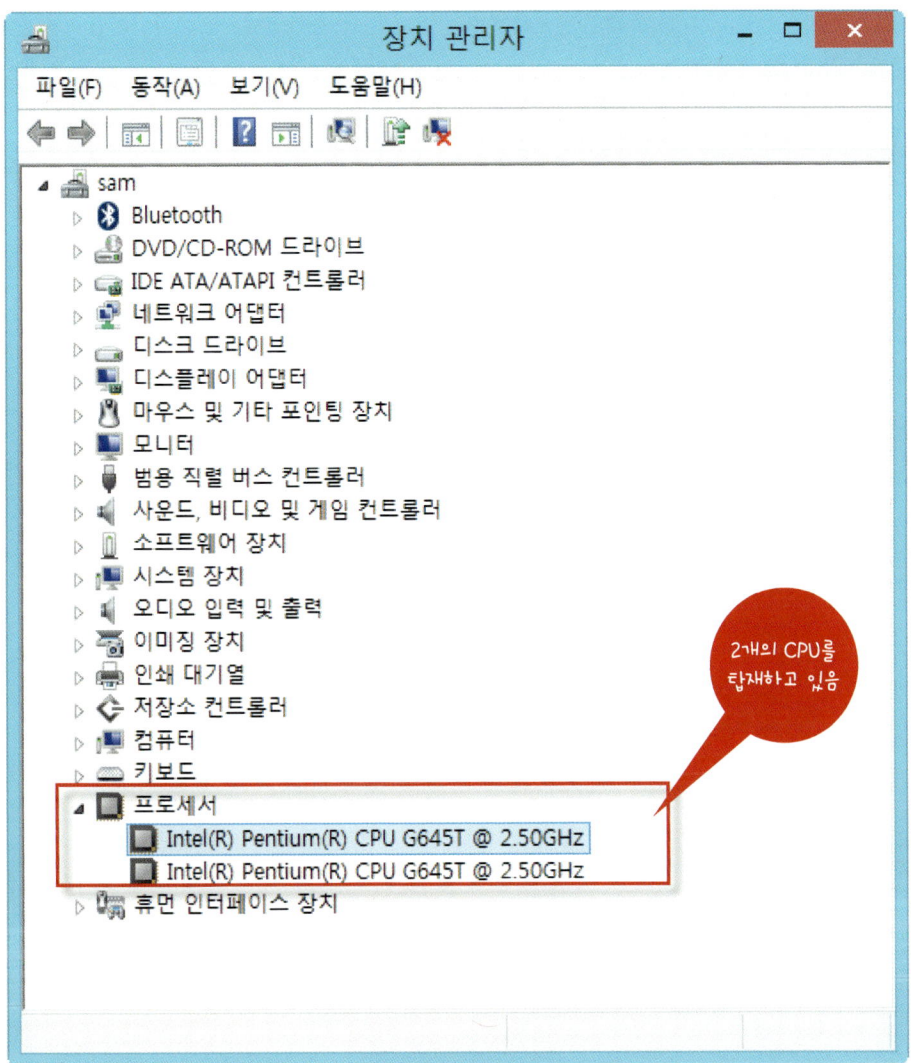

| 도표 | 다중처리 시스템

    실시간 시스템(Real Time System)은 사용자의 요청에 대해서 즉시 응답할 수 있는 시스템으로 실시간 시스템의 의미는 시간 제약을 설정하고 시간 제약사항 내에 작업을 완료할 수 있는 시스템이다.

분산처리 시스템(Distributed System)은 물리적으로 떨어진 컴퓨터 시스템을 네트워크로 연결하여 작업을 처리할 수 있는 시스템이다. 분산처리 시스템은 시스템별로 별도의 운영체제가 설치될 수 있고 하나의 작업을 나누어서 동시에 처리할 수 있다.

 (1) 일괄 처리, 실시간 처리, 시분할 처리를 구분할 수 있어야 한다.

|문제| 다음 중 분산 네트워크의 장점과 거리가 먼 것은?

　가. 분산자원의 중앙집중화
　나. 현장 업무의 효율화
　다. 네트워크의 확장 용이
　라. 다양한 입력방식의 채택 용이

|해설| 분산처리는 중앙집중화가 아니라 분산된 네트워크로 연결된 구조로 확장성이 좋다.

|정답| 가

156

3.1.3 운영체제의 주요 기능

사용자가 컴퓨터 시스템에 존재하는 실행 파일을 실행시키면 해당 프로그램은 주기억장치에 적재(Load)된다. 프로그램이 주기억장치에 적재되면 실행 중인 프로그램인 프로세스(Process)가 된다.

프로세스는 주기억장치에 상주하면서 실행하는데, 프로세스가 주기억장치에 상주할 때 메모리 공간을 할당받아야 한다. 이렇게 프로세스에 할당된 메모리를 PCB(Process Control Block)라고 한다. PCB는 프로세스별로 할당되는 고유의 식별자인 PID(Process ID), 현재 프로세스의 상태(준비, 실행, 대기) 등의 정보를 보유하고 있는 메모리 공간이다.

· **프로세스(Process)**

- 실행 중인 프로그램으로 CPU에 할당되는 개체
- 각 프로세스는 PCB(Process Control Block)라는 메모리 공간이 할당됨.

· **PCB(Process Control Block)가 보유한 정보**

- 프로세스 ID
- 프로세스 현재 상태
- 프로세스 우선순위
- 자원에 대한 포인터
- 프로그램 카운터
- 레지스터
- 입출력 정보 등

실행 중인 프로그램은 제일 처음 준비상태로 진입한다. 준비상태는 준비 큐라는 것이 있는데, 준비 큐의 제일 뒤에 실행된 프로세스가 들어간다. 준비 큐에 있는 프로세스는 자신의 순서가 오면 실행상태로 진입하게 되고 실행상태의 진입이라는 것은 CPU를 진입하여 작업을 처리하는 것이다.

실행 중인 프로세스가 작업을 완료하면 종료 상태로 진행하여 완료되는 것이고 실행

중인 프로세스가 주변장치(하드디스크)에서 데이터를 읽어 올 필요가 있으면 실행 상
태에서 나와 대기 상태로 진입한다.

대기 상태에서 입출력을 완료하면 다시 준비 큐의 제일 뒤로 진입하게 된다. 이처럼 프
로세스가 CPU를 점유하고 해체하는 일련의 과정인 프로세스 상태 전이가 이루어진다.

1) 프로세스 관리(Process Management)

운영체제는 실행 중인 프로세스를 관리하는 역할을 수행한다. 즉, 프로세스 상태 전
이를 통해서 프로세스 준비, 실행, 대기와 같은 상태로 이루어진다.

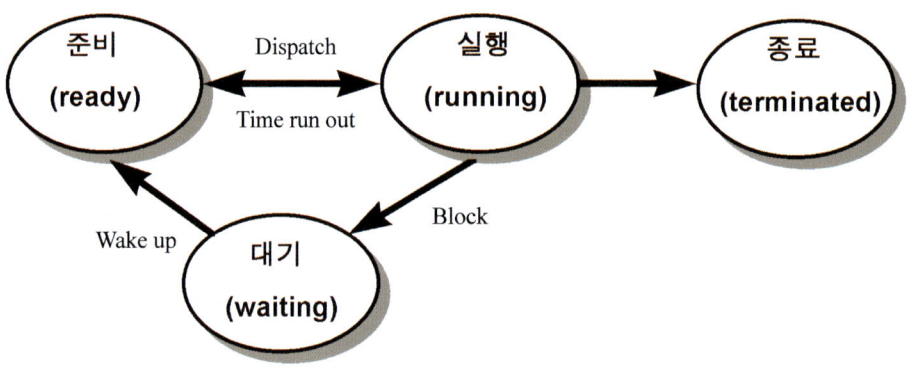

| 도표 | 프로세스 상태 전이도

[표] 프로세스 상태

프로세스 상태	설명
생성(New)	- 새로운 프로세스가 실행된 상태
준비(Ready)	- CPU를 할당받기 위해서 준비 큐에 들어간 상태
실행(Running)	- 프로세스가 CPU를 점유하고 실행 중인 상태
대기(Wait)	- 프로세스가 입출력 등을 대기하는 상태
종료(Exit)	- 프로세스가 모든 작업을 완료하고 종료된 상태

158

2) CPU 스케줄링(CPU Scheduling)

프로세스에 CPU를 점유시켜 프로세스의 작업을 수행하게 하기 위해서 운영체제는 스케줄러(Scheduler)라는 프로그램이 CPU 자원을 관리하는 역할을 수행한다.

즉, 스케줄러는 어떤 프로세스에 CPU를 할당할 것인지를 결정한다.

스케줄링 기법은 프로세스가 CPU를 할당받은 상태에서 다른 프로세스가 CPU 점유를 뺏을 수 있는 선점형 기법과 뺏을 수 없는 비선점형 기법이 존재한다.

또한, 알고리즘에 따라 우선순위, 기한부 스케줄링, FIFO, 라운드 로빈 등과 같은 다양한 기법이 있다.

| 도표 | CPU 스케줄링 종류

❶ 선점형 스케줄링(Preemptive Scheduling)

선점형은 프로세스가 CPU를 할당받아도 다른 프로세스가 CPU를 뺏을 수 있는 방법으로 실시간 시스템에 많이 사용되는 방법이다.

[표] 선점형 스케줄링 기법 종류

선점형 기법	설명
Rond Robin	- 프로세스에 시간 할당량(Time Slice)을 주고 시간 할당량 동안 CPU를 점유하고 작업을 처리
SRT (Shortest Remaining Time)	- 프로세스 중에서 가장 짧게 남아 있는 프로세스에게 CPU를 할당
MFQ (MultiLevel Feedback Queue)	- 여러 개의 큐를 활용하여 작업을 처리

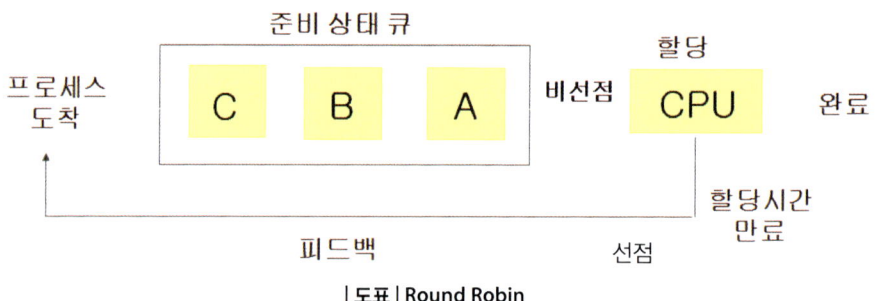

| 도표 | Round Robin
프로세스는 시간 할당량만큼 CPU를 사용

160

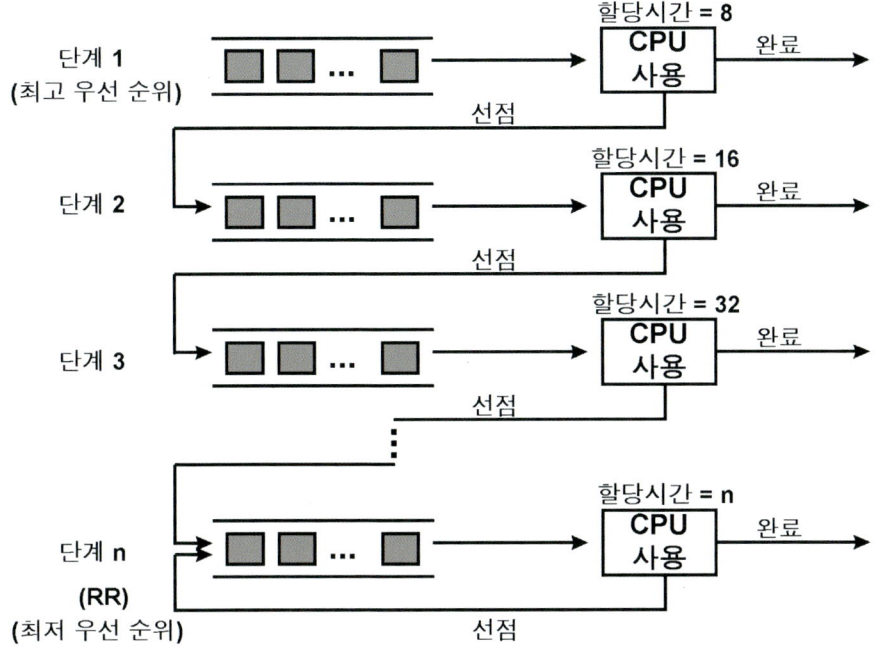

| 도표 | **Multilevel Feedback Queue**
서비스별로 여러 개의 큐를 두고 큐별로 우선순위를 할당

❷ 비선점형 스케줄링(Non-Premptive Scheduling)

비선점형 스케줄링은 한 프로세스가 CPU를 할당받아 실행하면 작업이 완료될 때까지는 CPU를 독점해서 사용하는 방법이다. 비선점형 스케줄링 기법은 짧게 빨리 실행될 수 있는 프로세스가 긴 작업을 수행하는 프로세스를 오랫동안 대기해야 하는 문제점이 있다.

[표] 비선점형 스케줄링 기법의 종류

비선점형 기법	설명
FIFO (First In First Out)	- 프로세스에게 준비 큐에 진입한 순서대로 CPU를 할당
우선순위	- 프로세스별로 우선순위를 할당하여 우선순위별로 작업을 처리
SJF(Shortest Job First)	- 작업 시간이 가장 짧은 프로세스에게 CPU를 할당
HRN (Highest Response ratio Next)	- SJF에서 긴 작업이 계속 대기하는 문제점을 해결하기 위해서 대기시간이 길어지면 우선순위를 높여주는 방법 - 우선순위=(대기시간+서비스 시간)/서비스 시간

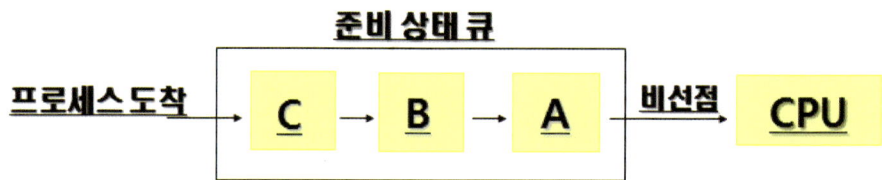

| 도표 | FIFO(FSFS: First Come First Service)
준비 큐에 진입한 순서대로 CPU를 할당

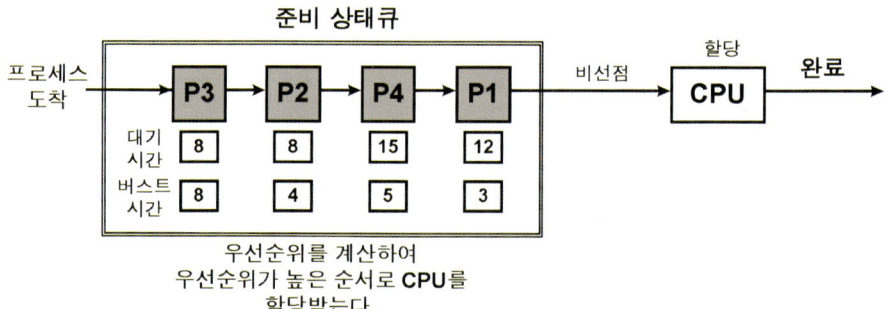

| 도표 | HRN
프로세스 우선순위를 위의 (대기시간+서비스 시간)/서비스 시간으로 결정하고 위의 그림
에서 버스트 시간이 서비스 시간임.

3) 기억장치 관리(Memory Management)

프로세스가 기동되려면 기억장치가 할당되어야 한다. 기억장치는 주기억장치와 가상 기억장치로 분류되며 주기억장치는 프로세스에게 메모리를 할당하기 위해서 기억장치 내의 기억장소를 분할해서 관리한다.

[표] 주기억장치 분할방법

분할방법	설명
고정 분할	- 주기억장치를 고정된 크기로 분할하고 관리
동적 분할	- 주기억장치 크기를 가변적 크기로 관리

프로세스는 분할된 기억공간에 할당이 되어야 한다. 만약 기억공간의 크기가 10Mega 인데 프로세스의 크기는 1Mega이면 기억공간에 프로세스가 적재되어도 9Mega가 남게 된다. 이러한 공간을 내부 단편화라고 한다. 반대로 프로세스가 10Mega 인데 기억공간이 1Mega라면 1Mega라는 공간이 있어도 기억공간을 사용하지 못하는 문제가 발생하는데, 이것을 외부 단편화라고 한다.

이처럼 단편화(Fragmentation)가 최소화되도록 기억장소를 할당해야 한다.

[표] 기억장치 장소 할당방법

할당방법	설명
최초적합(First Fit)	- 가장 처음의 공간으로 기억장치 할당
최적적합(Best Fit)	- 가장 잘 맞는 공간에 기억장치 할당
최악적합(Worst Fit)	- 가장 큰 공간에 기억장치 할당

주기억장치가 부족하면 어떤 프로세스를 선택해서 교체를 해야 한다. 그래야 실행된 프로세스가 주기억장치를 할당받을 수 있고 주기억장치를 할당받아야 CPU에 의해서 작업을 처리할 수 있기 때문이다. 그래서 페이지 교체 기법이라는 것이 등장했다.

[표] 페이지 교체 기법

페이지 교체 기법	설명
FIFO(First In First Out)	- 주기억장치에 가장 먼저 들어온 페이지를 교체
LRU(Least Recently Used)	- 가장 오랫동안 사용되지 않은 페이지를 교체
LFU(Least Frequently Used)	- 사용 횟수가 가장 적은 페이지를 교체
NUR(Not Used Recently)	- 최근에 사용되지 않은 페이지를 교체할 페이지로 선택함.
최적화(OPTimal replacement)	- 오랫동안 사용되지 않거나 사용도가 낮은 페이지를 교체

가상 기억장치는 주기억장치의 공간부족의 문제를 해결하기 위해서 주기억장치의 공간을 가상의 공간을 사용해서 확대하기 위해서 사용된다. 간단히 생각하면 디스크를 마치 메모리처럼 사용하는 것이다.

가상 기억장치의 기억장치는 고정크기로 분할하여 관리하는 페이징 기법과 가변의 크기로 관리하는 세그먼테이션 기법 등이 존재한다.

[표] 가상 기억장치 관리기법

가상 기억장치 관리기법	설명
페이징(Paging)	- 가상 기억장치를 고정크기인 페이지 단위로 분할
세그먼테이션(Segmentation)	- 가상 기억장치를 가변크기로 분할
혼합(Hybrid)	- 고정크기와 가변크기를 혼용해서 사용

4) 교착상태(Deadlock)

도로에 자동차가 너무 많아서 한 차선에 있는 차량이 신호등이 변경되었어도 계속 진입한다면, 파란 불이 들어와도 다른 쪽 차선의 차량이 교차로에 진입하지 못한다. 결론적으로 모든 차가 교차로에 진입할 수 없는 문제가 발생하는데, 이런 상태를 컴퓨터에서는 교착상태라고 한다.

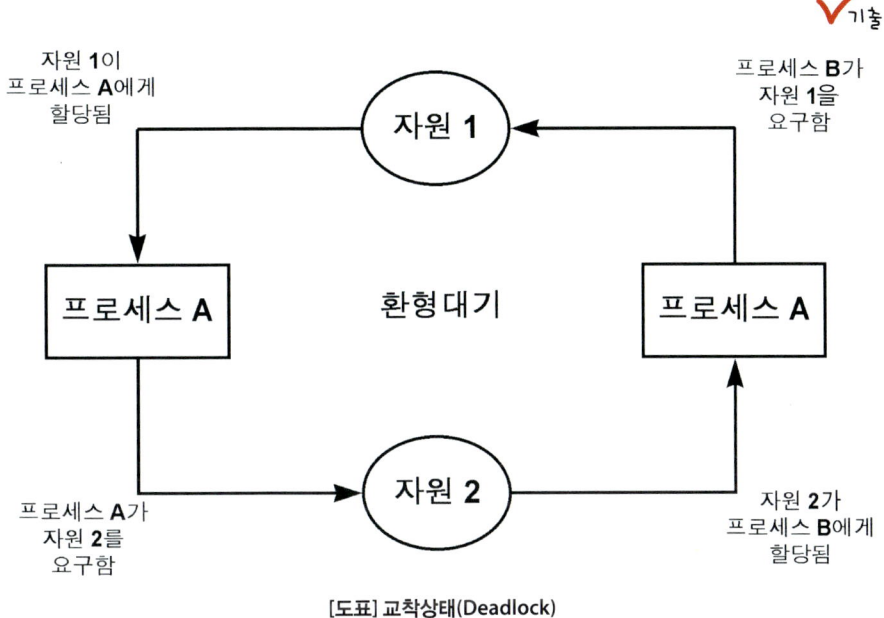

[도표] 교착상태(Deadlock)

위의 도표를 보면 프로세스 A는 자원1을 점유하고 있으면서 자원2 점유를 요청하고 있다. 자원2는 프로세스 B가 점유하고 있으며 프로세스 B는 자원1의 점유를 요청하고 있다. 이처럼 환형의 구조가 나타나는 것이 교착상태이다.

즉, 교착상태는 하나 또는 둘 이상의 프로세스가 더 이상 계속할 수 없는 어떤 특정사건을 기다리고 있는 상태이고, 특정 사건이라는 것은 자원의 할당이나 해제와 같은 사건이다.

[표] 교착상태 발생조건

조건	설명
상호배제(Mutual Exclusion)	- 프로세스들이 자원을 배타적으로 사용함, 즉 한 번에 한 프로세스만이 자원을 사용 가능
점유와 대기(Hold and Wait)	- 프로세스가 어떤 자원을 점유하고 다른 자원의 할당을 요청하고 대기하고 있음.
비선점(non-preemption)	- 프로세스가 점유한 자원을 도중에 해제시킬 수 없음.
환형대기(Circular Wait)	- 프로세스와 자원들이 원형을 이루고 있고 서로 상대방의 자원을 요청하고 있음.

 (1) 프로세스가 무엇인지 알아야 한다.
 (2) 선점형과 비선점형의 뜻을 알아야 한다.
(3) SJF, HRN, Round Robin을 기억해야 한다.
 (4) 페이지 교체 기법에서 LRU을 기억해야 한다.
 (5) 교착상태의 뜻을 알아야 한다.

 주요 기출문제

| 문제 | Which one does below sentence describe?

It is situation of infinite waiting of unusable resources, Because one program is going to use the device in use by other program at multiprogramming

가. paging　　　　　　　　나. buffering

다. dead lock　　　　　　　라. overlay

| 해설 | 교착상태는 하나 또는 둘 이상의 프로세스가 더 이상 계속할 수 없는 어떤 특정 사건을 기다리고 있는 상태이고 특정 사건이라는 것은 자원의 할당이나 해제와 같은 사건이다.

| 정답 | 다

166

| 문제 | 컴퓨터 시스템 내부에서 실행 중인 프로그램을 정의하는 용어는?

　　　가. 프로세스　　　　　　　　나. 버퍼

　　　다. 인터럽트　　　　　　　　라. 커널

| 해설 | 실행 중인 프로그램을 프로세스라고 한다.

| 정답 | 가

 주요 기출문제

| 문제 | 운영체제 스케줄링 기법 중 선점 스케줄링에 해당하는 것은?

　　　가. SRT　　　　　　　　　　나. SJF

　　　다. FIFO　　　　　　　　　　라. HRN

| 해설 | 선점형 스케줄링에는 Round Robin, SRT, MFQ가 있다.

| 정답 | 가

 주요 기출문제

| 문제 | CPU 스케줄링 방법 중 우선순위에 의한 방법의 단점은 무한정지와 기아 현상이다. 이 단점을 해결하는 방안으로 가장 적합한 것은?

　　　가. 순환할당　　　　　　　　나. 다단계 큐 방식

　　　다. 에이징(Aging) 방식　　　　라. 최소작업 우선

| 해설 | 에이징(Aging) 기법은 오랫동안 기다린 프로세스에게 우선순위를 높여주는 방법이다.

| 정답 | 다

DOS(Disk Operating System)

3.2.1 DOS 개요

　DOS 운영체제는 마이크로소프트사에서 제일 처음 개발한 개인용 컴퓨터 운영체제이다. 이것은 한 명의 컴퓨터 사용자가 한 개의 프로그램을 실행시킬 수 있는 단순한 운영체제이다. 이후에 DOS를 기반으로 하는 윈도우가 등장했고 윈도우는 여러 개의 프로그램이 동시에 기동될 수 있고 네트워크 기능, GUI(Graph User Interface) 등을 제공한다.

　과거의 DOS를 지금 볼 수는 없지만, 윈도우가 DOS를 기반으로 만들어졌기 때문에 어느 정도 확인할 수는 있다. 즉, 명령 프롬프트를 실행시켜서 확인할 수 있다.

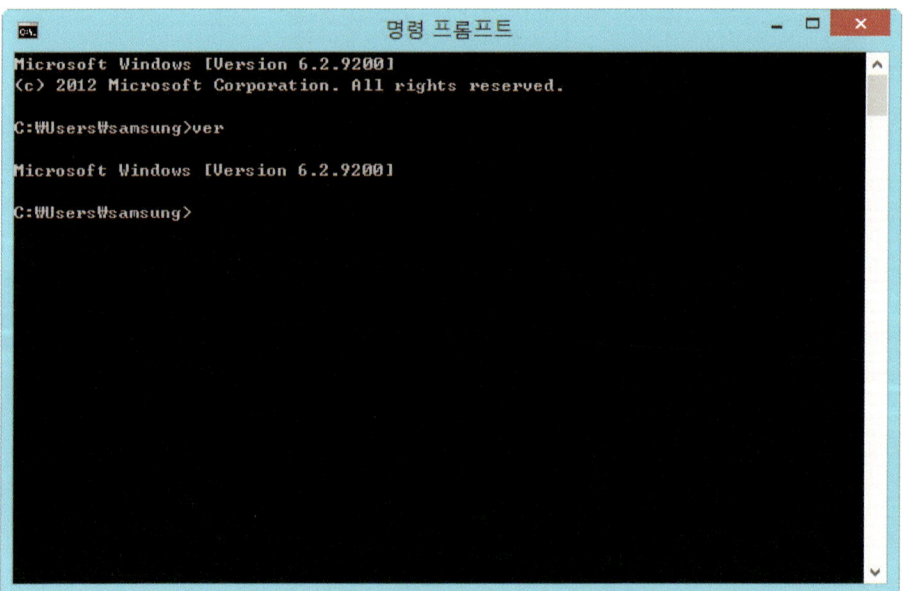

| 도표 | DOS를 기반으로 하는 윈도우의 명령 프롬프트

DOS 운영체제의 기능은 컴퓨터와 사용자 사이에 인터페이스를 제공하는 명령 프롬프트를 제공하고 사용자가 명령어를 입력하면 작업을 실행한다.

컴퓨터를 기동하면 DOS 운영체제는 중요한 4개의 파일이 존재한다. 즉, IO.SYS, MSDOS.SYS, CONFIG.SYS, COMMAND.COM, AUTOEXEC.BAT 파일이다.

[표] DOS 운영체제 부팅(Booting) 순서

(1) IO.SYS를 주기억장치에 적재
(2) MSDOS.SYS를 주기억장치에 적재
(3) CONFIG.SYS를 주기억장치에 적재
(4) COMMAND.COM 파일을 주기억장치에 적재
(5) AUTOEXEC.BAT 파일을 실행

[표] DOS 운영체제 시스템 파일

파일	설명
IO.SYS	- 입출력 요청이 오면 입출력을 실행
MSDOS.SYS	- 메모리 관리, 프로세서 관리, 파일 입출력, 시스템 호출, 하드웨어 관리를 수행
COMMAND.COM	- 사용자 명령어를 해석하고 실행
CONFIG.SYS	- DOS의 환경설정 파일

이것은 기억!

 (1) DOS 부팅 순서는 기억해야 한다.
 (2) DOS 시스템 파일은 기억해야 한다.

| 문제 | 도스(MS-DOS)에서 "CONFIG.SYS" 파일에 "LASTDRIVE=D"의 설정이 의미하는 것은?

  가. 드라이브 용량을 의미한다.　　　나. 드라이브 모양을 의미한다.

  다. 드라이브 속도를 의미한다.　　　라. 드라이브 개수를 의미한다.

| 해설 | CONFIG.SYS 파일은 환경설정 파일로 반드시 루트 디렉터리에 존재해야 한다.
  LASTDRIVE=D는 드라이브 개수를 의미한다.

| 정답 | 라

3.2.2 DOS 명령어 및 배치, 환경파일

DOS의 명령어는 내부 명령어와 외부 명령어가 있다. 내부 명령어는 COMMAND.COM이 수행해 주는 명령어이고 외부 명령어는 별도의 실행파일을 실행시켜서 실행하는 것이다.

1) 내부 명령어

내부 명령어	설명
DIR	- 파일 목록을 확인
DEL	- 파일 삭제
TYPE	- 파일의 내용을 확인
PROMPT	- 프롬프트 설정
MD	- 디렉터리 생성
CD	- 디렉터리 변경
RD	- 디렉터리 삭제
PATH	- 경로설정과 해제
CLS	- 화면을 지움.
COPY	- 파일복사

2) 외부 명령어

외부 명령어	설명
FORMAT	- 디스크를 초기화

FDISK	- 하드디스크 파티션
SYS	- 부팅 디스크 생성
CHKDSK	- 디스크 상태 점검
ATTRIB	- 파일 속성 변경
DISKCOPY	- 디스크 복사
XCOPY	- 디렉터리, 파일의 하위 디렉터리까지 복사
FIND	- 특정 문자열을 검색

3) 배치파일(Autoexec.bat)

Autoexec.bat 파일은 컴퓨터가 부팅되면 자동적으로 실행되는 파일로 항상 루터 디렉터리에 존재해야 하는 파일이다.

4) 환경 파일(Config.sys)

컴퓨터의 환경을 설정하는 파일로 표준장치, 주변장치 등의 환경을 설정한다. 환경 파일은 루트 디렉터리에 존재해야 한다.

 (1) 내부 명령어에서 CLS, MD, CD, RD, DIR을 기억해야 한다.
 (2) 외부 명령어에서 ATTRIB, XCOPY를 기억해야 한다.

| 문제 | 도스(MS-DOS)에서 사용자가 파일을 잘못해서 정보를 삭제하였을 때, 이를 복원하는 명령어는?

　　가. DELTREE　　　　　　　　나. UNDELETE

　　다. FDISK　　　　　　　　　라. ANTI

| 해설 | DOS에서 UNDELETE는 삭제된 파일을 복구하는 명령어이다.

| 정답 | 나

| 문제 | 도스(MS-DOS)에서 하드디스크의 파티션을 설정하고 논리적 드라이브 번호를 할당하는 명령은?

　　가. FORMAT　　　　　　　　나. DEFRAG

　　다. DOSKEY　　　　　　　　라. FDISK

| 해설 | FDISK는 한 개의 하드디스크를 논리적으로 분할할 때 사용하는 외부 명령어이다.

| 정답 | 라

| 문제 | 도스(MS-DOS)에서 "AAA"라는 디렉터리를 만들 때의 명령은? (단, 현재 디렉터리는 C:₩임)

　　가. C:₩>MD AAA　　　　　　나. C:₩>CD AAA

　　다. C:₩>ED AAA　　　　　　라. C:₩>RD AAA

| 해설 | DOS에서 디렉터리를 생성하기 위한 명령어는 MD이다.

| 정답 | 가

| 문제 | 도스(MS-DOS)에서 "ATTRIB" 명령 사용 시에 읽기 전용 속성을 해제할 때 사용하는 옵션은?

가. -H   나. -S

다. -A   라. -R

| 해설 | -R 옵션은 Read Only 속성을 의미한다.

| 정답 | 라

3.2.3 DOS 메모리

　DOS 메모리는 기본 메모리, 상위 메모리, 고위 메모리, 연장 메모리, 확장 메모리로 구성되어 있다.

　기본 메모리(Base Memory)는 IO.SYS, MSDOS.SYS, COMMAND.COM이 상주하는 메모리로 프로그램 및 데이터가 기억되는 공간이다.

　상위 메모리(Upper Memory)는 하드웨어, 각종 어덥터 등으로 예약된 메모리 공간이다. 고위 메모리(High Memory)는 IBM PC 호환 마이크로컴퓨터의 충접 확장 메모리 공간이다.

　연장 메모리(Extended Memory)는 프로그램은 실행이 불가능하고 데이터를 저장하는 공간이다. 확장 메모리(Expanded Memory)는 확장 메모리 보드에 부착되어서 보드를 관리하는 프로그램을 실행시키는 공간이다.

　이러한 메모리 관련 명령어는 시스템의 메모리 사용을 확인할 수 있는 MEM, 연장 메모리를 확인할 수 있는 HIMEM, 확장 메모리를 확인할 수 있는 EMM386이 있다.

　(1) DOS 메모리는 참고로 한번 읽어 보면 된다.

3 윈도우 운영체제(Window Operating System)

3.3.1 윈도우 개요

흔히 가정에서 사용하는 개인용 컴퓨터에는 대부분 윈도우라는 운영체제가 설치되어 있다. 윈도우는 가장 많이 사용하는 운영체제로 여러 개의 프로그램을 동시에 실행시켜서 작업할 수 있는 멀티태스킹을 지원하고 하드웨어를 장착시키면 자동으로 하드웨어를 인식하는 Plug & Play 기능 등을 지원한다.

[표] 윈도우 운영체제의 특징

특징	설명
32비트 운영체제	- 빠르게 처리하기 위해서 32비트 처리를 지원하고 윈도우 8은 64비트 운영체제를 지원함.
선점형 멀티태스킹	- 여러 개의 프로그램을 동시에 실행시킬 수 있는 멀티태스킹 (Multi Tasking)을 지원
GUI(Graph User Interface)	- 그래픽한 윈도우 화면으로 다양한 인터페이스 제공
Plug & Play	- 장착된 하드웨어를 자동으로 인식하는 기능

이 외에도 윈도우는 VFAT(Virtual File Allocation Table)의 사용으로 영문자로 255문자까지 파일명 할 수 있다. 또한, 다양한 멀티미디어 기능으로 동영상, 음악, 녹음기 등 다양한 서비스를 지원한다.

개인용 컴퓨터를 기동하여 윈도우가 실행되고 로그인 창이 기동된다. 이러한 로그인 창에 ID와 패스워드를 입력하여 사용자를 인증하고 윈도우를 사용하는 것이다. 하지만 윈도우 기동 중에 윈도우의 멀티 부팅 기능을 사용할 수 있다.

멀티 부팅은 윈도우 기동의 종류를 선택할 수 있는 기능이다.

[표] 윈도우 멀티 부팅 기능

멀티 부팅	설명
Normal	- 일반적인 부팅의 기동
Logged	- BOOTLOG.TXT 파일에 부팅의 로그를 기록함.
Safe Mode	- 윈도우의 가장 기본적인 모드인 안전모드 - Config.sys 및 Autoexec.bat를 실행하지 않음.
Safe mod with network support	- 안전모드로 기동하지만 네트워크를 지원하지 않음.
Step-by-step confirmation	- Config.sys 및 Autoexec.bat 실행을 단계별로 확인 후 실행함.
Command Prompt only	- 명령 프롬프트 형태로 기동
Safe mode command prompt only	- 명령 프롬프트 형태의 안전모드로 기동
Previous version of MS-DOS	- DOS 버전으로 기동

윈도우의 종료는 ALT-F4를 누르거나 종료 메뉴에서 시스템 종료를 선택해서 종료시킬 수가 있다.

[표] 윈도우 바로가기 단축키

바로가기(단축)키	기능
[F1]	도움말 보기
[F2]	윈도우탐색기의 폴더/파일 이름 바꾸기
[F3]	검색, 찾기
[F5]	최신 정보로 고침(새로고침)
[F11]	현재 창의 최대화/최소화 실행

Alt + [→]	현재 실행 중인 화면의 다음 화면으로 이동한다.
Alt + [←]	현재 실행 중인 화면의 이전 화면으로 이동한다.
Alt + Esc	현재 실행 중인 프로그램들을 순서대로 전환한다.
Alt + Tab	① 현재 실행 중인 프로그램들의 목록을 화면 중앙에 나타낸다. ② Alt를 누른 상태에서 Tab을 이용하여 이동할 작업 창을 선택한다.
Alt + Enter	선택된 항목의 등록 정보를 나타낸다.
Alt + Spacebar	현재 열려 있는 창의 제어 상자(창 조절 메뉴)를 표시한다.
Alt + [F4]	① 실행 중인 창(Window)이나 응용 프로그램을 종료한다. ② 실행 중인 프로그램이 없으면 시스템을 종료한다.
Alt + Print Screen	현재 작업 중인 활성 창을 클립보드로 복사한다.
Print Screen	화면 전체를 클립보드로 복사한다.
CTRL + A	폴더 및 파일을 모두 선택한다.
CTRL + D	활성화된 창의 웹사이트를 즐겨찾기에 추가한다.
CTRL + K	탭복제
CTRL + T	새 탭
CTRL + N	현재 실행 중인 프로그램이 새 창으로 열린다.
CTRL + Esc	① [시작]을 클릭한 것처럼 [시작] 메뉴를 표시한다. ② 키보드의 윈도우 키를 누른 것과 같다.
CTRL + Alt + Delete	Windows 작업 관리자 대화상자를 호출하여 문제가 있는 프로그램을 강제로 종료한다.
CTRL + Shift + Esc	Windows 작업 관리자 대화상자를 호출하여 문제가 있는 프로그램을 강제로 종료한다.
Shift + Delete	폴더나 파일을 휴지통을 거치지 않고 바로 삭제한다.
Shift + [F10]	바로가기 메뉴를 표시한다.
Shift + CD 삽입	Shift를 누른 상태에서 CD를 삽입하면 CD의 자동 실행 기능이 작동하지 않는다.

[표] 윈도우 키와 조합해서 바로가기 키

바로가기(단축)키	기능
윈도우 키	[시작] 메뉴 부르기
윈도우 키+D	열려 있는 창, 대화상자 최소화/이전 크기로
윈도우 키+R	실행
윈도우 키+M	열려 있는 모든 창 최소화
윈도우 키+Shift+M	열려 있는 모든 창 이전 크기로
윈도우 키+E	탐색기 실행
윈도우 키+[Pause]	시스템 등록 정보
윈도우 키+F	검색
윈도우 키+CTRL+F	컴퓨터 검색

 (1) 윈도우의 특징에서 GUI와 Plug & Play는 기억해야 한다.
 (2) 바로가기 단축키는 기출문제로만 확인하면 된다.

| 문제 | "윈도우 98"에서 현재 활성화된 창(windows)의 프로그램을 종료하는 단축키는?

    가. Alt+Tab   나. Alt+F4

    다. Ctrl+Z   라. Ctrl+X

| 해설 | 윈도우 창을 종료하는 것은 Alt+F4이다.

| 정답 | 나

| 문제 | "윈도우 98"에서 특정 파일을 찾고자 할 때 "찾기"를 이용한다. 다음 중 "찾기" 방법에 의해 특정 파일을 찾을 수 있는 경우가 아닌 것은?

　가. 파일의 형식을 알고 있는 경우
　나. 변경된 날짜를 알고 있는 경우
　다. 파일의 작성자를 알고 있는 경우
　라. 파일에 포함된 문자열을 알고 있는 경우

| 해설 | 파일 작성자 찾기를 실행할 수는 없다.

| 정답 | 다

| 문제 | "윈도우 98"에 대한 설명으로 옳지 않은 것은?

가. 플러그 앤 플레이(Plug &Play) 기능 지원
나. 파일 이름을 255자까지 지원
다. 16bit 환경의 GUI 시스템
라. 멀티태스킹(Multi Tasking) 지원

| 해설 | 윈도우는 32비트 환경을 지원한다.

| 정답 | 다

3.3.2 제어판 및 보조 프로그램

제어판은 윈도우에 다양한 설정을 할 수 있는 기능이다. 즉, 프로그램을 관리하거나 새 하드웨어 추가, 디스플레이 설정, 사용자 추가 및 삭제와 같은 기능이 포함되어 있다.

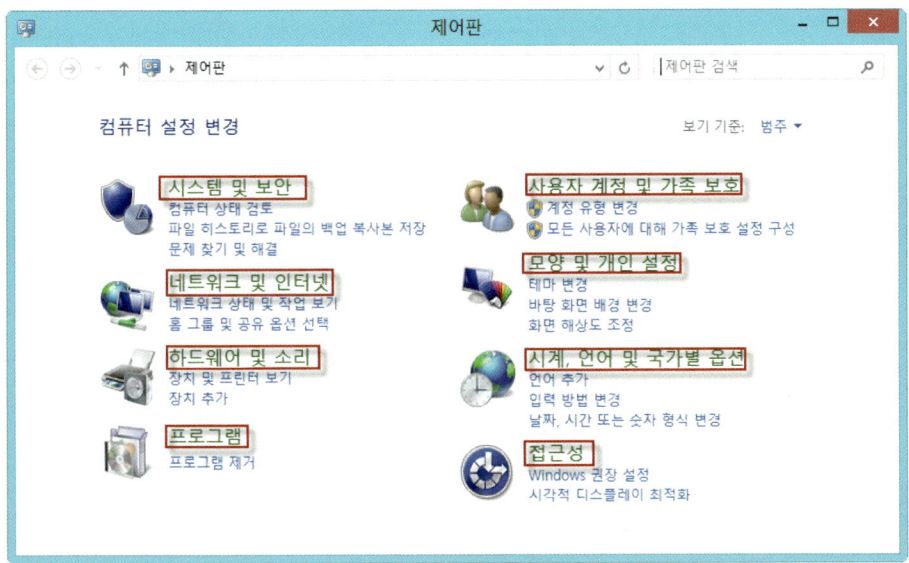

| 도표 | 윈도우 제어판

윈도우 제어판은 위의 그림처럼 시스템 및 보안, 사용자 계정 및 가족보호, 네트워크 및 인터넷, 모양 및 개인 설정, 하드웨어 및 소리, 시계, 언어 및 국가별 옵션, 프로그램, 접근성 등 윈도우 운영체제의 다양한 설정을 할 수 있는 것이다.

1) 프로그램 관리

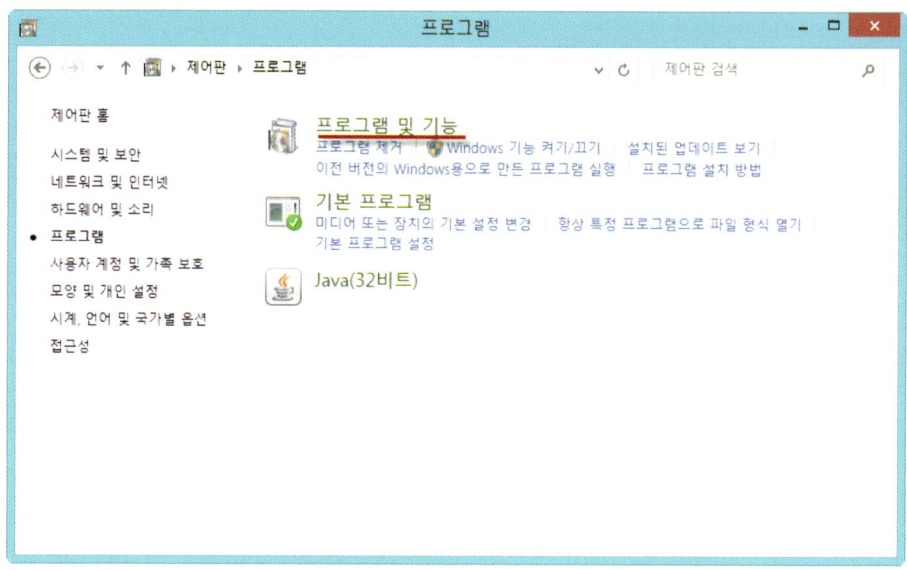

프로그램 기능은 프로그램을 제거, 윈도우 기능 켜기/끄기, 설치된 업데이트 보기와 같은 기능을 제공한다.

2) 윈도우 시스템

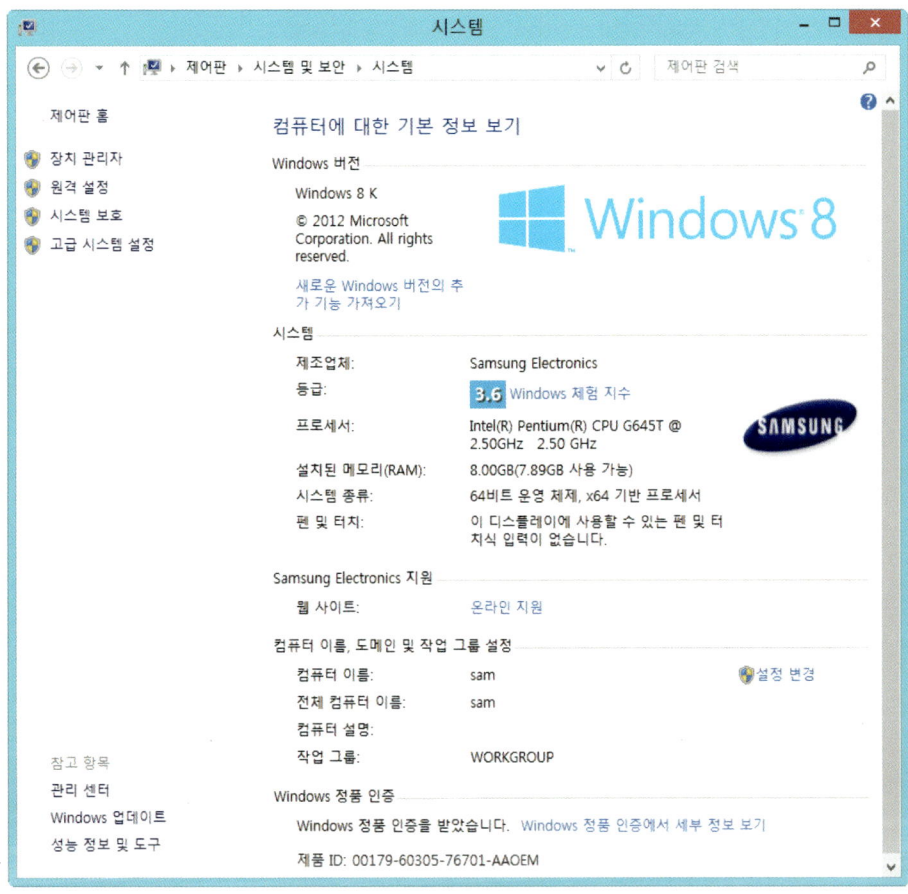

시스템 정보는 현재 설치된 윈도우 정보와 하드웨어에 대한 정보, 컴퓨터 이름 및 윈도우 운영체제 제품 ID와 같은 정보를 제공한다.

3) 새 하드웨어 추가

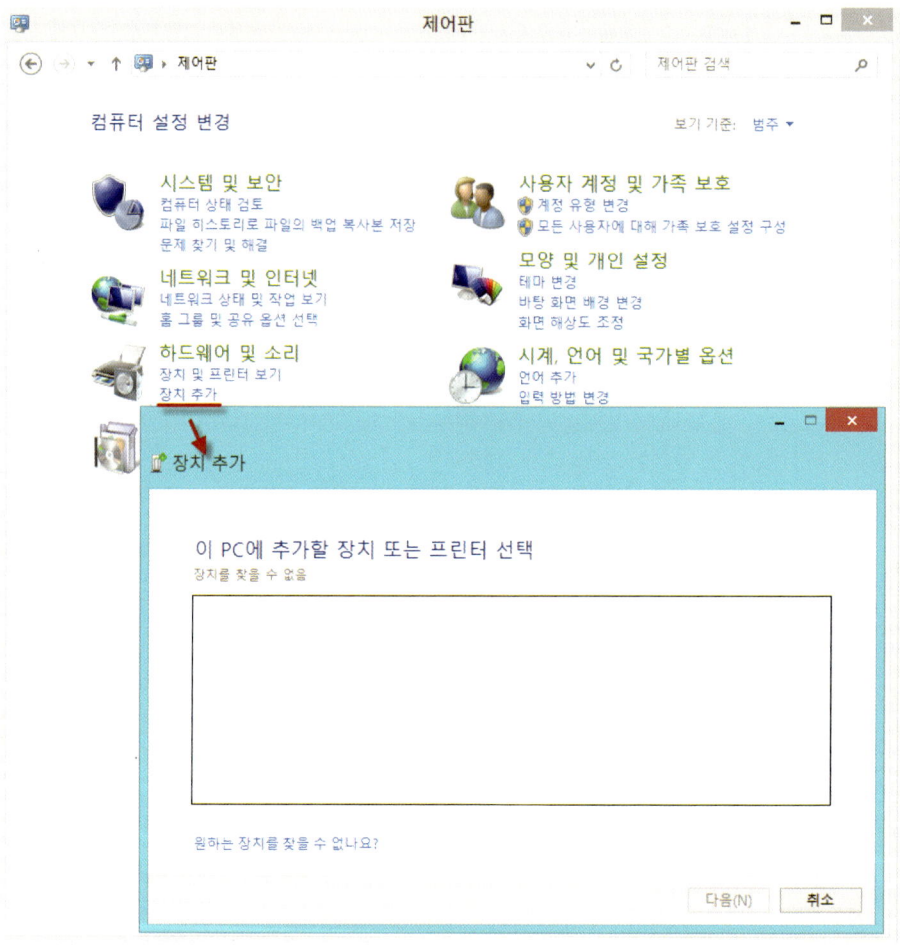

장치 추가는 윈도우에 새로운 장치가 설치된 경우 장치를 탐지하고 사용할 수 있도록 해 주는 기능이다.

4) 디스플레이

디스플레이는 화면에 대한 다양한 설정을 할 수 있는 것으로 해상도와 방향을 설정할
수 있다.

윈도우의 보조 프로그램에서 사용자들에게 필요한 프로그램을 미리 만들어 두고 편
리하게 사용하도록 하기 위한 프로그램들이다. 보조 프로그램은 메모장, 그림판, 계산
기, 워드패드, 엔터테인먼트, 시스템 도구, 클립보드 표시기 등이 존재한다. ✔기출

클립보드 표시기는 최근에 복사된 데이터 하나를 보관하는 것이고 복사를 통해서 원
하는 곳으로 붙여 넣을 수 있다.

이것은 기억!

 (1) 클립보드가 무엇인지를 기억해야 한다.

 주요 기출문제

| 문제 | "윈도우 98"에서 시동디스크(부팅디스크)를 만드는 기능은 어디에 있는가?

　가. 내게 필요한 옵션　　　　　나. 시스템

　다. 프로그램 추가/삭제　　　　라. 디스플레이

| 해설 | -윈도우 부팅 디스크는 프로그램 추가/삭제에서 만들 수 있다.

| 정답 | 다

3.3.3 파일과 폴더 관리 및 시스템 최적화

윈도우 내의 파일을 영문자 기준으로 최대 255문자로 파일명을 표현할 수 있다. 또한, 파일은 파일명과 확장자로 구분되고, 확장자는 해당 파일이 어떤 파일인지를 알려준다.

폴더는 디렉터리와 같은 의미로 서로 관련 있는 파일을 같은 폴더에 저장하고 관리해서 관리의 효율성을 높이기 위한 것이다.

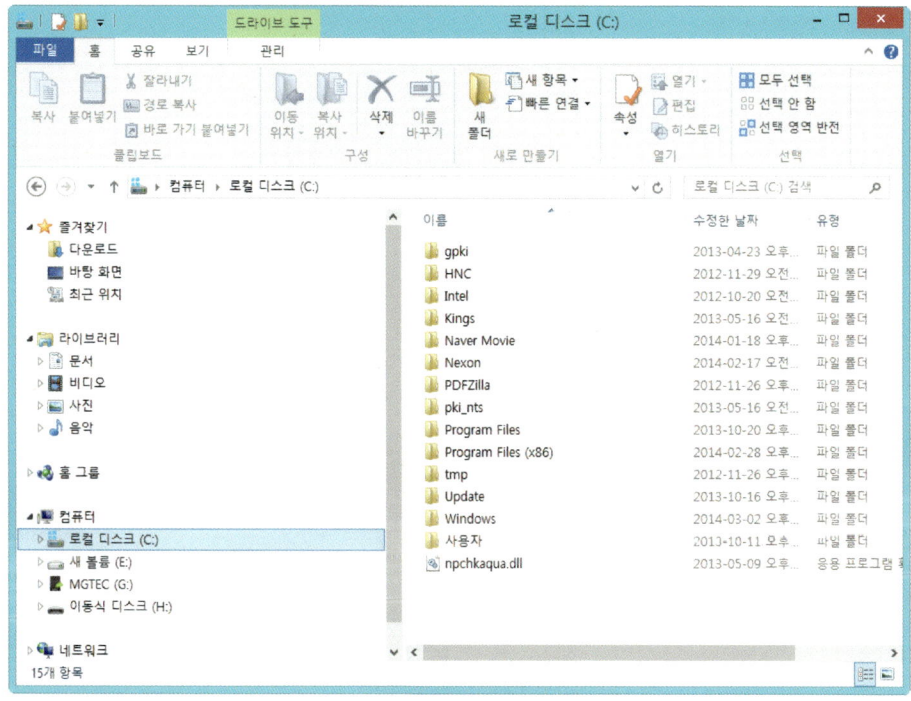

| 도표 | 윈도우 탐색기

윈도우 폴더와 파일은 윈도우 탐색기를 통해서 관리한다. 윈도우 폴더의 구조는 계층형 형태로 이루어져 있고 탐색기를 통해서 누구나 쉽고 편리하게 사용할 수가 있다.

윈도우 탐색기에서 파일 혹은 폴더를 삭제하면 삭제된 파일 및 폴더는 휴지통으로 들어간다. 휴지통에 들어간 파일 혹은 폴더에 대해서 휴지통 비우기를 실행하면 그때 완전히 삭제되는 것이다. 즉, 휴지통에 있는 파일 혹은 폴더는 다시 복구할 수 있다는 뜻이다.

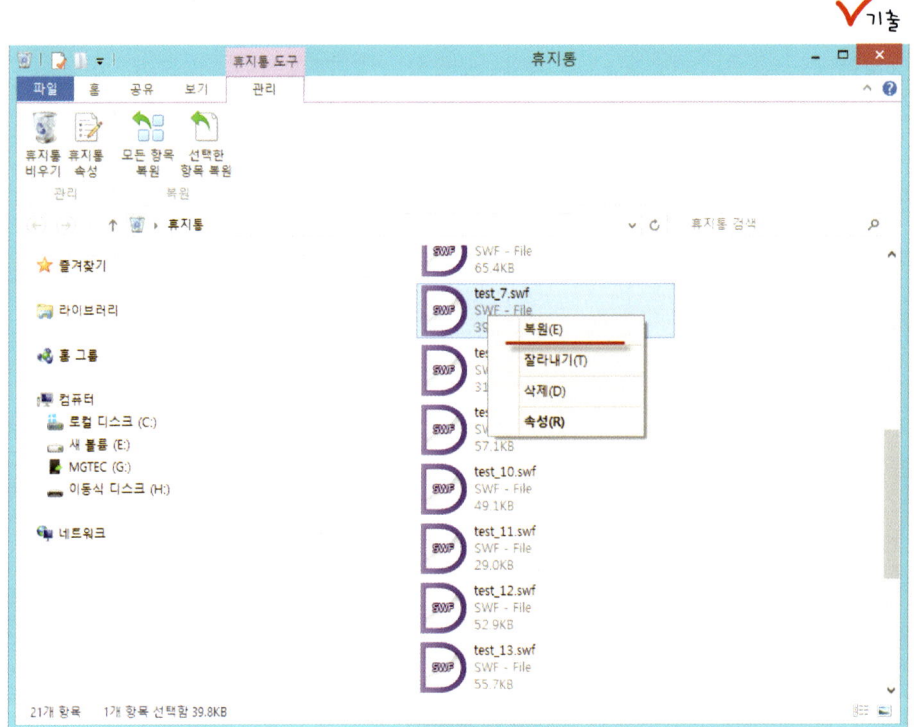

| 도표 | 윈도우 휴지통

윈도우 시스템을 좀 더 효율적으로 사용할 수 있도록 다양한 최적화 도구를 가지고 있다. 최적화 도구는 디스크 검사, 디스크 정리, 디스크 조각모음, 디스크 공간 늘림, 백업 등 다양한 기능을 가지고 있다.

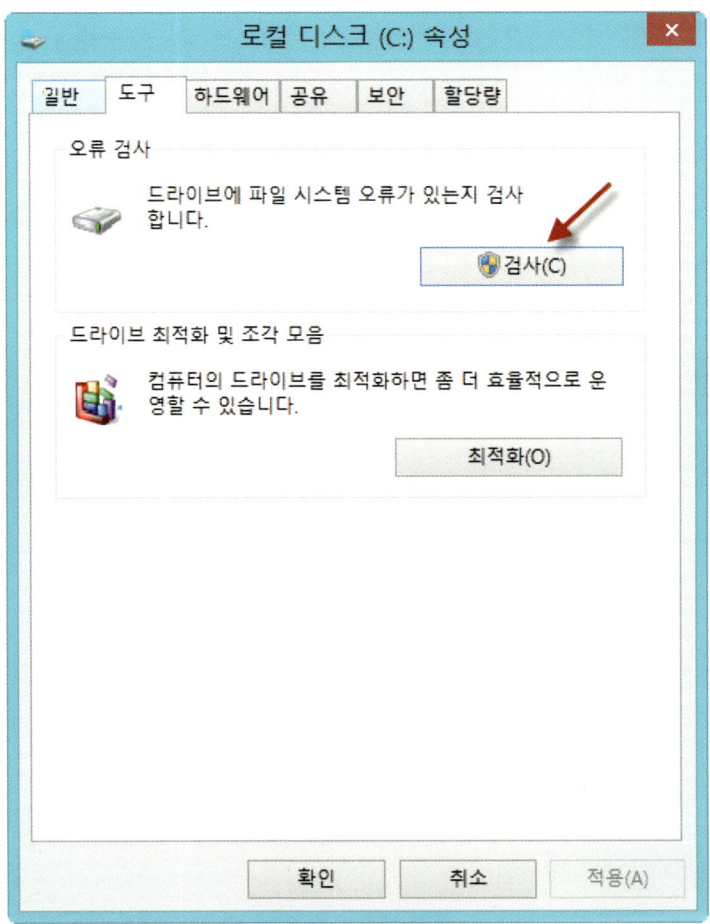

| 도표 | 디스크 오류검사

디스크 오류검사는 디스크에 불량섹터가 있는지 확인하는 기능을 지원한다.

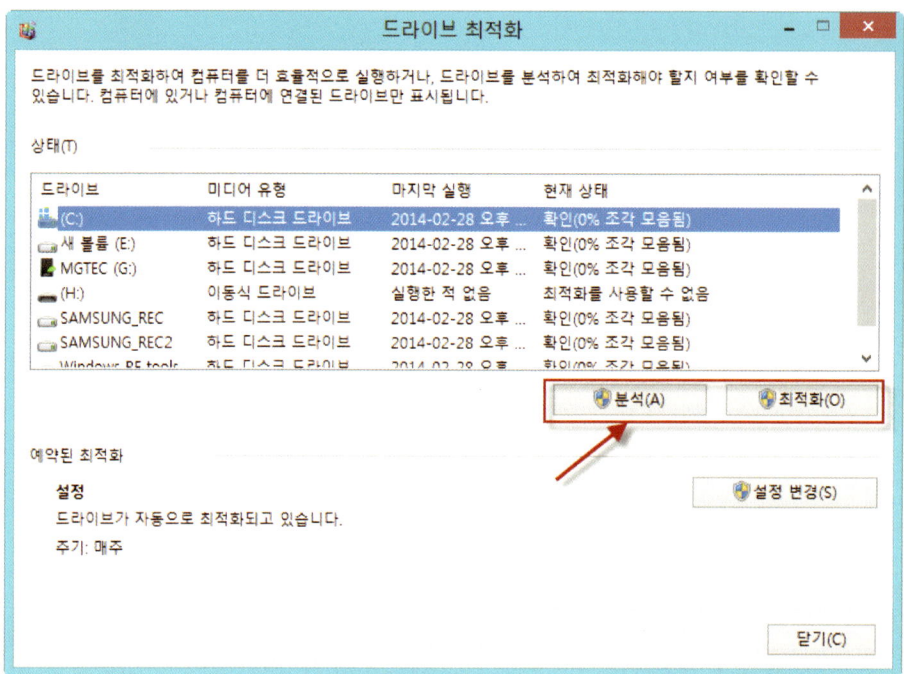

| 도표 | 디스크 최적화

　　최적화는 여러 공간에 흩어져 있는 데이터를 한쪽으로 정리해서 디스크를 읽을 때 빠르게 읽을 수 있는 장점을 가진다.

190

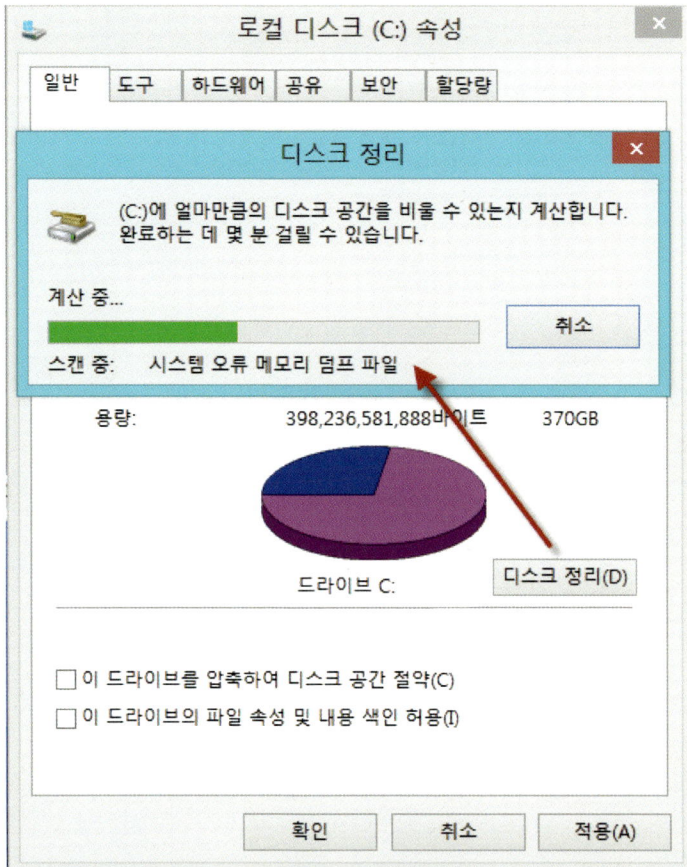

| 도표 | 디스크 정리

　디스크 정리는 디스크 공간을 확인하여 삭제할 수 있는 파일을 삭제해서 공간을 늘려주는 기능을 제공한다. 즉, 다운로드한 프로그램 파일, 임시 인터넷 파일, 휴지통과 같은 것을 선택해서 삭제할 수 있다.

　윈도우는 네트워크를 통해서 인터넷 등을 사용할 수 있다. 네트워크의 설정은 제어판의 네트워크에서 설정할 수 있고 TCP/IP 프로토콜에 IP주소, DNS 등을 설정하여 네트워크를 사용할 수 있다. 하지만 대부분의 개인용 컴퓨터는 자동으로 설정되어 있고 IP주소를 다운로드 받아 자동 설정된다.

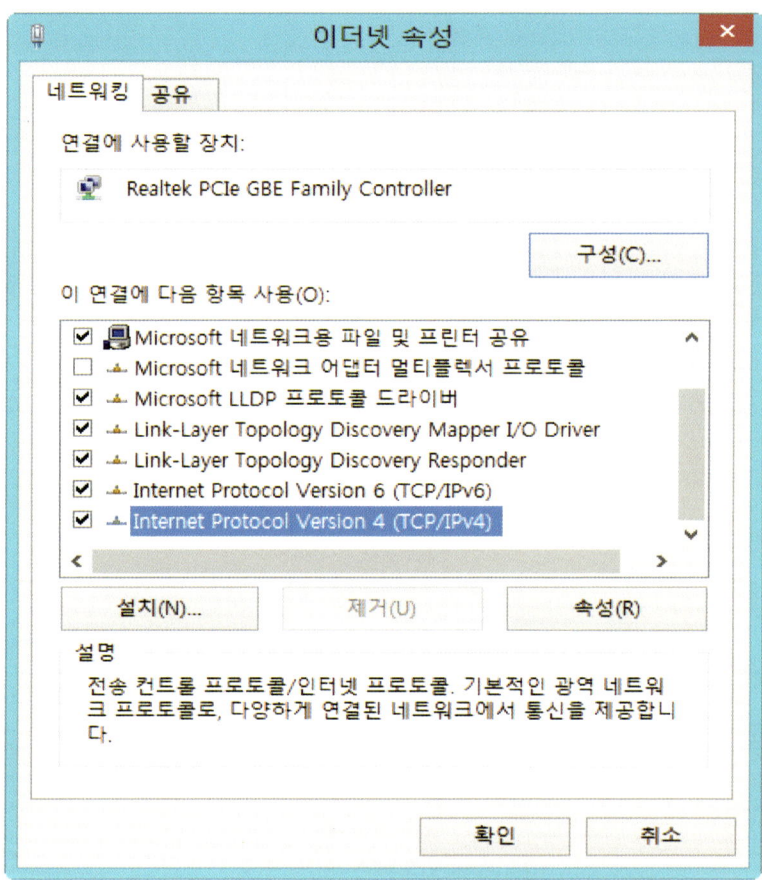

| 도표 | 네트워크 설정

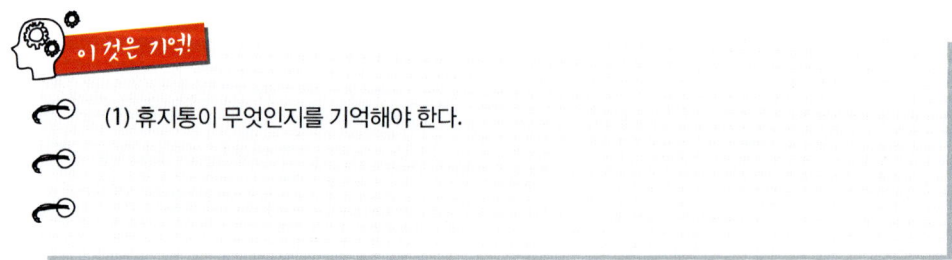

(1) 휴지통이 무엇인지를 기억해야 한다.

192

| 문제 | "윈도우 98"의 탐색기에서 비연속적인 여러 개의 파일을 선택하는 방법은?

가. [ctrl]키를 누른 상태에서 선택하려는 파일들을 왼쪽 마우스 버튼을 클릭하여 선택한다.
나. [shift]키를 누른 상태에서 선택하려는 파일들을 왼쪽 마우스 버튼을 클릭하여 선택한다.
다. [alt]키를 누른 상태에서 선택하려는 파일들을 오른쪽 마우스 버튼을 클릭하여 선택한다.
라. [shift]키를 누른 상태에서 선택하려는 파일들을 오른쪽 마우스 버튼을 클릭하여 선택한다.

| 해설 | 비연속적으로 여러 개를 선택하기 위해서는 ctrl키를 누르고 마우스 왼쪽 버튼을 클릭한다.

| 정답 | 가

| 문제 | "윈도우 98"의 작업 표시줄 위에서 오른쪽 마우스 버튼을 누르면 나타나는 도구 모음의 메뉴가 아닌 것은?

가. 연결   나. 설정

다. 주소   라. 빠른 실행

| 해설 | 작업 표시줄 위에는 설정 메뉴가 없다.

| 정답 | 나

| 문제 | "윈도우 98"에서 복사 또는 이동시킬 파일(내용)이 잠시 기억되는 임시 기억 장소로서
일종의 버퍼(buffer) 역할을 수행하는 것은?

가. 제어판   나. 휴지통

다. 클립보드   라. 바탕화면

| 해설 | 클립보드는 복사한 내용을 임시적으로 기억하는 공간이다.

| 정답 | 다

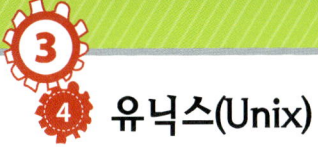

유닉스(Unix)

3.4.1 유닉스 개요

아래의 도표는 네트워크를 통해서 원격에 있는 유닉스 서버에 접속한 모습이다.

유닉스 운영체제는 보통 서버의 역할을 수행하는 운영체제로 사용된다. 이것은 인터넷 홈페이지에 들어갈 때 홈페이지를 구축하기 위해서 유닉스 운영체제를 활용하여 구축한다.

```
                         limbest.com - PuTTY                            
[limhojin124@ugp-015 ~]$ ls

[limhojin124@ugp-015 ~]$ cd www
[limhojin124@ugp-015 www]$ ls
            ebook.php   index.html          limbestintro.mp4
            fonts       index.php
backup.sh               jquery             logicaldb5.wmv
            img         jquery.mobile-1.2.0                 readme.txt
data        imsi        jquery.mobile-1.3.0 login_mobile.php
ebook                   limsms             mediaTest.php     style.css
[limhojin124@ugp-015 www]$
[limhojin124@ugp-015 www]$
[limhojin124@ugp-015 www]$
[limhojin124@ugp-015 www]$
[limhojin124@ugp-015 www]$
[limhojin124@ugp-015 www]$
[limhojin124@ugp-015 www]$
[limhojin124@ugp-015 www]$
[limhojin124@ugp-015 www]$
[limhojin124@ugp-015 www]$
[limhojin124@ugp-015 www]$
[limhojin124@ugp-015 www]$
```

| 도표 | 유닉스

위의 도표는 원격으로 접속해서 ls 명령을 실행한 것으로 디렉터리 내에 있는 파일의 리스트를 출력한 모습이다.

유닉스는 C언어를 사용해서 개발된 운영체제로 실시간 온라인 대화식 시스템을 지원하는 운영체제이다. 유닉스는 윈도우와 같이 멀티태스킹(Multi Tasking)을 지원하고 다양한 네트워크 기능을 제공한다.

또한, 여러 사용자가 동시에 유닉스 시스템에 접속하여 사용자별로 서비스를 제공하는 다중 사용자(Multi User)를 지원한다.

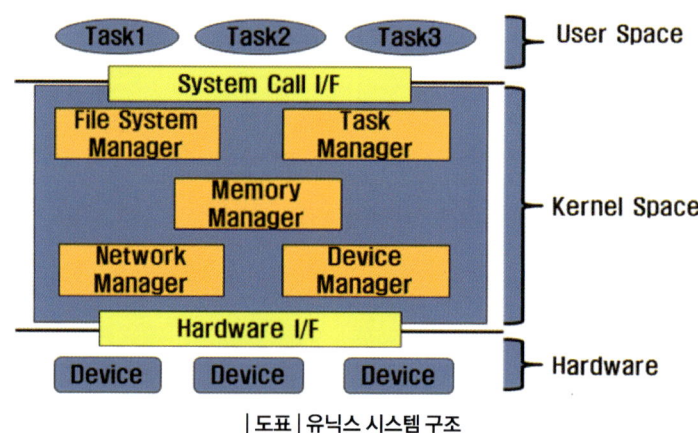

| 도표 | 유닉스 시스템 구조

유닉스 운영체제는 파일 시스템 관리, 타스트(프로세스) 관리, 메모리 관리, 네트워크 관리, 디바이스(하드웨어) 관리를 수행한다.

1) 유닉스 시스템 구성

유닉스 시스템은 커널, 셸, 유틸리티로 구성된다. 커널은 유닉스 운영체제의 핵심적인 부분으로 주기억장치에 상주하여 프로세스 관리, 메모리 관리, 입출력 관리, 파일 관리 등을 수행한다. 셸은 명령 해석기 역할로 사용자의 명령을 해석하고 실행한다. 유틸리티는 유닉스 디렉터리 중에서 bin 디렉터리에 있는 실행 파일들을 실행시켜 다양한 서비스를 제공한다.

196

또한, 유닉스의 파일 시스템은 계층형 형태의 파일 시스템에 디렉터리와 파일을 관리한다.

[표] 유닉스 시스템 구성

Layer	내용
커널 (Kernel)	- 주기억장치에 상주하여 사용자 프로그램을 관리하며, 유닉스 운영체제의 핵심적인 역할을 수행 - 프로세스, 메모리, 입출력(I/O), 파일관리 등
셸 (Shell)	- 명령어 해석기/번역기로 사용자 명령의 입출력을 수행하며 프로그램을 실행시킴. - 커널과 사용자 간의 인터페이스 담당 - Bourne 셸, C 셸, Korn 셸 등
파일 시스템 (File System)	- 여러 가지 정보를 저장하는 기본적인 구조이며, 시스템 관리를 위한 기본 환경을 제공하고, 계층적인 트리 구조 형태(디렉터리, 서브 디렉터리, 파일 등)

 (1) 유닉스는 C언어로 만들어졌다는 것을 기억해야 한다.
 (2) 유닉스의 구성인 커널, 셸, 파일 시스템을 기억해야 한다.

 주요 기출문제

| 문제 | UNIX 시스템에서 주로 사용한 프로그래밍 언어는?

가. Pascal   나. Fortran

다. C   라. Basic

| 해설 | 유닉스는 이식성이 좋은 C언어를 통해서 개발된 운영체제이다.

| 정답 | 다

|문제| UNIX에서 태스크 스케줄링(task-scheduling) 및 기억장치 관리(memory management) 등의 일을 수행하는 부분은?

가. kernel　　　　　　　　　　나. shell

다. utility program　　　　　　라. application program

|해설| 유닉스 운영체제의 핵심적인 부분은 커널이고 커널은 태스크 스케줄링, 기억장치 관리, 하드웨어 관리, 입출력 관리를 수행한다.

|정답| 가

3.4.2 유닉스 명령

본 장에서는 다양한 유닉스 명령어에 대해서 알아보자. 단, 주의사항이 있는데 유닉스는 대소문자를 분명히 구분한다는 것이다.

유닉스에 접속하려면 먼저 로그인을 해야 한다. 로그인은 login이라는 프로그램을 기동해서 수행하는 것이고 이것은 유닉스가 자동으로 실행해 준다. 하지만 사용자가 login을 실행해서 다시 연결할 수도 있다.

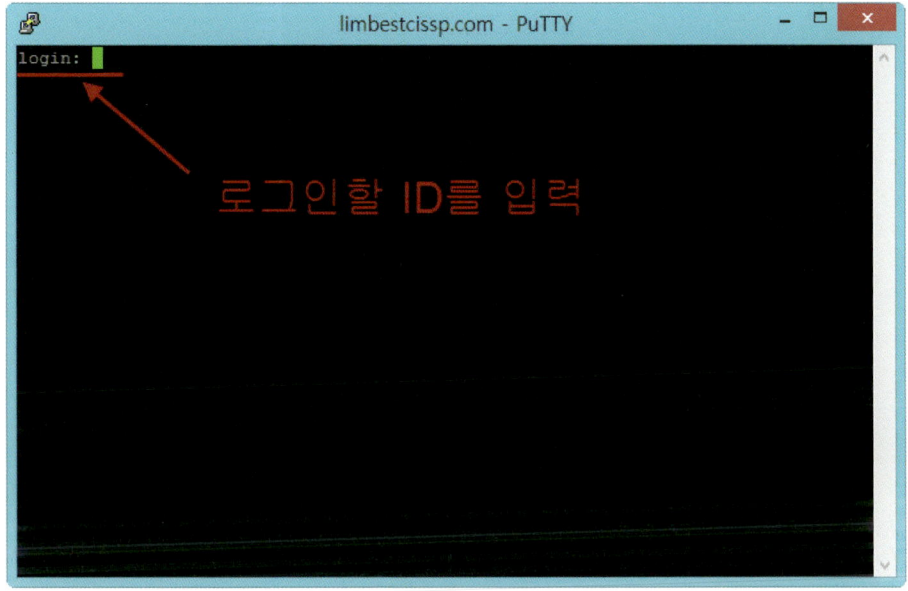

| 도표 | 유닉스 login

유닉스에서 몇 개의 명령을 실행해 보자.

| 도표 | who, date, time 명령의 실행

Who는 현재 로그인 사용자 정보를 보여주고 date와 time은 날짜와 시간을 보여 주는 간단한 명령이다.

[표] 기본 유닉스 명령어

명령어	설명
login	- 유닉스에 접속할 수 있게 로그인 과정을 처리 - ID와 Password를 입력 받아서 사용자를 확인
logout	- 유닉스를 종료, 작업을 종료하고 나감.
passwd	- 패스워드를 설정하거나 변경함.
who	- 현재 로그인한 사용자 정보를 보여줌.
date	- 현재 시스템의 일자를 보여줌.
time	- 현재 시스템의 시간을 보여줌.
ping	- 네트워크의 연결 상태를 확인

유닉스를 사용하다가 모르는 명령이 있으면 man이라는 명령을 실행해서 확인할 수가 있다. 예를 들어, ls 명령어를 어떻게 사용하는지 모르면 man ls라고 실행하면 된다.

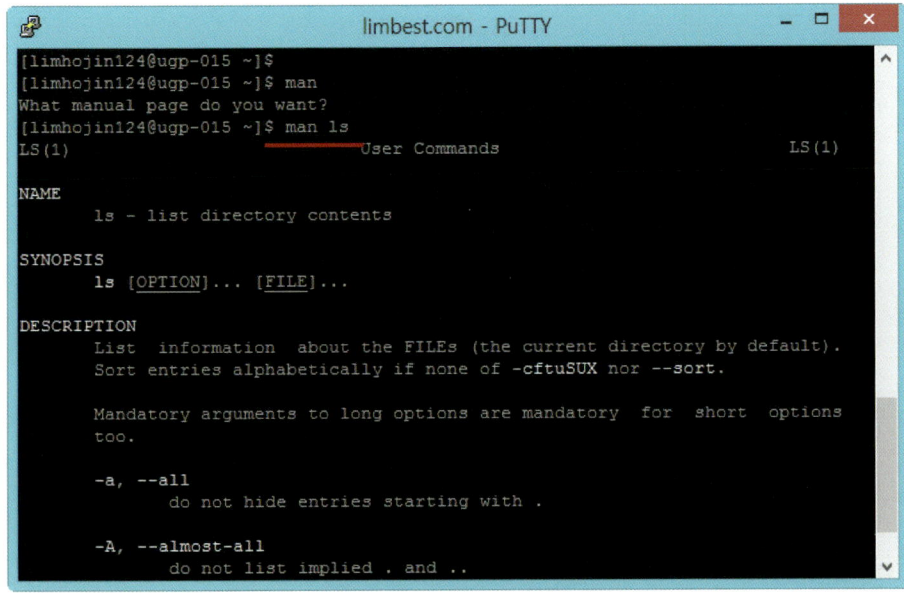

| 도표 | who, date, time 명령의 실행

[표] 디렉터리 및 파일 관련 명령어

명령어	설명
ls	- 디렉터리에 있는 파일 리스트를 표시
cp	- 파일을 복사
mv	- 파일 혹은 디렉터리를 이동하거나 변경
pwd	- 현재 디렉터리 위치를 파악
rm	- 파일을 삭제
mkdir	- 디렉터리 생성
rmdir	- 디렉터리 삭제

cd	- 디렉터리 변경
cat	- 파일 내용을 확인
chmod	- 디렉터리 및 파일의 권한을 변경

다음의 명령실행 결과를 확인해 보자.

| 도표 | df 명령실행

df명령은 디스크 용량을 확인하는 유닉스 명령어이다. 그런데 위의 도표를 보면 Permission denied이라는 메시지가 나온다. 이것은 실행시킬 권한이 없다는 것이다. 유닉스는 모든 파일에 권한이 존재한다. 권한은 파일을 읽거나 쓰거나 실행시킬 수 있는 세 가지 권한이 존재한다.

이러한 권한은 아래와 같이 확인이 가능하다.

| 도표 | 유닉스 파일의 권한 확인

ls -alp 명령을 실행하여 파일 리스트를 상세히 볼 수 있도록 한 것이다. 그리고 그 결과를 보면 왼쪽에 drwxr-x-의 내용을 확인할 수가 있다.

이것이 가리키는 의미는 d는 디렉터리를 의미하고, r은 Read, w는 Write, X는 execute를 의미한다. 즉, 읽고 쓰고 실행시킬 수 있다는 뜻이다. 권한이 없음은 -으로 표현된다.

유닉스는 파일 혹은 디렉터리별로 소유자, 그룹, 다른 사용자의 권한을 설정할 수가 있다. 예를 들면, rwxrwxrwx가 있다면 왼쪽부터 첫 번째 rwx는 소유자의 권한을 의미하고 두 번째 rwx는 그룹의 권한이다. 마지막 rwx는 다른 사용자의 권한이다.

이러한 권한의 설정은 chmod 명령을 설정할 수 있다. chomod 명령은 디렉터리 및 파일에 권한을 설정할 수 있는 명령이다.

chmod 명령의 실행은 r=4, w=2, x=1로 설정할 수 있다. 예를 들면, chmod 622 test라고 하면 6은 소유자의 권한을 의미하고 4+2=6으로 해석된다. 즉, r과 w의 의미이고 소유자는 test라는 파일에 대해서 읽고 쓸 수 있다는 뜻이다. 또한, 두 번의 2는 w의 의미이고 그룹은 쓸 수 있다는 뜻이다. 이처럼 chmod는 유닉스에서 권한을 설정할 수 있는 아주 중요한 명령어이다.

[표] 유닉스 디스크 명령어

명령어	설명
df	- 디스크 사용 정보를 확인
du	- 현재 디렉터리 용량 확인
tar	- 파일 및 디렉터리를 묶거나 푸는 기능으로 백업과 복구를 할 때 많이 사용됨.

[표] 기타 유닉스 명령어 기출

명령어	설명
kill	- 실행 중인 프로세스에게 신호를 보냄(예: 강제종료).
ps	- 현재 실행 중인 프로세스 정보를 확인
ed	- 줄 단위 문서편집
vi	- 문서편집기
ex	- ed 편집기를 확장한 줄 단위 편집기

 (1) 유닉스 명령어는 기억해야 한다. 특히 who, ls, pwd, mkdir, chmod는 기억해야 한다.

| 문제 | UNIX에서 현재의 작업 디렉터리가 어디인지를 확인하는 명령어는?

가. pwd   나. rmdir

다. chmod   라. groups

| 해설 | pwd 명령은 유닉스에서 현재 디렉터리를 확인하는 명령어이다.

| 정답 | 가

3.4.3 유닉스 파일 시스템

유닉스 파일 시스템은 디렉터리와 파일을 저장하기 위한 구조를 의미한다. 유닉스 파일 시스템은 계층형 트리 형태로 저장소를 표현하고 파일과 디렉터리를 관리한다.

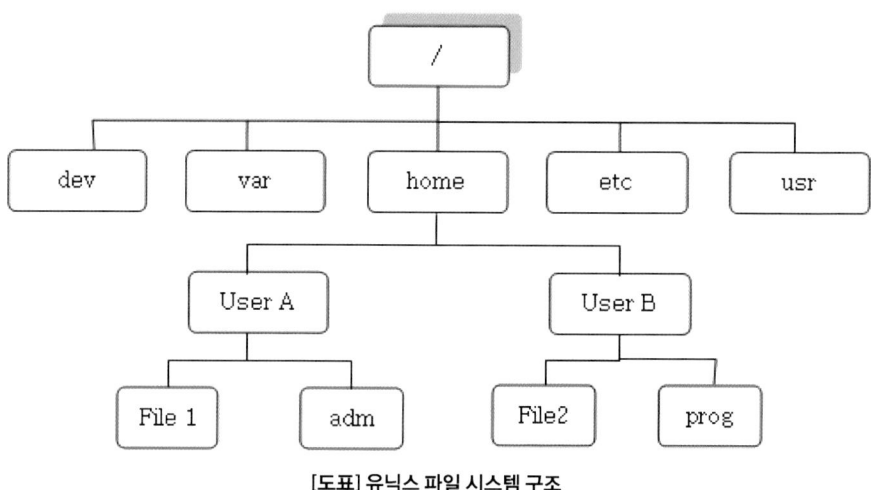

[도표] 유닉스 파일 시스템 구조

가장 상위에 루트(/)가 존재하고 루트 하위로 dev, var, home, etc 등과 같은 디렉터리가 존재한다.

bin 디렉터리는 유닉스 실행파일을 가지고 있으며 dev는 장치 파일에 대한 정보를 가지고 있다. Lib는 기본적인 라이브러리를 가지고 있다. etc는 유닉스 시스템의 설정과 관련된 파일을 가진다.

· 유닉스 파일 시스템의 특징

- 디렉터리, 파일의 계층형 구조로 되어 있음.
- 네트워크를 통해서 원격으로 파일 및 디렉터리를 관리
- 부트블록, 슈퍼블록, 아이노드, 데이터 블록으로 되어 있음.

[표] 파일 시스템 구성

구조	내용
부트 블록 (Boot Block)	- 파일 시스템으로부터 유닉스 커널을 적재시키기 위한 프로그램
슈퍼 블록 (Super Block)	- 파일 시스템의 크기, 블록 수 등의 정보를 가짐.
아이노드 (inode)	- 파일이나 디렉터리에 대한 모든 정보를 가지고 있는 구조
데이터 블록 (Data Block)	- 실제 데이터가 저장되어 있는 파일 형태

· 유닉스 inode가 가진 정보   기출

- 파일 소유자의 사용자 ID
- 파일 소유자의 그룹 ID
- 파일 크기
- 파일이 생성된 시간
- 최근 파일이 사용된 시간
- 최근 파일이 변경된 시간
- 파일이 링크된 수
- 접근모드
- 데이터 블록 주소

    (1) 유닉스 inode가 무엇인지를 알아야 한다.

| 문제 | 다음이 설명하고 있는 유닉스 파일 시스템의 구조에 해당하는 것은?
유닉스 시스템에서 파일 및 디렉터리를 관리하기 위해 사용되는 자료구조
이며 각 파일이나 디렉터리에 대한 모든 정보를 저장하고 있다.

　　　　가. 부트블록　　　　　　　　　나. 슈퍼블록

　　　　다. I-Node　　　　　　　　　　라. 데이터 블록

| 해설 | i-Node는 파일이나 디렉터리에 대한 모든 정보를 가지고 있는 구조이다.

| 정답 | 다

4

정보통신 일반

정보통신(Data Communication) 개요

4.1.1 정보통신 개념

컴퓨터와 컴퓨터, 스마트폰과 스마트폰, 컴퓨터와 스마트폰 등 네트워크(Network)를 활용하여 디지털 데이터(1 또는 0)를 송신하거나 수신하는 것을 정보통신이라고 한다. 정보통신은 단순한 텍스트 문자에서 이미지, 동영상, 음성과 같은 다양한 멀티미디어 데이터를 실시간으로 전송할 수 있는 기술로 다양한 기기 간의 통신을 지원한다.

정보통신=정보전송기술+정보처리기능

전송기술은 송신자가 전송하려는 데이터를 수신자에게 전달하는 기능이고 정보처리 기능은 정보통신 시에 다양한 정보 기계 사이에서 디지털 2진 형태로 문자, 기호, 숫자 등을 처리하는 것이다.

이러한 정보통신은 컴퓨터를 사용하여 지리적으로 분산되어 있는 컴퓨터 간에 자원을 공유할 수 있는 기술을 지원한다.

[표] 정보통신 3대 목표

목표	설명
정확성	- 송신자의 데이터를 오류 없이 정확하게 전달
효율성	- 최적의 경로 및 케이블 등을 이용하여 빠르고 효과적으로 전달
보안성	- 송신자의 데이터에 대한 암호화, 인증 같은 보안 기능

· 정보통신 목적

- 데이터 전송거리와 지연을 극복
- 대량의 정보를 빠르고 신속하게 전송
- 데이터에 에러 없이 전송
- 컴퓨터 자원 공유와 비용절감

정보통신은 정보원(Data Source), 전송매체(Medium), 정보 목적지(Destination)로 구성되고 정보원은 데이터를 전송하려는 송신자, 전송매체는 정보를 전달하려는 수단, 정보 목적지는 정보의 수신자를 의미한다.

[표] 정보통신의 발전 과정

발전 과정	설명
Morse(1844)	- 전기, 전신 통신의 시초
Bell(1876)	- 음성통신을 지원하는 전화 발명
SAGE(1958)	- 세계최초의 데이터 통신 발명
SABRE(1961)	- 세계최초의 상업용 데이터 통신
미국 ARPA 네트워크(1970)	- 최초의 컴퓨터 통신망

[표] 정보통신의 특징

특징	설명
다중 전송	- 하나의 컴퓨터가 N개의 컴퓨터로 동시 전송
광대역 전송	- 다중화 기법(멀티플렉서)을 사용하여 하나의 전송매체를 여러 개의 채널로 나누어 전송
동시 전송	- 동일한 메시지를 여러 명의 사용자에게 동시 전송

 (1) 정보통신은 정보전송기술과 정보처리기술로 이루어진다는 것을 기억해야 한다.

 주요 기출문제

| 문제 | 로더(Loader)가 수행하는 기능으로 옳지 않은 것은?

가. 통신 서비스의 표준화
나. 신속 정확한 정보의 전달과 정보자원의 공유 및 이용
다. 정보통신기기의 개발 및 발전 촉진
라. 정보에 대한 비밀 보장

| 해설 | 데이터 통신은 데이터를 신속하고 정확하게 전달하며 자원을 공유한다.

| 정답 | 나

4.1.2 정보통신 시스템 구성 및 이용형태

데이터 통신 시스템은 데이터 전송계와 데이터 처리계로 분류된다. 데이터 전송계는 데이터의 송수신을 처리하는 것으로 단말장치, 데이터 전송장치, 통신 제어장치로 구성된다.

또한, 데이터 처리계를 담당하는 것은 컴퓨터이고 컴퓨터는 다시 CPU인 중앙처리장치와 주변장치로 분류된다.

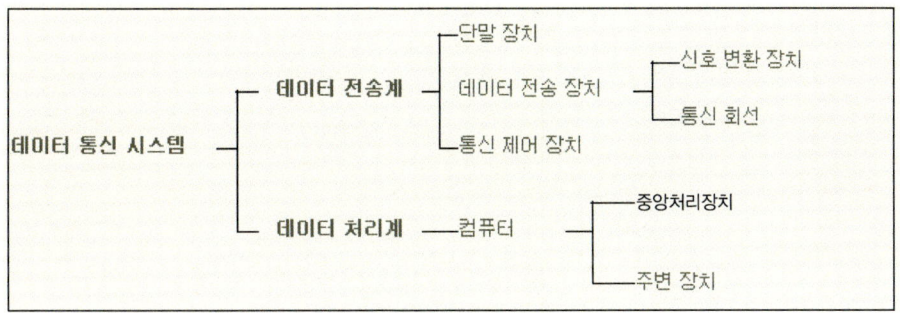

| 도표 | 데이터 통신 시스템
정보통신시스템의 4대 구성은 단말장치, 데이터 전송회선, 통신 제어장치, 컴퓨터이다.

그럼 하나씩 데이터 통신에서 어떤 역할을 수행하는지 알아보자.

1) 데이터 전송계
데이터 전송계는 데이터의 송신과 수신을 담당한다.

❶ 단말장치(DTE: Data Terminal Equipment)

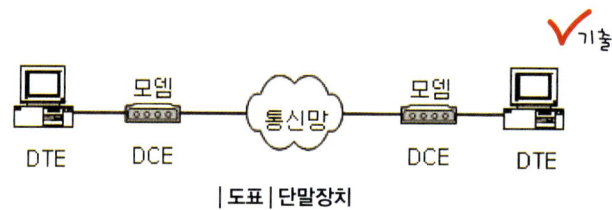

| 도표 | 단말장치

　단말장치는 컴퓨터로 데이터를 송신하거나 수신하기 위해서 사용되는 입출력장치다. 즉, 사용자의 입력 데이터를 변환하거나 출력을 변환한다. 전송에 관한 입출력 및 송수신 제어, 에러 제어 역할을 하는 전송 제어 기능과 데이터를 기억하는 기억 기능을 가지고 있다.

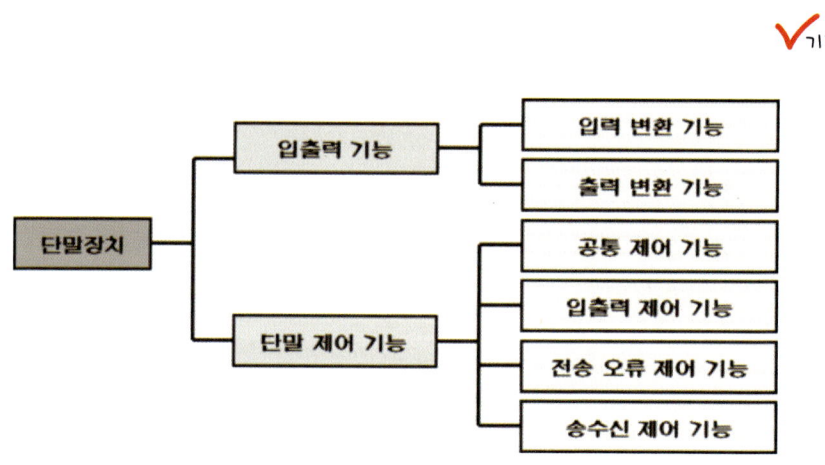

| 도표 | 단말장치의 기능

❷ 데이터 회선 종단 장치(DCE: Data Circuit Terminating Equipment)

데이터 회선 종단 장치는 터미널과 컴퓨터, 컴퓨터와 컴퓨터, 터미널과 터미널 간의 연결을 수행해 주는 장치이다. 데이터 회선 종단 장치는 송수신의 신호변환, 동기화 제어, 에러 제어와 같은 기능을 지원한다.

데이터 회선 종단 장치는 아날로그 회선을 사용하는 모뎀(Modem)과 디지털 회선을 사용하는 DSU(Digital Service Unit)가 존재한다. 모뎀은 디지털 신호를 아날로그 신호로 변조하거나 아날로그를 다시 디지털로 변조하는 역할을 수행한다.

DSU 장비는 디지털 신호를 부호화하거나 복호화하는 역할을 수행한다.

❸ 통신제어장치(CCU: Communication Control Unit)

통신제어장치는 데이터 전송회선과 컴퓨터와 전기적 결합 및 문자조립, 분해 등을 수행하는 장치이다.

2) 데이터 처리계

데이터 처리계는 정보를 가공하거나 처리, 보관을 수행하는 장치로 컴퓨터에 해당되며 중앙처리장치와 주변장치로 구성된다.

중앙처리장치는 컴퓨터의 연산, 제어, 기억을 수행하는 장치이고 주변장치는 입력과 출력 기능을 담당한다.

이것은 기억!

☞ (1) 정보통신시스템의 4대 구성요소를 기억해야 한다.
☞ (2) 데이터 전송계에서 DTE, DCE를 알아야 한다.

| 문제 | 정보통신시스템의 구성요소 중 데이터 처리계에 해당하는 것은?

    가. 단말장치   나. 데이터 전송회선

    다. 통신제어장치   라. 중앙컴퓨터

| 해설 | 데이터 처리기는 중앙컴퓨터이다.

| 정답 | 라

4.1.3 정보통신 이용 형태

데이터 통신은 데이터 전송방식에 따라 온라인 시스템과 오프라인 시스템으로 구분된다. 온라인 시스템이라는 것은 항상 데이터 통신을 할 수 있는 환경에서 실시간으로 서비스를 요청하고 즉시 응답을 하는 시스템이다.

오프라인 시스템은 데이터를 저장매체에 기록하고 일괄적으로 정보통신을 이용하는 방법이다. 오프라인 방식으로는 한 달 동안의 급여를 한꺼번에 모아서 계산하는 급여계산, 1년에 한 번 처리하는 정산과 같은 것들이 존재한다.

[표] 데이터 전송방식에 따른 데이터 통신 분류 기출

특징	설명
온라인 시스템 (Online System)	- 입력장치와 데이터 전송장치 및 통신제어장치가 회선을 사용해서 직접 연결되어 데이터를 처리하는 방법 - 실시간 처리 및 시분할 방식
오프라인 시스템 (Offline System)	- 단말기와 컴퓨터 사이에 저장매체를 사용해서 데이터를 처리하는 방식 - 일괄 처리

데이터 통신은 처리방식에 따라 일괄 처리, 실시간 처리, 분산처리 등이 존재한다.

1) 일괄 처리(Batch Processing)

작업을 처리하기 위해서 일정한 기간 모아 한꺼번에 처리하는 방식으로 성적처리, 급여계산, 정산 등과 같은 업무에 적합하다.

2) 실시간 처리(Real Time Processing)

사용자가 처리할 데이터를 요청하면 즉시 데이터를 처리하는 방식으로 항공기 좌석 예약 및 조회, 은행 창구업무와 같은 업무를 수행한다.

3) 시분할 시스템(Time Sharing System)

작업을 처리할 때 CPU를 시간단위로 할당하고 공동으로 작업을 처리한다. 여러 단말기가 공동으로 사용할 수 있도록 하여 대화식으로 처리한다.

4) 분산처리(Distributed Processing)

데이터를 물리적으로 다른 공간에 분리해서 데이터를 처리하는 처리방식이다. 이러한 분산처리를 통해서 여러 컴퓨터가 동시에 작업을 처리할 수 있어서 성능 향상의 장점을 가져온다.

 (1) 일괄 처리와 실시간 처리를 구분해야 한다.

| 문제 | 은행 창구의 거래상황을 처리해 주는 응용 분야는?

　　가. 공정제어　　　　　　　　　　나. 시차배분

　　다. 거래처리　　　　　　　　　　라. 전자메일

| 해설 | 거래처리는 거래정보를 실시간으로 처리해 주는 시스템으로 은행 입출금, 항공기 좌석 예약 등을 처리한다.

| 정답 | 다

| 문제 | 다음 중 온라인 처리 시스템의 기본적인 구성에 속하지 않은 것은?

     가. 단말장치   나. 통신회선

     다. 변복조기   라. 전자교환기

| 해설 | 전자교환기는 온라인 시스템의 구성요소가 아니다.

| 정답 | 라

 주요 기출문제

| 문제 | 일괄 처리(Batch Process) 방법에 속하지 않는 것은?

     가. 자료가 발생할 때마다 보조기억장치에 기억해 두었다가 필요 시에 처리하는 방식
     나. 자료가 일정량 수신되면 처리하는 방식
     다. 자료를 일정 기간 단위로 처리하는 방식
     라. 자료가 발생하는 즉시 필요한 처리를 하는 방식

| 해설 | 실시간 처리는 데이터가 발생하면 즉시 처리하는 시스템이다.

| 정답 | 라

4.2.1 정보 전송선로

전송선로는 실제 데이터를 보내기 위해서 보내는 물리적인 선로로 유선과 무선으로 구분할 수 있다.

1) 유선선로

❶ 트위스티드 페어 케이블(Twisted Pair Cable)

트위스티드 페어는 2개의 구리선이 서로를 감싸고 있는 것으로 전화선으로 많이 사용되는 케이블이다.

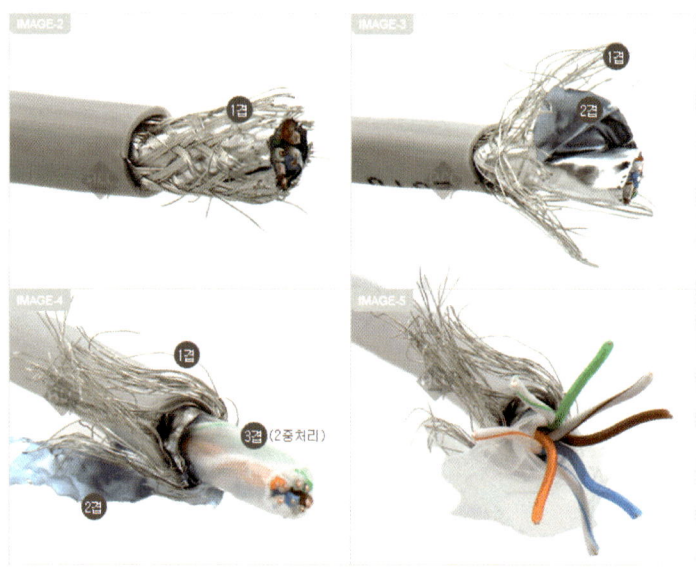

| 도표 | 트위스티드 페어 케이블

❷ 동축 케이블(Coaxial Cable)

중앙의 구리선에 플라스틱 절연체로 감싸서 만든 것으로 보통 가정에서 TV를 수신할 때 많이 사용되는 케이블이다.

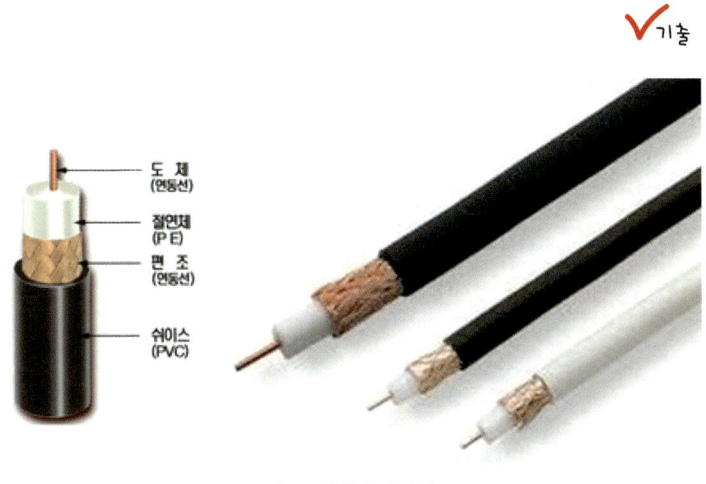

| 도표 | 동축 케이블

❸ 광섬유 케이블(Optical Fiber Cable)

빛의 전반사 현상을 이용하여 데이터를 전송할 수 있는 케이블로 신뢰성이 높고 온도 변화에도 안정적이며 에러율이 낮다.

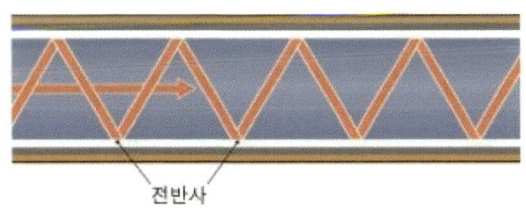

| 도표 | 광섬유 케이블

[표] 물리적 케이블 간의 차이점

전송 매체	설명
Twist Pair	- 구성이 용이하고, 비용이 저렴하나 혼선, 감쇠, 도청이 쉬움.
Coaxial Cable	- 동축 케이블, 구리선 사용
Fiber-Optic	- 빛에 의한 데이터 전송, 감쇠에 영향을 받지 않음, 도청에 강함. - 단점: 높은 비용, 설치가 어려움.

2) 무선선로

❶ 지상 마이크로파(Terrestrial Microwave)

하나의 무선회선을 사용해서 수백 혹은 수천 개의 채널을 통해서 전송할 수 있어 장거리 전화, TV 신호, 데이터 및 고속 데이터 전송에 사용되는 무선신호이다. 포물선 모양인 접시형 안테나인 마이크로웨이브를 사용하여 데이터를 전송한다.

❷ 위성 마이크로파(Satellite Microware)

국가 간의 원거리 통신에 많이 사용되는 것으로 통신위성을 사용해서 대용량의 데이터를 무선으로 전송하는 통신이고 마이크로의 중개국인 통신위성을 사용해서 데이터를 전송하는 것으로 통신위성, 지구국, 채널로 구성된다.

❸ 무선 주파수(Radio Frequency)

무선통신에서 3KHz 이상의 무선 주파수로 안테나가 정확히 설치되지 않아도 통신할 수 있는 것으로 라디오와 같은 부분에 사용되고 있는 무선신호이고 다방향성인 라디오파를 사용하여 데이터를 전송한다.

(1) 광케이블의 장점을 알아야 한다.

| 문제 | 다음 중 광통신의 일반적인 특징이 아닌 것은?

가. 광대역이다.　　　　　　　　나. 코어는 경량이며 가늘다.

다. 저손실이다.　　　　　　　　라. 전력유도가 많다.

| 해설 | 광통신은 에러율이 낮고 신뢰성이 좋다. 또한, 전력 소비량이 적은 장점을 가지고 있다.

| 정답 | 라

4.2.2 정보 전송회선의 종류와 특징

정보 전송회선은 정보를 전송하기 위한 매체를 의미한다. 이러한 회선을 통해서 교환 기라는 것을 사용해서 데이터를 전환하는 것이 교환회선이고, 교환기를 사용하지 않고 정보 송신자와 수신자 간에 직접 전달하는 것을 전용회선 방식이라고 한다.

[표] 교환회선과 전용회선

종류	설명
교환회선	- 정보 전송 시에 교환기를 사용해서 송수신 - 회선교환 및 축적교환으로 나누어짐. - 데이터 양이 적으며 사용자가 많을 때 사용하는 방식
전용회선	- 교환기를 사용하지 않고 점 대 점(일대일)으로 직접적으로 통신을 수행 - 사용자는 적지만 전송할 데이터가 많을 때 사용하는 방식

데이터 통신에서 TV와 라디오를 보면 방송국에서 보내는 데이터를 가정에서 청취할 수는 있지만 사용자가 방송국에 데이터를 보낼 수는 없다. 이러한 통신방법을 단방향이 라고 한다.

하지만 무전기는 송신자와 수신자가 메시지를 서로 주고받을 수 있는 통신이다. 무 전기는 송신과 수신이 가능하지만 한순간에 송신을 하든 수신을 하든 해야지 동시에 할 수는 없다. 이러한 통신방법을 반이중이라고 한다.

전화기는 동시에 음성 데이터를 보내거나 받는 것이 가능하다. 이러한 통신을 전이중 이라고 한다.

데이터 통신방식은 단방향, 반이중, 전이중으로 분류된다.

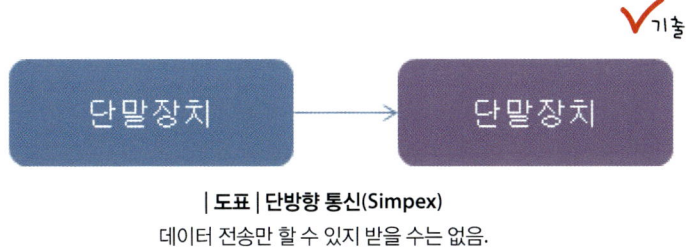

| 도표 | 단방향 통신(Simpex)

데이터 전송만 할 수 있지 받을 수는 없음.

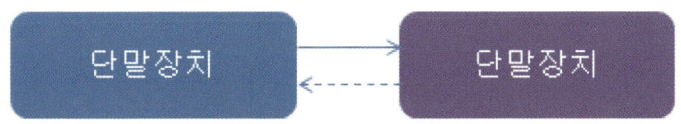

| 도표 | 반이중 통신(Half Duplex)

데이터를 송신하고 수신할 수는 있지만 동시에 할 수는 없음.

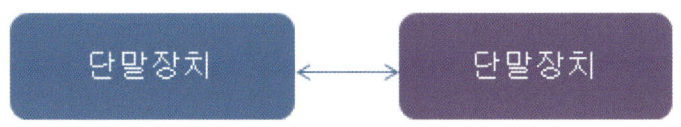

| 도표 | 전이중 통신(Full Duplex)

동시에 데이터를 송신 및 수신할 수 있는 통신방식

　　송신자와 수신자 간에 데이터를 전송할 때 한 명의 송신자가 한 명의 수신자에게 전송하는 방식과 한 명의 송신자가 여러 명의 수신자에게 데이터를 전송하는 방식이 존재한다. 이러한 방식을 Point to Point 방식, Multi Point 방식이라고 한다.

　　Point to Point(포인트 투 포인트) 방식은 송신자는 하나의 통신회선을 통해서 1대1로 연결하여 데이터를 전송한다. 즉, 전용회선을 사용해서 데이터를 보내기 때문에 안정적이고 빠르게 데이터를 전송할 수 있는 장점을 가지고 있다.

　　Multi Point(멀티 포인트) 방식은 한 개의 회선을 통해서 여러 명의 사용자에게 데이터를 전송하는 방식이다. 한 개의 회선을 사용하기 때문에 어느 순간에는 어느 수신자에게 데이터를 보낼지 결정해야 하는데, 이것을 하기 위해서 폴링(Polling)과 셀렉션

(Selection) 방식이 존재한다.

폴링은 전송회선에 전송할 데이터가 있는지 주기적으로 검사하는 방법이고 셀렉션 방식은 수신자가 받을 준비가 되어 있는지 확인하는 방법이다.

· Ponit to Point 방식의 회선 제어기법인 컨텍션(Contention)

- 송신자와 수신자가 한번 연결되면 독점적으로 사용하는 방법
- 송신 요구를 누가 먼저 했는지에 따라 회선 사용권이 결정됨.

[표] Multi Point방식의 회선 제어기법인 폴링과 셀렉션 방식

구분	설명
폴링(Polling)	- 송신자 단말기에서 전송할 데이터가 있는지를 물어 전송할 데이터가 있으면 전송을 허가하는 방법
셀렉션(Selection)	- 수신자의 단말기가 데이터를 수신받을 준비가 되어 있는지 물어보고 준비가 되어 있으면 송신자가 데이터를 전송하는 방법

그럼, 데이터 송수신을 위해서 회선 제어 단계에 대해서 알아보자.

[표] 회선 제어 단계

회선 제어	설명
(1) 회선 연결	- 물리적으로 송신자와 수신자의 회선을 연결
(2) 링크 확립	- 송신자와 수신자가 데이터 전송이 가능한지 확인
(3) 메시지 전송	- 송신자가 수신자에게 데이터를 전송
(4) 링크 단절	- 송신자와 수신자의 링크를 단절
(5) 회선 절단	- 물리적인 회선을 절단하고 종료

 (1) 단방향, 반이중, 전이중의 차이점을 알아야 한다.

 (2) 회선 제어 단계를 알아야 한다.

 주요 기출문제

| 문제 | 단말기에서 메시지 출력 중 동시에 호스트 컴퓨터로부터 입력신호를 받아들일 수 있는 방식은?

가. 전이중 방식   나. 반이중 방식

다. 단향 방식   라. 우회 방식

| 해설 | 전이중(Full Duplex) 방식은 동시에 데이터를 송신 및 수신할 수 있는 통신 방식이다.

| 정답 | 가

4.2.3 통신속도 및 통신용량

데이터 통신에서 전송속도는 BPS(Bit Per Second)와 Baud(보)로 표현한다. BPS는 데이터 통신에서 1초 동안 전송할 수 있는 비트의 수이고 Baud는 1초당 발생한 신호의 변환 횟수이다.

[표] BPS와 Baud

구분	설명
BPS	- 데이터 통신에서 1초 동안 전송된 데이터 비트 수
Baud	- 전기 통신에서 1초당 발생한 신호의 변화 횟수

· BPS와 Baud의 관계

- Baud=BPS/단위 신호당 비트 수

*디비트(Dibit): 두 개의 비트를 의미
*트리비트(Tribit): 3개의 비트를 의미
*쿼드비트(Quadbit): 4개의 비트를 의미

데이터 전송속도는 정보처리에서 단위시간에 전송되는 데이터 양으로 표시한다.

통신 용량은 통신에서 오류가 없이 전송할 수 있는 2진신호(0 혹은 1) 속도이다. 이것은 한 개의 회선을 통해서 전송할 수 있는 최대 데이터 전송 양이다.

· 채널의 정보전송 용량(샤논의 법칙)

$C=W \log_2 (1+S/N)$
W: 대역폭, S: 신호 세력, N: 잡음 세력

· 데시벨(dB)

- 전기 신호 세력 측정단위

228

 이것은 기억!

 (1) BPS와 Baud가 무엇인지 알아야 한다.
 (2) 데시벨(dB)의 의미를 알아야 한다.

 주요 기출문제

| 문제 | 정보통신에서 1초에 전송되는 비트의 수를 나타내는 전송 속도 단위는?

　　가. bps　　　　　　　　　　나. baud

　　다. cycle　　　　　　　　　라. hz

| 해설 | BPS(Bit Per Second)는 데이터 통신에서 1초 동안 전송된 데이터 비트 수를 의미한다.

| 정답 | 가

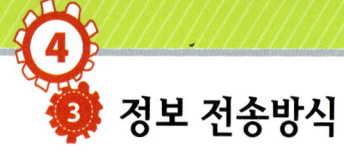

정보 전송방식

4.3.1 정보 전송부호 및 전송방식

정보 전송부호(Transmission Code)는 데이터 전송 시에 단순한 전기적 신호만으로 이루어지는 것이 아니라 송신자와 수신자 상호 간에 규정된 데이터 형태를 약속하는 것을 전송부호라고 한다.

전송부호에는 2진 부호, ASCII Code, EBCDIC Code 등이 존재한다. 2진 부호는 정보 전송을 두 가지 상태(0 혹은 1)로 표현하는 데이터인 비트(Bit)로 송신하는 것이다. ASCII Code는 7개의 정보비트와 1개의 패리티(Parity) 비트로 구성해서 에러를 검사하는 기능을 가진다. ASCII Code는 2^7인 128개의 문자를 표현할 수가 있다.

EBCDIC Code는 다양한 문자, 숫자, 기호 등을 전송하기 위해서 정보 비트가 8비트로 구성된 문자코드를 지원한다. EBCDIC Code는 기존 BCD Code(2^6개 표현)를 확장해서 2^8개의 문자를 표현할 수 있다.

[표] 정보 전송부호(Transmission Code) 기출

구분	설명
2진 부호	- 0 혹은 1의 비트로 데이터를 전송
BCD Code	- 2^6개의 64가지 정보를 표현
ASCII Code	- 7비트로 2^7의 128개의 정보를 표현
EBCDIC Code	- 8비트로 2^8의 256개의 정보를 표현

직렬전송은 하나의 전송로를 사용해서 데이터를 순차적으로 송신하는 방식이다. 직렬전송은 회선이 적고 전송비용이 적은 장점을 가지고 있다.

230

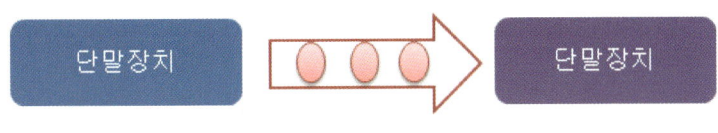

| 도표 | 직렬전송

병렬전송은 여러 개의 전송로로 데이터를 동시에 전송하는 방식으로 회신이 많이 필요하게 되고 전송비용이 비교적 많이 발생한다. 하지만 병렬전송은 전송속도가 빠른 장점이 있다.

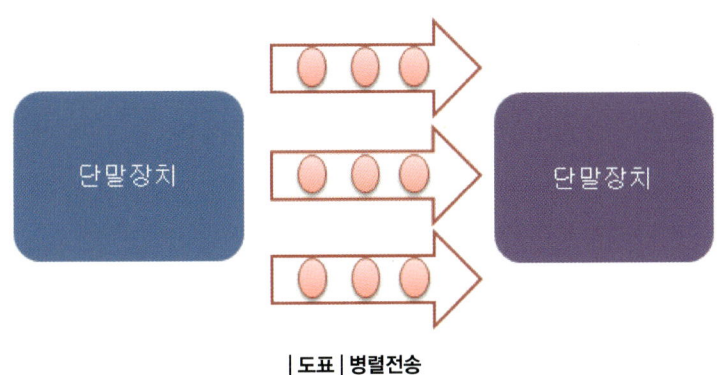

| 도표 | 병렬전송

[표] 직렬전송과 병렬전송

구분	직렬전송	병렬전송
개념	- 한 문자의 비트를 하나의 전송신로를 통해서 순차적으로 전송	- 한 문자의 비트들을 각자의 전송로를 통해서 한꺼번에 전송
특징	- 동기식 전송 방식	- 송수신기가 단순
장점	- 전송 에러가 적음. - 장거리 전송 - 통신 회선 비용이 저렴	- 데이터를 빠르게 전송
단점	- 전송속도가 느림.	- 에러 발생 가능성이 높음.

비동기식 전송은 한 문자 단위로 데이터를 전송하는 방식으로 문자를 전송할 때 스타

트 비트(Start Bit)와 스톱 비트(Stop Bit)를 사용해서 데이터를 전송한다. 전송하는 문자들 사이에는 유휴시간이 존재한다.

동기식 전송은 문자를 블록 단위로 빠르게 전송하는 방식으로 많은 양의 데이터를 전송할 수 있는 장점을 가지고 있고 문자 동기방식과 비트 동기방식으로 구분된다.

[표] 비동기식 전송과 동기식 전송

구분	비동기식 전송	동기식 전송
개념	- 한 번에 한 문자씩 전송 - 한 문자 전송마다 동기화 수행	- 데이터를 블록으로 나누어 블록 단위로 전송
전송단위	- 문자단위의 비트 블록	- 프레임
전송속도	- 저속	- 고속
전송효율	- 낮음.	- 높음.
장점	- 동기화가 단순하며 저렴	- 원거리 전송에 용이
단점	- 문자 사이에 유휴시간 발생	- 고가

*혼합형 동기식 전송은 동기식 전송의 특성과 비동기식 전송의 특성을 가짐(비동기 전송보다 빠름).

 (1) 직렬전송과 병렬전송의 차이점 및 동기 전송과 비동기 전송의 차이점을 기억해야 한다.

| 문제 | 한 바이트를 8개의 비트로 분리해서 한 번에 한 비트씩 순차적으로 선로를 통해 전송하는 방식은?

　　가. 직렬전송　　　　　　　　나. 병렬전송

　　다. 직병렬전송　　　　　　　라. On Line전송

| 해설 | 직렬전송은 하나의 전송로를 사용해서 데이터를 순차적으로 송신하는 방식이다. 직렬전송은 회선이 적고 전송비용이 적은 장점을 가지고 있다.

| 정답 | 가

| 문제 | 비동기식 전송에 대한 설명으로 옳지 않은 것은?

　　가. 스타트 비트와 스톱 비트가 있다.
　　나. 문자 사이마다 휴지 기간이 있을 수 있다.
　　다. 동기용 문자가 쓰인다.
　　라. 동기는 문자단위로 이루어진다.

| 해설 | 동기용 문자는 동기용에 사용되고 비동기 문자는 스타트 비트와 스톱 비트가 사용된다.

| 정답 | 다

4.3.2 정보신호 변환 방식

정보신호는 아날로그 신호와 디지털 신호가 있다. 아날로그 신호는 연속적으로 변화하는 전자기파로, 간단하게

| 도표 | 아날로그 신호와 디지털 신호의 형태

생각하면 사람의 음성 신호가 바로 아날로그 신호이다. 이러한 아날로그 신호는 거리가 멀어지면 점점 감쇠되는 현상이 발생한다.

디지털 신호는 0 또는 1로 데이터를 표현하는 것으로 아날로그 신호에 비해서 잡음이 적고 오류율이 낮은 장점을 가진다.

1) 변조(Mdulation)

변조는 아날로그 혹은 디지털로 부호화된 신호를 전송매체에 전송할 수 있도록 주파수 및 대역폭을 갖는 신호를 생성하는 일련의 과정이다. 부호화(Encoding)는 신호를 현재 정보나 신호가 아닌 다른 형태로 변환하는 것을 의미한다.

2) 변조방식

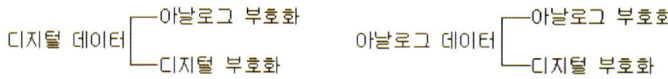

| 도표 | 변조방식

디지털 신호를 아날로그 신호로 변조하는 방식은 진폭편이변조, 주파수편이변조, 위상편이변조 방식이 존재한다.

❶ 진폭편이변조(ASK: Amplitude Shift Keting)

2진수 0과 1에 서로 다른 진폭을 적용하여 신호를 변조하는 방법으로 광섬유로 디지털 데이터를 전송하는 데 사용된다.

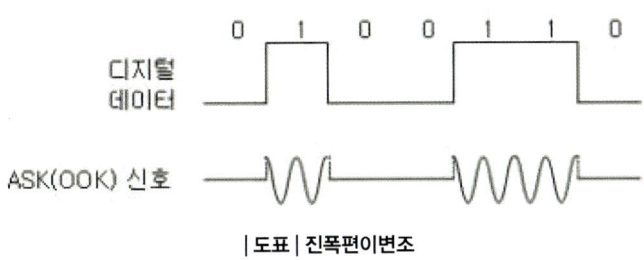

| 도표 | 진폭편이변조

❷ 주파수편이변조(FSK: Frequency Shift Keying)

0과 1에 서로 다른 주파수를 사용하여 변조하는 것으로 주로 저속의 비동기 전송에서 많이 사용된다.

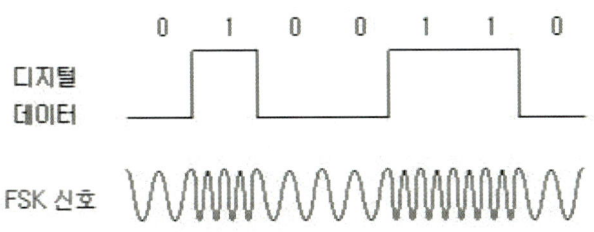

| 도표 | 주파수편이변조

❸ 위상편이변조(PSK: Phase Shift Keying)

0과 1에 서로 다른 위상을 적용하여 변조하는 것으로 중속, 고속 동기전송에서 많이 사용되는 변조방식이다. 위상편이변조는 주로 모뎀에서 사용된다.

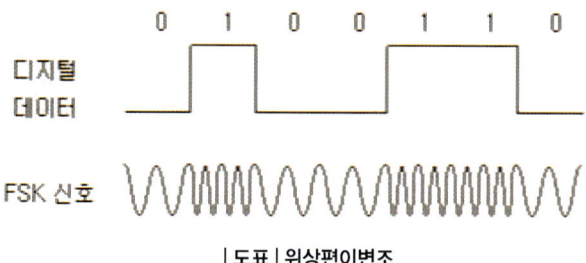

| 도표 | 위상편이변조

아날로그 신호를 디지털 신호로 변조하는 방식에는 PCM(Pulse Code Modulation) 방식이 존재한다. PCM 방식은 아날로그 신호를 펄스로 변환하여 전송하고 수신 측에서는 다시 아날로그 신호로 변환한다.

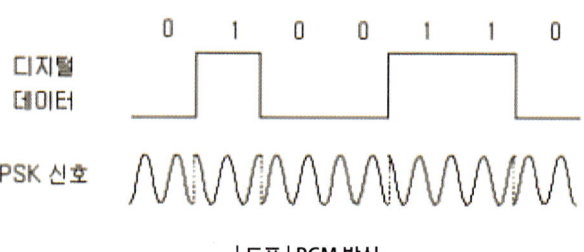

| 도표 | PCM 방식

[표] PCM 변조 과정 기출

PCM 변조	설명
표본화(Sampling)	- 아날로그 파형을 연속적인 시간폭으로 나누어 작은 간격의 직사각형으로 시분할하여 신호를 만듦.
양자화(Quantization)	- 표본화된 신호의 진폭은 일정한 값이 아니라서 수량화를 수행하는 단계
부호화(Encoding)	- 양자화된 진폭값을 2진법으로 나타낼 수 있어서 아날로그 신호를 디지털 신호로 변환
복호화(Decoding)	- 디지털 신호를 펄스 신호로 변환
여과(Filtering)	- 본래의 아날로그 신호로 변환

236

 이것은 기억!

 (1) PCM 변조 과정을 기억해야 한다.
 (2) ASK, PSK, FSK가 무엇인지 간단하게 용어는 알아야 한다.

 주요 기출문제

| 문제 | 다음 중 반송파 주파수를 변환시키는 변조방식은?

가. AM   나. FM

다. PM   라. PC

| 해설 | 반송파 주파수를 변환시키는 변조는 FM이다.

| 정답 | 나

4.3.3 전송 에러 제어 방식

데이터 통신 중에 발생할 수 있는 다양한 에러를 검출하고 복구할 수 있는 방법이 필요하다. 이것을 전송 에러 제어(Error Control) 기법이라고 한다. 에러 제어는 전송되는 메시지가 임의적으로 변조(변경)되었는지 확인하는 에러 검출 부호 방식과 전송된 데이터를 수신하지 못하면 재전송하는 에러 복구 기법이 존재한다.

1) 에러 검출 부호 방식

에러 검출 부호 방식은 에러를 체크할 수 있는 비트 혹은 문자 등을 삽입하여 에러 여부를 확인하는 것이다.

패리티 검사(Parity Check)는 한 블록의 데이터 끝에 패리티 비트를 추가하여 에러 여부를 확인하는 방법이다. 패리티 비트는 에러를 검출할 수는 있지만 정정은 할 수 없는 문제점을 가지고 있다.

즉, 패리티 비트는 짝수 패리티 비트와 홀수 패리티 비트가 있는데 짝수 패리티 비트는 수신되는 문자의 1의 개수가 짝수 개인지를 확인하는 방법이고 홀수 패리티 비트는 수신된 문자의 1의 개수가 홀수 개인지를 확인한다.

패리티 비트는 아주 간단하게 에러를 검출할 수 있지만, 데이터 송신 시에 항상 패리티 비트 값을 전송해야 하는 문제점이 있다. 이러한 문제점을 해결하기 위해서 블록 합 검사(Block Sum Check)가 있다.

블록 합 검사는 모든 문자를 한꺼번에 검사할 수 있도록 모든 문자에 대한 블록 합 문자를 추가하여 검사한다.

순환 잉여 검사(CRC: Cyclic Redundancy Check Code)는 다항식 부호를 사용하는 방법으로 검사용 코드를 부가하여 전송하고 검사하는 방법이다.

해밍코드(Hamming Code) 방식은 수신 데이터의 오류를 검출하고 에러를 정정할 수 있는 방법이다. 해밍코드는 데이터 비트와 에러 검출, 수정을 위한 패리티 비트로 구성되어 있다.

2) 에러 복구 기법(Error Recovery)

에러가 발생하면 에러를 재전송해야 한다. 이러한 재전송 기법을 자동 재전송 방식 (ARQ: Automatic Repeat reQuset)이라 한다. 자동 재전송 방식은 에러 검출 후 송신 측에게 에러가 발생한 데이터 블록을 다시 전송하도록 요청하는 방법이다.

❶ 정지 대기 ARQ(Stop and Wait ARQ)

송신 측은 한 블록을 전송한 다음에 수신 측에서 에러 발생을 점검하고 응답이 올 때까지 기다리는 방식이다.

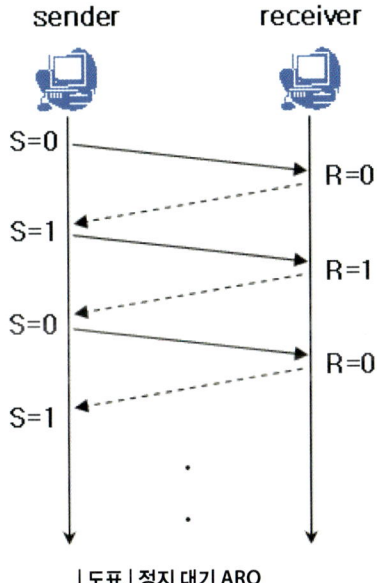

| 도표 | 정지 대기 ARQ
송신자는 데이터를 전송하고 응답이 올 때까지 대기 후 전송하는 방법

❷ 연속적 ARQ

연속적 ARQ는 한 블록씩이 아니라 연속적으로 전송하는 방법으로 Go-Back-N ARQ
와 선택적(Selective) ARQ 방식이 존재한다.

[표] 연속적 ARQ 방법

연속적 ARQ 방법	설명
Go-Back-N ARQ	- 에러가 발생한 블록 이후의 블록을 모두 재전송
Selective ARQ	- 에러가 발생한 블록만 재전송하는 방법

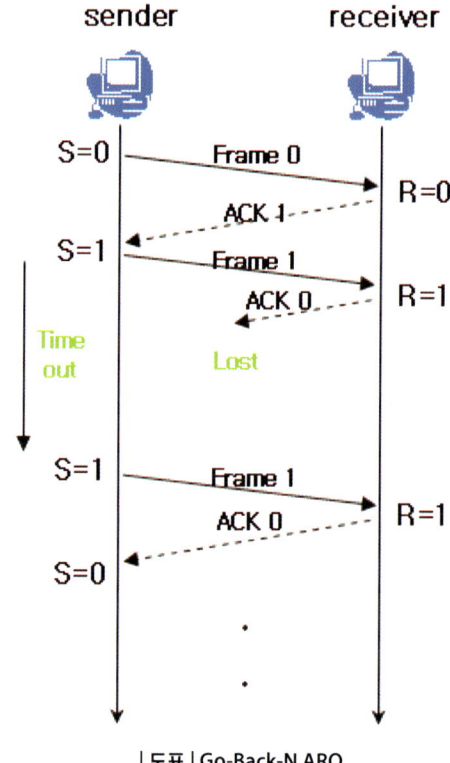

| 도표 | Go-Back-N ARQ
전송 중에 에러가 발생하면 발생한 데이터부터 모두 재전송함.

적응적(Adaptive) ARQ는 전송효율을 높이기 위해서 블록의 길이를 채널 상태에 따라 동적으로 변경하는 방법으로 제어회로가 복잡한 문제점이 있다.

[표] 전송에러

에러	설명
노이즈 (Noise)	- 전송 시스템에 의해 생긴 다소의 왜곡을 포함한 전송신호 및 송수신 과정에서 추가된 불필요한 신호 - 주변의 모니터, 형광등, 전자레인지 등 회선이 설치된 환경 특성에서 유발
감쇠 (Attenuation)	- 데이터가 회선을 통하여 전송되는 도중 전기적 신호가 약해지는 현상
혼선 (Crosstalk)	- 서로 다른 전송로의 상이한 전송신호가 전기적 결합에 의해 다른 회선에 영향을 주는 현상으로 통신 품질을 저하시키는 직접적인 요인

 (1) 에러 검출 부호 방식에서 패리티, 블록 합, CRC, 해밍의 특징을 알아야 한다.
 (2) 에러 복구 기법을 기억해야 한다.

| 문제 | 에러 검출 후 재전송(ARQ) 에러 제어 방식에 속하지 않는 것은?

가. Stop and Wait   나. Go back N

다. 선택적 재전송   라. 전진 에러 수정(FEC)

| 해설 | ARQ 방법은 Stop and Wait, Go Back N, 선택적 재전송, 적응적 ARQ가 있다.

| 정답 | 라

| 문제 | 다음 중 에러 검출 코드가 아닌 것은?

가. 2 out-of 5   나. Biquinary

다. CRC   라. BCD

| 해설 | BCD 코드는 정보를 표현하기 위해서 사용되고 2^6으로 64가지 정보를 표현한다.

| 정답 | 라

4 정보통신 설비

4.4.1 정보단말 설비

정보단말장치(DTE: Data Terminal Equipment)는 사용자 사무실에 설치되어서 통신 회선을 사용하여 컴퓨터에 접속되는 장치를 의미한다.

[도표] 정보 단말장치 기능

단말장치 기능	설명
입력변환 기능	- 입력 데이터를 부호화하여 전기신호로 바꾸는 기능
출력변환 기능	- 컴퓨터에서 보낸 부호 데이터를 사용자가 이해할 수 있는 형태로 바꾸는 기능
입출력 제어 기능	- 입력장치나 출력장치를 제어하는 기능
전송 오류 제어 기능	- 전송 오류 검출 및 재전송을 요구하는 기능
공통 제어 기능	- 데이터 단말장치 전체를 제어하는 기능
송수신 제어 기능	- 통신회선에 접속하여 중앙 컴퓨터와 데이터 교환을 제어하는 기능

단말장치의 접속규격 등에 대한 표준화 기관은 다음과 같다.

[표] 데이터 통신 표준안

표준안	설명
ISO(International Standards Organization)	- 통신 시스템과 관련하여 각국의 표준화 사업을 위해 만들어진 비조약 기구이며 OSI 7계층 모델을 설계함.
ITU-T(International Telecommunication Union)	- 구 CCITT기관으로 전화전송, 전화교환, 신호방법 등에 관한 여러 표준을 권고함. - V 시리즈는 아날로그 데이터 전송에 관한 권고안 - X 시리즈는 공중 데이터 통신에 관한 권고안

ANSI(American National Standard Institute)	- 미국 표준안 제정 기관
EIA(Electronic Industries Association)	- 신호 품질, 디지털 인터페이스, 통신망 인터페이스 등 주 로 하드웨어에 관한 규격 개발(RS-232C)

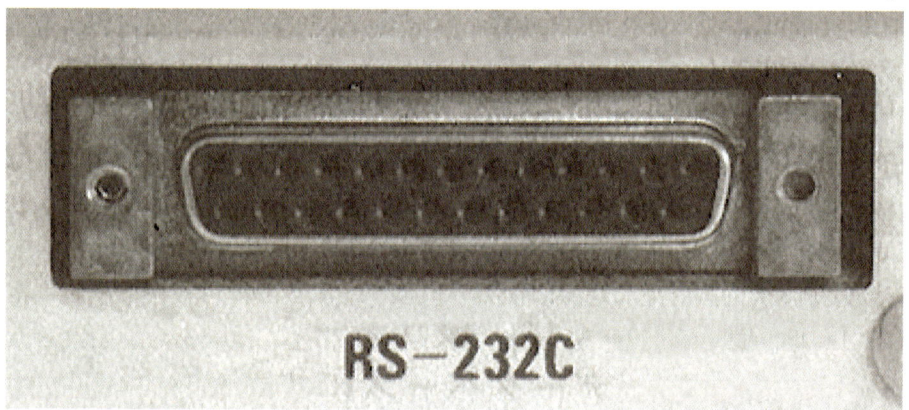

| 도표 | RS-232C

RS-232C는 2번은 데이터를 송신, 3번은 데이터를 수신, 4번은 송신 요구, 5번은 송신 준비완료를 담당한다.

(1) ITU-T의 V시리즈와 X시리즈를 기억해야 한다.
(2) RS-232C에서 2번과 3번인 송신과 수신을 기억해야 한다.

| 문제 | RS-232C 25핀 커넥터 케이블에서 송신준비완료(CTS)의 핀(pin) 번호는?

　　　가. 4　　　　　　　　　　나. 5

　　　다. 6　　　　　　　　　　라. 7

| 해설 | RS-232C는 2번은 데이터를 송신, 3번은 데이터를 수신, 4번은 송신 요구, 5번은 송신 준비완료를 담당한다.

| 정답 | 나

4.4.2 정보교환 설비

정보 통신 단말기에서 전송한 데이터에 대한 신호를 변환하는 장비가 정보교환 설비이다. 정보교환 설비는 신호에 대해서 변조와 복조를 하는 모뎀(MODEM)과 디지털 신호를 전송하는 DSU(Digital Service Unit)가 있다.

1) 모뎀(MODEM)

모뎀은 디지털 신호를 아날로그 신호로 변환하는 변조와 아날로그 신호를 디지털 신호로 변환하는 복조를 수행하는 설비이고 모뎀에 대한 표준은 ITU-T에서 정의했으며 V시리즈는 아날로그 통신회선을 이용한 데이터 통신 표준이다.

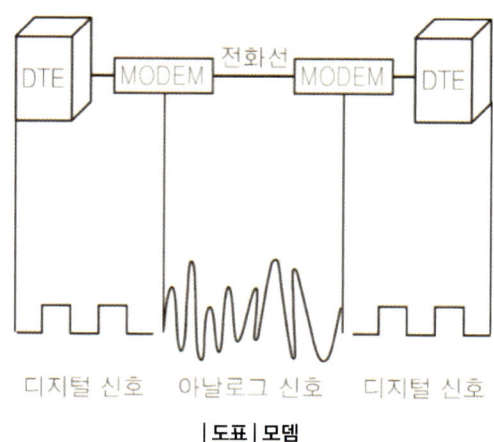

| 도표 | 모뎀

2) DSU(Digital Service Unit)

DSU는 디지털 신호를 변조하지 않고 디지털 전송로를 사용하여 고속으로 데이터를 전송하는 장치이다. DSU는 회로가 간단하기 때문에 저렴하며 송신부터 수신까지 모두 디지털로 전송된다.

 (1) 모뎀과 DSU가 무엇인지 개념만 알아두면 된다.

 주요 기출문제

| 문제 | 데이터 단말장치와 디지털 통신 회선 사이에 있는 장치는?

가. 모뎀(Modem)　　　　　　　　나. 통신 제어(Commnuinication Control) 장치

다. DSU(Digital Service Unit)　　　라. 회선 제어(Line Control) 장치

| 해설 | DSU는 디지털 신호를 디지털 전송로를 사용해서 전송하면 디지털 신호를 변조하지 않는다.

| 정답 | 다

4.4.3 정보전송 설비

1) 다중화(Multiplexing)

여러 단말장치를 하나의 통신회선을 통해서 데이터를 송신하고 수신 측에서 여러 개의 단말장치들의 신호를 분리하여 입출력할 수 있는 방식이다.

다중화는 하나의 통신회선을 사용하기 때문에 회선과 모뎀을 절약할 수 있는 방법이다.

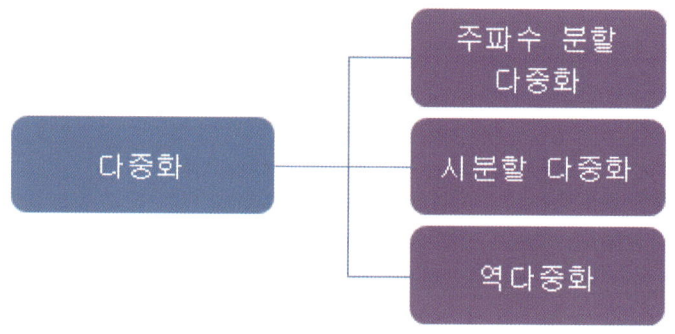

| 도표 | 다중화 종류

❶ **주파수분할 다중화(FDM : Frequency Division Multiplexer)**

좁은 주파수 대역을 사용하는 여러 개의 신호를 넓은 주파수 대역을 가진 하나의 전송로를 사용해서 전송되는 방식이다. 통신 채널이 제한된 주파수 대역을 여러 개의 독립된 저속 채널의 집단으로 분리한다.

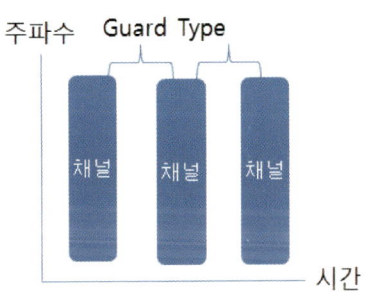

| 도표 | 주파수분할 다중화

사용자는 채널을 점유하여 데이터 통신을 수행한다. 보호대역은 채널 간의 완충지역으로 불필요하게 대역폭을 낭비하게 된다.

❷ 시분할 다중화기(TDM: Time Division Multiplexer)

전송회선의 데이터 전송시간을 타임슬롯(Time Slot)이라는 일정한 시간폭으로 나누어서 일정한 크기의 데이터를 채널별로 전송하는 방법이다. 고속 전송이 가능하고 포인트 투 포인트(Point to Point) 방식에 주로 사용되며 동기식 시분할 다중화와 비동기식 시분할 다중화 방식이 있다.

| 도표 | 시분할 다중화기

❸ 역다중화(Demultiplexer)

하나의 신호를 2개의 저속신호로 나누어서 전송하며 하나의 채널이 고장 나도 50%의 속도로 계속적으로 사용할 수 있는 장점을 가지고 있다. 두 개의 음성 회선을 사용해서 광대역 통신속도를 얻을 수 있는 장치이다.

❹ 파장분할 다중화(WDM: Wavelength Division Multiplexer)

광섬유를 사용해서 하나의 선로에 8개 이하의 신호를 중첩해서 전송할 수 있는 기술이다.

2) 집중화기(Concentrator)

여러 개의 입력회선을 n개의 출력회선으로 집중화하는 장치로 입력회선의 수는 출력
회선의 수와 같거나 많다. 즉, 집중화기는 하나의 고속 통신회선에 여러 개의 저속 통신
회선을 접속하기 위해서 사용된다.

· 집중화기 특징

- 고속회선을 사용할 수 있게 해줌.
- 동적인 시간할당
- 입출력 각각의 대역폭이 다름.
- 구조가 복잡하고 불규칙한 전송에 사용

 (1) 주파수분할과 시분할의 차이점을 알아야 한다.

 주요 기출문제

|문제| 이동통신의 접속방식에 이용되는 CDMA 방식은?

    가. 시분할 다원접속방식   나. 코드분할 다원접속방식

    다. 공간분할 다원접속방식   라. 주파수분할 다원접속방식

|해설| CDMA는 코드분할 다원접속 방식의 이동통신 기술이다.

|정답| 나

| 문제 | 위성통신의 다원접속 방법이 아닌 것은?

　　　가. 주파수분할 다원접속　　　　　나. 코드분할 다원접속

　　　다. 시분할 다원접속　　　　　　　라. 신호분할 다원접속

| 해설 | 다원접속 방법에는 주파수분할, 시분할, 코드분할 다원접속 방법이 있다.

| 정답 | 라

통신 프로토콜

4.5.1 통신 프로토콜(Protocol)과 OSI 7계층

데이터 송신자와 수신자 사이에 통신을 하기 위해서는 서로 간에 약속이 필요하다. 즉, 어떻게 데이터를 보낼 것이고 데이터 포맷은 어떻게 할 것이고 등에 대한 전반적인 약속이 필요하다.

· **프로토콜(Protocol)**

통신망에서 통신을 원하는 양측 시스템에서 데이터를 주고받기 위해 미리 약속된 운영상의 통신 규약이다. 즉, 데이터 통신 수행 규칙들의 집합이다.

프로토콜은 송신자와 수신자 간의 데이터 통신을 위한 서로 간의 규약을 의미한다. 이러한 규약은 송신자와 수신자 간에 구문, 의미, 순서를 규약한다.

[표] 프로토콜의 기본구성

프로토콜 구성	설명
구문(Syntax)	- 데이터 형식, 신호레벨, 부호화
의미(Semantics)	- 개체의 조정, 에러 제어 정보
순서(Timing)	- 순서 제어, 통신 속도 제어

송신자와 수신자 간에 데이터를 전송하는 것은 비트 단위로 데이터를 전송하는 방법과 바이트 단위 전송 방법, 문자 단위 방법이 존재한다.

비트 단위 전송 데이터를 전송할 때 특수 플래그를 포함시켜 데이터를 전송하는 방법으로 SDLC(Synchronous Data Link Control) 프로토콜과 HDLC(High level Data Link Control) 프로토콜이 존재한다.

바이트 단위 전송은 전송을 위한 제어 정보를 데이터 헤더에 포함시켜서 데이터를 전송하는 것으로 DDCM(Digital Data Communication Message) 프로토콜이 존재한다.

문자 단위 전송은 데이터를 전송할 때 데이터의 시작과 끝에 특수문자를 포함시켜 전송하는 것으로 BSC(Binary Synchronous Communication) 프로토콜이 있다.

통신 프로토콜 중에서 가장 대표적인 ISO(International Organization for Standardization)에서 정의한 OSI(Open System Interconnection) 7계층 프로토콜이 있다.

· OSI 7계층(Open System Interconnection)

> - 개방형 시스템 네트워크의 효율적인 이용을 위하여 모든 데이터 통신 기준으로 계층을 분할하고, 각 계층 간의 필요한 프로토콜을 규정

· OSI 7계층 프로토콜의 목적

> - 송신자와 수신자 간의 통신을 위한 표준 제공
> - 데이터 통신을 위한 정보교환을 위한 상호 접속점 제공
> - 통신을 위한 공통적인 기반 구성

[표] OSI 7계층 구조

OSI 7 Layer	주요 내용	주요 프로토콜(매체)
7. 응용 (Application)	- 사용자 소프트웨어를 네트워크에 접근 가능하도록 함. - 사용자에게 최종 서비스를 제공	- FTP, SNMP, HTTP, Mail, Telnet 등
6. 표현 (Presentation)	- 포맷기능, 압축, 암호화 - 텍스트 및 그래픽 정보를 컴퓨터가 이해할 수 있는16진수 데이터로 변환	- 압축, 암호, 코드 변환 - MIDI, MPEG, JPEG, 암호화 - GIF, ASCII, EBCDIC

5. 세션 (Session)	- 세션 연결 및 동기화 수행, 통신 방식 결정 - 가상 연결을 제공하여Login/Logout	- 단방향, 반이중, 전이중
4. 전송 (Transport)	- 가상 연결, 에러 제어, Data 흐름 제어, Segment 단위 - 두 개의 종단 간 End-to-End 데이터 흐 름이 가능하도록 논리적 연결 - 신뢰도, 품질보증, 오류탐지 및 교정 기 능 제공 - 다중화(Multiplexing) 발생	- TCP, UDP
3. 네트워크 (Network)	- 경로선택, 라우팅 수행, 논리적 주소 연 결(IP) - 데이터 흐름 조절, 주소지정 메커니즘 구현 - 네트워크에서 노드에 전송되는 패킷 흐 름을 통제하고, 상태메시지가 네트워크 상에서 어떻게 노드로 전송되는가를 정 의, Datagram 단위	- IP, ICMP, IPX, ARP - 라우팅 프로토콜
2. 데이터링크 (Data Link)	- 물리주소 결정, 에러 제어, 흐름 제어, 데 이터 전송 - Frame 단위, 전송오류를 처리하는 최초 의 계층	- HDLC
1. 물리 (Physical)	- 전기적, 기계적 연결정의, 실제 Data Bit 전송 - Bit 단위, 전기적 신호, 전압구성, 케이 블, 인터페이스 등을 구성	- 동축케이블, 광섬유, Twist Pair Cable

End-to-End: 7~4계층
Point-to-Point: 3~1계층

OSI 7계층은 데이터 통신을 위해서 계층을 7개로 나누고 각 계층 간에 독립적인 작업을 가지고 있다. 각 계층은 수행하는 작업을 명확히 하고 계층별로 변경이 서로 영향을 주지 않는다.

즉, 프로그래머는 응용 계층의 구조만 바로 보고 프로그램을 개발하면 표현, 세션, 전송, 네트워크 등은 신경 쓰지 않아도 된다.

  (1) 프로토콜의 기본구성에 대해서 기억해야 한다.

  (2) OSI 7계층의 7개를 암기해야 한다.

 주요 기출문제

| 문제 | 데이터 링크 계층 프로토콜 중에 ISO에 정해진 비트 방식의 프로토콜에 해당하는 것은?

가. ADCCP   나. SDLC

다. DDCMP   라. HDLC

| 해설 | HDLC는 데이터 링크 계층에서 비트 단위로 전송하는 프로토콜로 오류 제어, 흐름 제어 기능을 제공한다.

| 정답 | 라

주요 기출문제

| 문제 | 프로토콜의 기본적인 요소가 아닌 것은?

가. 구문   나. 의미

다. 타이밍   라. 처리

| 해설 | 프로토콜의 기본요소는 구문, 의미, 순서이다.

| 정답 | 라

정보통신망

4.6.1 정보통신망 기본구성

정보통신망의 구성이라는 것은 데이터 통신을 위해서 각각의 정보 단말장치(컴퓨터)를 어떤 형태로 연결할 것인가에 대한 것이다.

1) 계층형(Tree) 구성

트리 구조 형태로 정보통신망을 구성하는 것으로 정보 단말장치에 대한 추가가 용이한 구성이다.

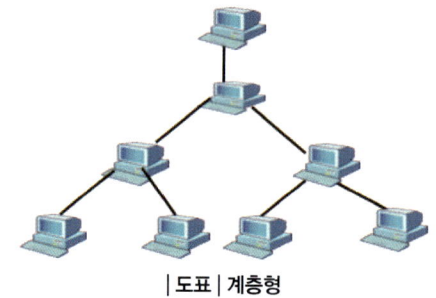

| 도표 | 계층형

2) 버스(Bus)형 구성

중앙의 통신회선 하나에 여러 개의 정보 단말장치가 연결된 구조로 근거리 통신망(LAN: Local Area Network)에서 사용하는 통신망 구성 방식이다.

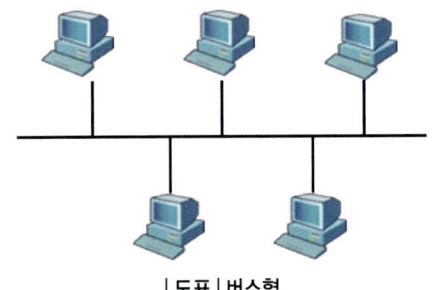

| 도표 | 버스형

3) 성형(Star)

중앙에 있는 정보 단말장치에 모두 연결된 구조에 항상 중앙의 정보 단말장치를 통해서만 연결이 가능한 구조이다. 성형은 중앙의 정보 단말장치에 에러가 발생하면 모든 통신이 불가능한 구조이다.

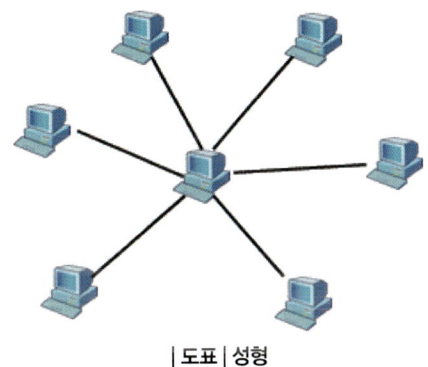

| 도표 | 성형

4) 링(Ring)형

인접해 있는 정보 단말장치가 연결된 구조이다.

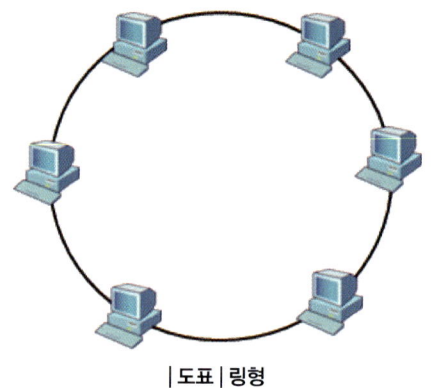

| 도표 | 링형

5) 망(Mesh)형

모든 정보 단말장치가 통신회선을 통해서 연결된 구조로 한쪽 통신회선에 에러가 발생해도 통신을 수행할 수 있는 구조이다.

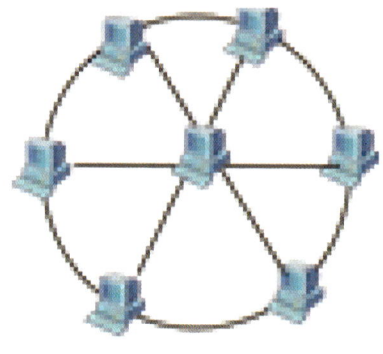

| 도표 | 망형

 (1) 성형, 망형, 버스를 기억해야 한다.

 주요 기출문제

| 문제 | 회선망 구성에 있어서 10개의 스테이션(국)을 전부 망형으로 구성하려면 몇 회선이 필요한가?

가. 85   나. 65

다. 45   라. 25

| 해설 | 망형의 계산은 $n(n-1)/2$로 계산한다. $10(10-1)/2=45$이다.

| 정답 | 다

4.6.2 정보통신망의 분류 및 종류

1) 정보통신망의 분류

정보통신망의 분류는 전화기와 인터넷을 생각하면 정확히 이해할 수 있다. 전화기는 전화번호를 전화기에 입력하고 신호가 간다. 신호는 전화를 받는 사람이 전화를 받을 때까지 계속 울리고 만약 누군가와 통화 중이면 통화 중임을 알려준다.

만약 전화를 받으면 그때부터 통화는 이루어지고 안정적으로 통화를 할 수 있다. 즉, 전화기 신호음은 발신자와 수신자 간의 회선을 독점하는 것이다. 그래서 수신자가 전화를 받으면 그때부터 둘 간에 독점적인 통화가 안정적으로 이루어진다. 이러한 통신 방식을 회선교환이라고 한다.

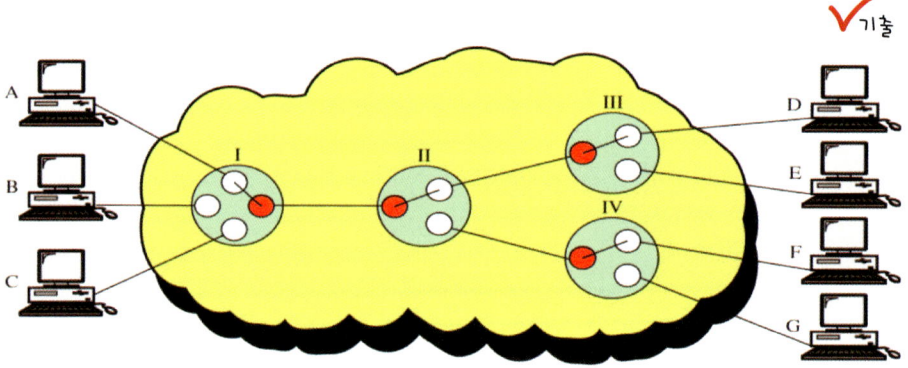

| 도표 | 회선교환(Circuit Switching Network)

회선교환은 포인트 투 포인트(Point to Point) 방식으로 연결(Connection)을 확립하고 안정적으로 통신할 수 있는 방법이다. 위의 도표에서 A 컴퓨터와 D 컴퓨터가 통신을 하는 데 물리적 선로를 독점해서 사용하는 것이다.

· 회선교환 특징

- 송신자의 메시지는 같은 경로로 전송
- 실시간으로 처리할 수 있고 안정적인 통신이 가능
- 포인트 투 포인트 방식으로 사용
- 음성 전화 시스템에 활용

인터넷을 사용하여 통신을 하려면 전화기에 전화번호와 같은 식별자가 필요하다. 그것이 바로 IP(Internet Protocol) 주소이다. 이러한 IP주소를 할당하고 네트워크에 데이터를 보내면 IP주소를 확인한 후에 데이터를 전송한다. 인터넷은 전화망과 다르게 경로를 독점적이면 고정적으로 사용하지 않고 네트워크의 상태(속도, 대역폭)에 따라 다른 경로로 발송하게 된다.

이것은 마치 내비게이션과 같은 것이다. 즉, 교통량의 정보를 확인하고 최적의 경로를 선택하는 방식으로 데이터를 보내는 것이 인터넷이다. 이러한 인터넷은 전송하고자 할 데이터에 IP 주소를 붙이는데 이렇게 IP 주소가 붙은 패킷을 데이터그램(Datagram)이라고 한다.

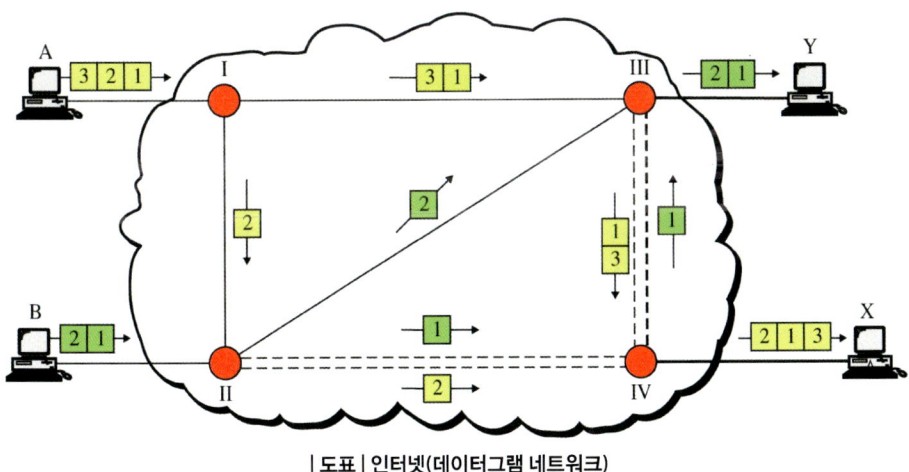

| 도표 | 인터넷(데이터그램 네트워크)

인터넷에서 위의 도표처럼 A 컴퓨터의 메시지가 최적의 경로를 파악하고 경로를 결정해서 데이터를 전송한다. 이처럼 경로를 결정하는 장비가 필요한데, 그것이 바로 라우터(Router)라는 장비이다.

패킷 교환(Packet Switching Network)은 송신자가 전송할 데이터를 일정한 크기의 패킷(Packet)이라는 길이로 분류하여 데이터를 전송한다. 수신 측은 패킷이 전송되면 이것을 다시 조립하여 원래의 메시지를 만드는 방법이다.

패킷 교환은 전송할 패킷에 대해서 우선순위와 같은 것을 표시해서 중요한 패킷을 식별할 수도 있게 한다. 패킷 교환 네트워크는 공중 교환 데이터망(Publie Switched Data Network)에서 사용된다.

[표] 패킷 교환 네트워크 특징

패킷 교환 네트워크	설명
다중화	- 패킷을 여러 경로를 공유
채널	- 가상회선 혹은 데이터그램 교환 채널 사용
경로 선택	- 패킷마다 최적의 경로를 설정
순서 제어	- 패킷마다 최적의 경로로 보내지기 때문에 도착 순서가 다를 수 있음. - 즉, 패킷의 순서를 통제함.
트래픽 제어	- 전송속도 및 흐름을 제어
에러 제어	- 에러를 탐지하고 재전송

패킷 교환 네트워크는 PAD(Packet Assembler Disassembler)라는 패킷을 변환하는 역할이라는 것을 사용한다.

메시지 교환(Message Switching Network)은 송신된 메시지를 중앙에서 축적하여 처리하는 방법으로 흔히 축적 교환 방식이다. 메시지 교환은 메시지를 메모리에 저장하고 여러 수신자에게 데이터를 전송할 수 있다. 메시지 교환은 전자우편과 같은 곳에 사용된다.

262

· 메시지 교환 방식

- 메시지를 공유하여 데이터를 보낼 수 있음.
- 메시지별로 우선순위를 부여함.
- 에러 제어
- 응답속도가 느림.
- 대화형 시스템으로 사용하기 어려움.

2) 정보통신망 종류

정보통신망은 데이터가 전송되는 거리에 따라 분류할 수 있다. 즉, 학교 및 건물 내에서 사용하는 LAN(Local Area Network)과 도시 내에서 사용하는 MAN(Metropolitan Area Network), 도시 간에 통신을 하는 WAN(Wide Area Network)으로 분류할 수 있다.

❶ LAN(Local Area Network)

- 동일한 지역에서 근거리 영역의 네트워크
- 사무실, 공장 등과 같은 곳에서 사용
- 고속회선을 연결하여 통신망을 구성
- 에러가 낮고 경로를 결정하는 라우팅이 필요 없음.
- 데이터, 음성, 영상과 같은 다양한 멀티미디어 정보 가능
- 데이터 공유가 쉬움.

❷ MAN(Metropolitan Area Network)

- 약 50km 내의 도심 내에서 통신을 수행
- 대도시에서 사용하는 통신망

❸ WAN(Wide Area Network)

- 서로 관련 있는 LAN들을 상호 연결시킨 네트워크
- LAN에 비해서 에러율이 높고 전송지연이 큼.
- 폐쇄형 구조로 안정성이 큼.

3) 베이스밴드(Baseband) 및 브로드밴드(Broadband)

[표] 전송방식에 따른 네트워크 분류

분류	설명
베이스밴드(Baseband)	- 디지털 신호를 전송하는 기술
브로드밴드(Broadband)	- 여러 개의 주파수로 분류하여 데이터를 전송하는 기술

4) 종합 정보통신망(ISDN: Integrated Services Digital Network)

ISDN은 데이터 및 음성, 영상과 같은 멀티미디어 데이터를 디지털 통신망을 통해서 전송하는 통신망이다(64Kbps 혹은 128Kbps 속도).

전화 및 데이터 통신을 동시에 사용할 수 있는 것으로 통신을 수행할 때 다이얼링 과정이 필요하다.

 (1) 회선 교환, 패킷 교환, 메시지 교환의 차이점을 구분해야 한다.
(2) LAN, MAN, WAN의 차이를 기억해야 한다.

| 문제 | 다음 중 광역 통신망을 뜻하는 것은?

       가. WAN　　　　　　　　　　나. LAN

       다. VAN　　　　　　　　　　라. ISDN

| 해설 | WAN(Wide Area Network)

- 서로 관련 있는 LAN들을 상호 연결시킨 네트워크
- LAN에 비해서 에러율이 높고 전송지연이 큼.
- 폐쇄형 구조로 안정성이 큼.

| 정답 | 가

| 문제 | 음성과 비음성 정보통신 서비스를 통합시킨 종합 정보통신망에 해당하는 것은?

       가. ISTN　　　　　　　　　　나. VAN

       다. ISDN　　　　　　　　　　라. LAN

| 해설 | ISDN은 음성 및 비음성을 통합시킨 종합 정보통신망이다.

| 정답 | 다

뉴미디어 및 멀티미디어

1) 뉴미디어(New Media)

디지털 기술의 발전으로 새로운 미디어가 계속적으로 등장하고 있다. 뉴미디어라는 것은 신문, 잡지, 라디오, TV 등과 같이 기존에 사용되는 방식이 아니라 새롭게 등장한 미디어를 의미한다. 이러한 뉴미디어에는 정보통신기술과 미디어 기술을 같이 사용하는 CATV(Cable Television), 비디오텍스(Videotex), 텔레텍스(Teletex), 화상회의 시스템(Video Conference System) 등이 있다.

❶ CATV(Cable Television)

- 광케이블을 사용해서 유선으로 방송 콘텐츠를 제공하는 서비스
- 다양한 형태의 콘텐츠 서비스를 제공

❷ 비디오텍스(Videotex)

- 기존의 TV와 전화 네트워크를 같이 사용해서 정보검색, 홈쇼핑, 홈뱅킹 등과 같은 서비스를 제공

❸ 텔레텍스(Teletex)

- 전화망 및 공중망을 통해서 문서편집 및 문서를 상호 교환하는 시스템

❹ 화상회의 시스템(Video Conference System)

- 네트워크를 통해서 원격지에 있는 사람과 회의를 수행할 수 있는 시스템
- 화상과 음성을 동시에 전송하여 양방향 통신을 수행함.

❺ CAI(Computer Aided Instruction)

- 컴퓨터를 사용해서 교육을 수행하는 시스템으로 개별학습이 가능한 시스템

❻ VOD(Video On Demand)

- 사용자의 요구사항에 따라 영화, 게임, 뉴스 등 멀티미디어 정보를 제공해 주는 서비스

2) 멀티미디어(Multimedia)

다양한 매체를 통해서 다양한 자료를 전달 및 사용하는 기술을 총칭하는 것으로 음성, 화상, 데이터, 그림 등을 양방향으로 공유한다.

[표] 이미지 관련 데이터

이미지 데이터	설명
GIF	- 이미지 손상 없이 압축을 수행하고 256색까지 표현할 수 있음. - 배경을 투명하게 할 수 있음.
JPEG	- 정지영상을 압축할 수 있는 기술로 손실 압축과 비손실 압축 모두를 지원함. - 컬러 정지 화상의 데이터를 압축
PNG	- JPEG와 GIF의 장점을 결합 - 투명한 배경 지원
BMP	- 압축을 수행하지 않고 이미지를 표현

[표] 동영상 관련 데이터

동영상 데이터	설명
MPEG	- 영상 및 음성을 압축하는 MPEG기관의 표준 - 실시간 재생 지원
AVI	- 빠른 속도로 비디오 및 오디오를 압축
MOV	- 애플의 동영상 압축을 위한 표준
VFW	- 실시간으로 움직이는 영상을 압축

[표] 사운드 관련 데이터

사운드 데이터	설명
MP3	- 음질 저하를 최소화하여 음성 파일을 압축
MIDI	- 전자악기를 위한 용량이 적은 사운드 통신 규약
WAV	- 음성 및 자연음의 사운드를 압축 및 재생

 (1) 뉴미디어와 멀티미디어는 한번 읽어보고 기출문제 위주로만 확인한다.

| 문제 | 텔레비전과 전화의 연결에 의한 정보 서비스는?

　　　가. 텔레텍스트　　　　　　　나. 텔레텍스

　　　다. CATV　　　　　　　　　라. 비디오텍스

| 해설 | 비디오텍스(Videotex)는 텔레비전과 전화를 통합하여 화상정보를 제공하는 뉴미디어 서비스이다.

| 정답 | 라

| 문제 | 다음 중 멀티미디어 요소로 볼 수 없는 것은?

　　　　가. 그래픽　　　　　　　　　나. 비디오

　　　　다. 사운드　　　　　　　　　라. DVD

| 해설 | DVD는 멀티미디어 데이터를 저장할 수 있는 대용량 저장소이다.

| 정답 | 라

인터넷 개요 및 주소체계

1) 인터넷(Internet)

1969년 미국에서 군사적인 목적으로 알파넷(ARPANET)이라는 것이 개발되었다. 이 알파넷을 시초로 TCP/IP라는 프로토콜을 사용해서 전 세계를 하나의 서비스로 연결하는 것이 바로 지금 사용하고 있는 인터넷(Internet)이다.

인터넷은 다른 기종의 장비와 연결할 수 있는 상호 연결을 지원하고 전 세계 어디서든 누구와도 대화를 할 수 있는 글로벌 네트워크 서비스를 지원한다. 또한, 인터넷은 어떤 국가, 어떤 기관에서도 통제하지 않고 자유롭게 사용할 수 있는 특성을 가져 이미 전 세계 사람이 가장 많이 사용하는 서비스이다.

인터넷에 연결된 개인 컴퓨터, 기업의 서버 등을 모두 식별할 수 있어야 하는데, 이러한 식별을 위해서 우리가 사는 집에 주소가 있는 것처럼 인터넷에도 주소를 부여하는 IP(Internet Protocol)주소라는 것이 등장했다.

인터넷에 연결된 모든 단말기는 IP주소가 부여되어서 식별된다. 하지만 IP주소는 10진수의 숫자로 되어 있기 때문에 사람이 기억하기 어려운 문제점을 가지고 있다. 이러한 문제점을 해결하기 위해서 도메인(Domain Name)이라는 것이 등장했는데, www.LimMaster.com이라는 영문명이 도메인이고 이것에 대한 211.23.12.100이라는 IP주소가 매핑된다.

이러한 매핑을 관리하는 시스템이 바로 DNS(Domain Name Server)이다. DNS로 인하여 우리는 URL 주소만 기억하면 어디에서도 연결할 수가 있는 것이다.

그럼, 현재 사용하고 있는 인터넷이 어떤 서비스를 제공하고 있는지 알아보자.

[표] 인터넷 서비스(Internet Service)

인터넷 서비스	설명
WWW(Wrold Wide Web)	- Http를 사용해서 인터넷 서비스를 사용
전자우편(eMail)	- 인터넷을 통해서 메일을 송신 및 수신
FTP (File Transfer Protocol)	- 파일을 업로드하거나 다운로드하는 서비스
Archie	- 익명 FTP 사이트의 파일을 검색해 주는 서비스
Gopher	- 인터넷에 있는 정보를 계층적으로 제공
Usenet	- 관심 있는 뉴스를 조회하는 서비스
Telnet	- 원격지에 있는 서비스에 접속하는 프로그램

[표] 인트라넷(Intranet)과 엑스트라넷(Extranet)

구분	설명
인트라넷	- 기업 내의 정보 시스템에 인터넷 기술을 사용
엑스트라넷	- 기업과 기업 간에 인터넷을 통해서 사용

2) 인터넷 주소체계(Inetnet Address)

윈도우 명령 프롬프트에서 ipconfig라는 프로그램을 실행해 보면 IP주소가 무엇인지 확인할 수 있다.

| 도표 | ipconfig 명령 실행

위의 내용을 보면 Ipv4 주소라는 것이 있다. 즉, 1.226.137.195라는 IP주소가 현재 컴퓨터의 주소이다. 또한, DNS라는 것이 있다. 사용자 www.naver.com이라는 것을 실행하면 해당 URL 주소에 대한 IP주소를 알아야 연결할 수 있는데, 그 역할을 하는 것이 DNS이다.

또 인터넷 주소에 두 개가 있는 것을 확인할 수 있다. Ipv4는 32비트를 통해서 사용하는 인터넷 주소이고 Ipv6는 128비트 주소를 사용하는 IP주소이다.

즉, IPv6는 주소 공간을 확대하여 좀 더 많은 단말기에 IP주소를 부여할 수 있도록 한 것이다.

그럼 도메인명을 확인해 보자.

```
- www.LimMaster.com
- www.LimMaster.co.kr
- www.LimMaster.go.kr
```

위의 내용을 보면 조금씩 도메인명이 다른 것을 확인할 수 있다. 뒤쪽에 com이라는 것은 INTERNIC에서 부여된 도메인명을 의미하고, kr(한국)은 KRNIC에서 부여된 도메인명이라는 뜻이다. 또한, go라는 것은 본 사이트가 정부기관임을 의미한다.

즉, 무심코 사용하는 도메인명은 각각의 의미를 가지고 있다.

[표] KRNIC 도메인

도메인	설명
ac	- 교육기관
go	- 정부기관
or	- 비영리기관
co	- 영리기관
pe	- 개인
hs	- 고등학교
ms	- 중학교
es	- 초등학교

[표] INTERNIC 도메인

도메인	설명
edu	- 교육기관
gov	- 정부기관
net	- 네트워크 관련 기관
int	- 국제기관

com	- 영리기관
org	- 비영리기관
mil	- 군사기관

마지막으로 kr은 한국, au는 호주, fr은 프랑스, us는 미국, cn은 중국을 의미한다.

 (1) IP주소가 무엇인지 기억해야 한다.
 (2) DNS를 기억해야 한다.

 주요 기출문제

| 문제 | 인터넷상에서 메일을 주고받을 수 있는 프로토콜에 해당하는 것은?

가. HTTP   나. SNMP

다. SMTP   라. FTP

| 해설 | 전자우편에서 메일을 송수신하기 위해서 사용되는 프로토콜은 SMTP이다.

| 정답 | 다

5

최신 기출문제

제1회 정보처리기능사 기출문제

1. 다음이 설명하고 있는 데이터 입출력 방식은?

> - 데이터의 입출력 전송이 CPU를 통하지 않고, 입출력장치와 기억장치 간에 직접 데이터를 주고
> 받는다.
> - CPU와 주변 장치 간의 속도 차를 줄일 수 있다.

가. DCA   나. DMA

다. Multiplexer   라. Channel

| 해설 | DMA는 입출력 수행 시에 CPU의 간섭을 배제하고 직접 입출력을 수행하는 입출력 방법이다.

| 정답 | 나

2. 컴퓨터 시스템의 중앙처리장치를 구성하는 하나의 회로로서 산술 및 논리 연산을 수행하는 장치는?

가. Arithmetic Logic Unit   나. Memory Unit

다. I/O Unit   라. Associative Memory Unit

| 해설 | 연산장치인 ALU(Arithmetic Logic Unit)와 레지스터(Register)로 이루어져 있다. 이 중에서 ALU는 연산을 수행하고 산술연산과 논리연산을 수행하는 유닛이다.

[표] ALU 구성

구성	설명
누산기(ACCumulator)	- 연산장치에 있는 레지스터로 산술 및 논리 연산의 결과를 일시적으로 기억하기 위해서 사용
가산기(Adder)	- 데이터 레지스터와 누산기의 값을 더하고 누산기에 저장

데이터 레지스터(Data Register)	- 연산에 필요한 데이터를 일시적으로 저장
상태 레지스터(Status Register)	- Program Status Word - 현재상태 정보를 가지고 있는 레지스터
보수기(Complementer)	- 보수를 통해서 뺄셈과 나눗셈 연산을 수행

| 정답 | 가

3. 제어논리장치(CLU)와 산술논리연산장치(ALU)의 실행순서를 제어하기 위해 사용되는 레지스터는?

가. 누산기(accumulator)

나. 프로그램 상태 워드(program Status World)

다. 명령 레지스터(instruction register)

라. 플래그 레지스터(flag register)

| 해설 | 산술 및 제어 논리장치에서 순서 제어를 위해서 사용되는 레지스터이다.

| 정답 | 라

4. 번지(address)로 지정된 저장위치(storage location)의 내용이 실제 번지가 되는 주소지정번지는?

가. 간접 지정방식

나. 완전 지정방식

다. 절대 지정방식

라. 상대 지정방식

| 해설 | 간접 주소지정(Indirect Addressing) 방식은 Operand 내의 기억장치의 주소가 아니라 기억장치 내에 데이터가 있는 주소를 가지고 있는 메모리 주소를 가지는 것으로 2회의 메모리 참조를 통해서 데이터를 참조한다.

[표] 간접 주소지정 방식

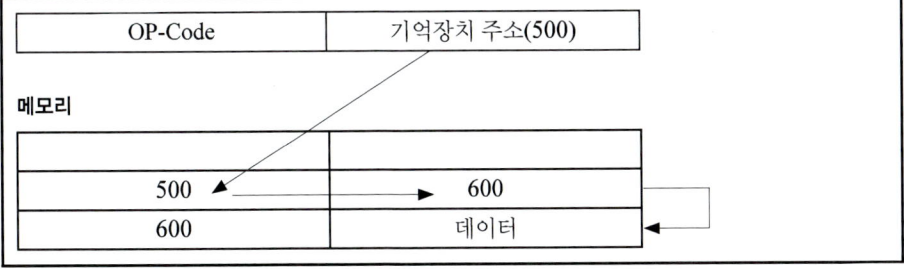

| 정답 | 가

5. JK플립플롭(flip flop)에서 보수가 출력되기 위한 J, K의 입력상태는?

가. J=1, K=0 　　　　　　　　　　나. J=0, K=1

다. J=1, K=1 　　　　　　　　　　라. J=0, K=0

| 해설 | JK플립플롭은 J와 K가 1이 되면 보수(반대)가 되고 J와 K가 0이 되면 전 상태 불변이 된다.

JK 플립플롭

> RS의 불능상태를 보완하기 위한 회로로 두 비트가 1일 때 반전한다. J=K=1이면 반전(Toggle)된
> 다. JK 플립플롭은 직접회로로 가장 많이 사용되는 플립플롭이다.

| 정답 | 다

6. 2진수 (10001010)를 2의 보수로 옳게 표현한 것은?

가. 01110101 　　　　　　　　　　나. 01110110

다. 10001011 　　　　　　　　　　라. 10000110

| 해설 | 1의 보수에 1을 더한 것이 2의 보수이다. 1의 보수는 반대인 것이다. 즉, 01110101에 1을 더
하면 2의 보수가 된다. 결론적으로 01110110이 된다. 뒤에 자리가 10이 되는 것은 01에 1을
더해서 자리올림이 발생한 것이다.

| 정답 | 나

7. 하나의 명령어를 중앙처리장치에서 처리하는 데 포함된 일련의 동작들을 총칭하여 명령어 주기
(Instruction Cycle)라 하는데 명령어 주기에 속하지 않는 것은?

가. Branch Cycle 　　　　　　　　나. Fetch Cycle

다. Indirect Cycle 　　　　　　　　라. Interrupt cycle

| 해설 |

[표] CPU 명령 사이클

명령 사이클	설명
인출 사이클 (Fetch Cycle)	- 주기억장치에서 CPU로 명령어를 읽어 오는 과정 - Load라는 프로그램이 수행함.
간접 사이클 (Indirect Cycle)	- 명령어 형식의 Operand가 간접주소 형태인 경우 유효주소를 계산
실행 사이클 (Execute Cycle)	- 인출된 명령어를 실행하는 사이클
인터럽트 사이클 (Interrupt Cycle)	- 명령 실행 중에 인터럽트가 발생할 경우 인터럽트를 처리하는 사이클

| 정답 | 가

8. 주기억장치, 제어장치, 연산장치 사이에서 정보가 이동되는 경로이다. 빈 부분에 알맞은 장치는?

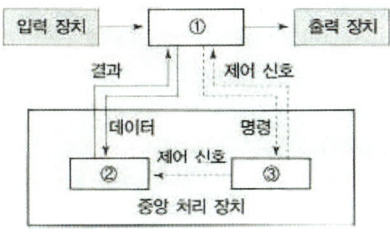

가. ① 제어장치 ② 주기억장치 ③ 연산장치
나. ① 주기억장치 ② 연산장치 ③ 제어장치
다. ① 주기억장치 ② 제어장치 ③ 연산장치
라. ① 제어장치 ② 연산장치 ③ 주기억장치

| 해설 | 입력과 출력의 정보는 모두 주기억장치에 저장되어 입출력된다. 주기억장치에서 데이터를 읽어서 연산장치에서 연산을 수행하고 제어장치가 중앙처리장치(CPU)를 제어한다.

| 정답 | 나

9. 연산을 자료의 성격에 따라 나눌 때, 논리적 연산에 해당하지 않는 것은?

가. ROTATE   나. AND

다. MULTIPLY   라. COMPLEMENT

| 해설 | 사칙연산(덧셈, 뺄셈, 곱셈, 나눗셈) 및 산술 Shift 연산을 수행하는 수치적 연산과 Shift, Rotate,
Move, AND, OR, NOT 등을 수행하는 비수치적 연산인 논리연산이 존재한다.

| 정답 | 다

10. 진리표가 다음 표와 같이 되는 논리회로는?

입력 A	입력 B	출력 F
0	0	1
0	1	1
1	0	1
1	1	0

가. AND 게이트   나. OR 게이트

다. NOR 게이트   라. NAND 게이트

| 해설 |

[표] AND의 진리표

A	B	Y
0	0	0
0	1	0
1	0	0
1	1	1

AND 0001이 나오는데, 위의 문제는 1110이므로 Not AND가 된다.

| 정답 | 라

11. A·(A·B+C)를 간략화하면?

가. A

나. B

다. C

라. A·(B+C)

| 해설 | 아래의 불대수 법칙을 사용해서 계산하면 되는데, 간단하게 하면 동일한 것을 지우면 된다. A가 두 개이고 A 곱하기 A는 A이므로 A가 지워진 것이다. 이런 문제는 법칙을 암기하려고 하지 말고 곱하기와 더하기를 보면서 간단하게 계산하기 바란다.

[표] 불대수

1) X+0=X	2) X·0=0	3) X+1=1
4) X•1=X	5) X+X=X	6) X•X=X
7) X+X'=1	8) X•X'=0	9) X+Y=Y+X
10) X•Y=Y•X	11) X+(Y+Z)=(X+Y)+Z	12) X•(Y•Z)=(X•Y)•Z
13) X•(Y+Z)=X•Y+X•Z	14) X+Y•Z=(X+Y)•(X+Z)	15) (X+Y)'=X'•Y'
16) (X•Y)'=X'+Y'	17) (X')'=X	

| 정답 | 라

12. 채널은 어떤 장치에서 명령을 받는가?

가. 기억장치

나. 출력장치

다. 입력장치

라. 제어장치

| 해설 | 채널은 제어장치에서 신호를 받고 입출력을 수행하는 고속의 입출력장치다.

· 채널의 기능

- 입출력 명령 해독
- 각 입출력장치에 입출력 명령 지시
- 지시된 명령의 실행을 제어

| 정답 | 라

---

13. 여러 개의 입력정보(2^n) 중에서 하나를 선택하여 한곳으로 출력시키는 조합 논리 회로는?

가. 반가산기   나. 멀티플렉서

다. 디멀티플렉서   라. 인코더

| 해설 | 멀티플렉서(Multiplexer, MUX): 2^n개의 입력 중에서 입력 n개를 이용하여 하나의 정보를 출력
하는 논리회로이다.

| 정답 | 나

---

14. 연산자의 기능과 거리가 먼 것은?

가. 주소지정 기능   나. 제어 기능

다. 함수연산 기능   라. 입출력 기능

| 해설 | OP-Code(연산자)는 CPU에게 수행해야 하는 작업을 가르쳐 준다. 즉, 산술과 논리 연산을 수행
하기 위해서 ADD, SUB, MUL, DIV, AND, OR, NOT 등의 명령을 나타내고 주기억장치에 있는
데이터를 CPU에게 보내는 Load 및 CPU에서 처리된 내용은 주기억장치에 저장하는 Store 작
업을 수행하는 전달 기능을 수행한다.

| 정답 | 가

15. 다음과 같은 논리회로에서 A=1, B=1, C=0일 때, X로 출력되는 값은?

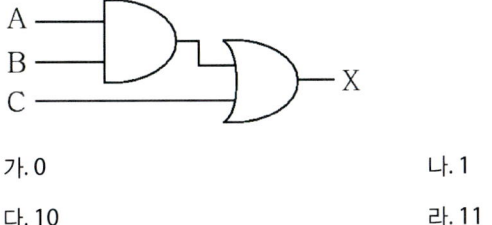

가. 0

나. 1

다. 10

라. 11

| 해설 | A=1, B=1에 AND이면 1이 출력된다. 1과 C가 0 0이고 OR이므로 1이 된다.

| 정답 | 나

16. 프로그램들이 기억장치 내의 임의의 장소에 적재될 수 있도록 조정하는 작업을 재배치 (relocation)라 하는데 이 기능을 수행하는 재배치 로더(loader)의 역할이 아닌 것은?

가. 기억장소 할당

나. 목적 프로그램의 기호적 호출 연결

다. 원시 프로그램을 읽어서 명령어를 해석

라. 기계어 명령들을 기억장치에 적재

| 해설 | 컴파일러는 소스코드를 목적 프로그램으로 변환하고 연계는 목적 프로그램을 최종 실행파일 로 변환하는 작업이다.

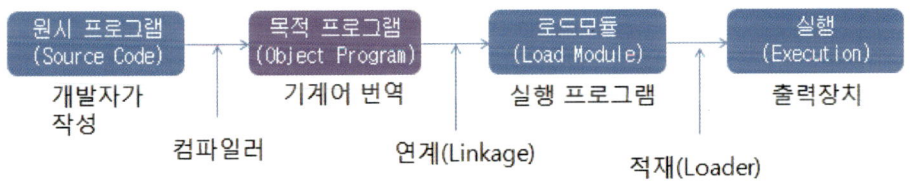

| 도표 | 소스코드(Source Code) 실행 과정

Loader는 실행 프로그램을 메모리에 할당, 연결, 재배치를 수행하는 프로그램이다.

| 정답 | 다

17. 연산장치에서 연산결과에 대한 부호를 저장하는 것은?

가. 가산기

나. 기억 레지스터

다. 상태 레지스터

라. 보수기

| 해설 | 상태 레지스터(Status Register)는 Program Status Word라고도 하고 현재 상태 정보를 가지고 있는 레지스터이다.

| 정답 | 다

18. EBCDIC코드의 존(Zone) 코드는 몇 비트로 구성되어 있는가?

가. 3

나. 4

다. 5

라. 6

| 해설 | EBCDIC 코드는 현재 많은 대형 컴퓨터에서 널리 사용되는 코드로 2^8인 256까지 문자, 숫자, 기호 등 표현이 가능하다. 4비트의 Zone과 4비트의 Digit로 구성된다.

| 정답 | 나

19. 입력장치로만 나열된 것은?

가. 키보드, OCR, OMR, 라인프린터

나. 키보드, OCR, OMR, 플로터

다. 키보드, 라인프린터, OMR, 플로터

라. 키보드, OCR, OMR, MICR

| 해설 |

[표] 입력장치의 종류

종류	설명
키보드(Keyboard)	- 표준 입력장치(Standard Input)로 가장 기본적인 입력장치
마우스(Mouse)	- 커서(Cursor)를 통해서 화면에 데이터를 입력하는 것으로 좌표정보와 왼쪽 혹은 오른쪽 버튼 클릭 등을 식별함.

OCR	- 광학문자판독기(Optical Character Reader)
OMR	- 자기마크판독기(Optical Mark Reader) / 예: OMR 답안지
MICR	- 자기잉크문자판독기(Magnetic Ink Character Reader)
스캐너(Scanner)	- 이미지를 입력하기 위해서 사용함.
CIM	- 마이크로필름 입력장치(Computer Input Microfilm)

| 정답 | 라

20. 8비트 컴퓨터에서 10진수 -13을 부호화 절대치 방식으로 표현한 것은?

가. 10001101

나. 10001110

다. 11111110

라. 01111101

| 해설 | 절대치는 최상위 비트 1비트에 양수이면 0, 음수이면 1로 표현하는 것이다. 10진수는 13이
므로 8421 코드로 변환하여 1101이 된다. 거기에 음수이므로 최상위 비트가 1이 되어서
10001101이 답이 된다.

| 정답 | 가

21. 스프레드시트 작업에서 반복되거나 복잡한 단계를 수행하는 작업을 일괄적으로 자동화시켜 처
리하는 방법에 해당하는 것은?

가. 매크로

나. 정렬

다. 검색

라. 필터

| 해설 | 매크로는 명령어들을 묶어서 일괄적으로 작업을 처리하는 것을 의미한다.

| 정답 | 가

22. 스프레드시트의 입력된 자료에서 사용자가 원하는 레코드만을 선택하여 표시하는 기능은?

가. 필터   나. 슬라이드

다. 셀   라. 개요

| 해설 | 필터(Filter)는 사용자가 선택한 조건에 맞는 레코드(행)만 조회하는 것이다.

| 정답 | 가

23. 도메인에 대한 설명으로 가장 적합한 것은?

가. 릴레이션을 표현하는 기본 단위   나. 튜플들의 관계를 표현하는 범위

다. 튜플들의 구분할 수 있는 범위   라. 표현되는 속성값의 범위

| 해설 | 도메인(Domain)은 튜플(Tuple=레코드=행)이 표현할 수 있는 값의 범위(허용값)를 의미한다.

| 정답 | 나

24. SQL에서 테이블의 price을 기준으로 오름차순으로 정렬하고자 할 경우 사용되는 명령은?

가. SORT BY price ASC   나. SORT BY price DESCM

다. ORDER BY price ASC   라. ORDER BY price DESC

| 해설 | SELECT문에서 정렬을 수행하는 것은 ORBER BY이다. 정렬을 할 때 오름차순은 ASC, 내림차순은 DESC이다. 오름차순은 작은 순으로 출력하는 것이고 내림차순은 큰 순을 위주로 출력하는 것이다.

| 정답 | 다

25. SQL에서 테이블 구조를 정의, 변경, 제거하는 명령을 순서대로 옳게 나열한 것은?

가. CREATE, MODIFY, DELETE   나. MAKE, MODIFY, DELETE

다. MAKE, ALTER, DROP   라. CREATE, ALTER, DROP

| 해설 |

[표] 데이터 정의어(DDL: Data Define Language)

데이터 정의어	설명
Create	- 테이블, 뷰, 인덱스 등을 생성
Alert	- 생성된 테이블을 변경
Drop	- 테이블, 뷰, 인덱스 등을 삭제

| 정답 | 라

26. 프레젠테이션에서 사용하는 하나의 화면은?

가. 슬라이드   나. 매크로

다. 개체   라. 셀

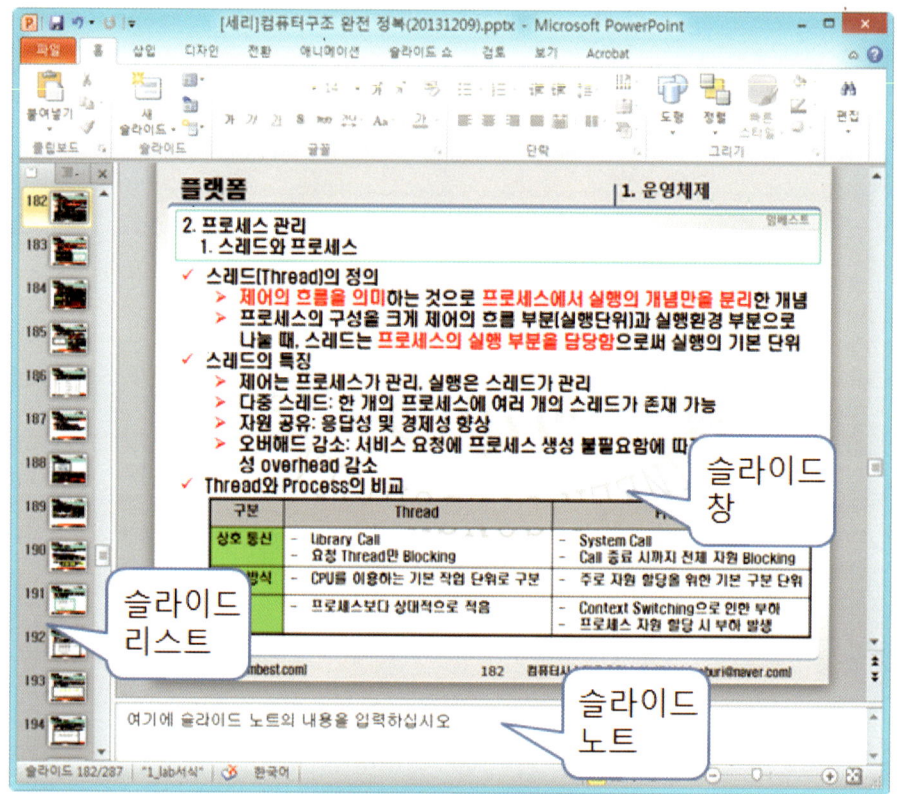

| 도표 | 프레젠테이션(예: 파워포인트)

| 정답 | 가

27. 데이터베이스 관리 시스템(DBMS: Databases Management System)의 주요 기능에 속하지 않는 것은?

가. 관리 기능   나. 정의 기능

다. 조작 기능   라. 제어 기능

| 해설 | 데이터베이스의 주요 기능(필수 기능)은 데이터 정의, 데이터 조작, 데이터 제어 기능이다.

[표] 데이터베이스의 필수 기능

필수 기능	설명
데이터 정의 (Data Definition)	- 데이터베이스의 물리적인 구조를 정의 - 데이터 형태, 구조 및 데이터베이스 저장에 관한 내용을 정의
데이터 조작 (Data Manipulation)	- 사용자의 요구에 따라 데이터를 입력(Insert), 수정(Update), 삭제 (Delete)를 실행
데이터 제어 (Data Control)	- 데이터 간에 모순 및 오류가 발생하지 않도록 지원 - 권한검사, 보안, 병행제어, 무결성 유지 등

| 정답 | 가

28. 관계 데이터베이스에서 속성(Attribute)의 수를 의미하는 것은?

가. 카디널리티(Cardinality)   나. 도메인(Domain)

다. 차수(Degree)   라. 릴레이션(Relation)

| 해설 | 차수(Degree)는 데이터베이스에서 속성의 수를 의미한다.

[표] 관계형 데이터베이스

관계형 데이터베이스 구조	설명
테이블(Table, Relation)	- 행과 열로 구성된 2차원 구조로 데이터를 저장하기 위해서 생성
튜플(Tuple)	- 레코드(Record), 행(Row)이라고 함.
속성(Attribute)	- 열(Column), 필드(Field)라고도 함. - 하나의 테이블은 하나 이상의 속성으로 구성됨.
도메인(Domain)	- 속성이 가질 수 있는 값의 범위(집합)
차수(Degree)	- 하나의 테이블이 가지고 있는 속성의 개수
기수(Cardinality)	- 하나의 테이블(릴레이션)이 가질 수 있는 튜플의 수

| 정답 | 다

29. SQL 명령어 중 데이터 정의문(DDL)에 해당하는 것은?

가. UPDATE　　　　　　　　　　나. CREATE

다. SELECT　　　　　　　　　　라. DELETE

| 해설 | 데이터 정의문은 Create Table, Alter Table, Drop Table이 있다.

| 정답 | 나

30. DBMS에 대한 설명으로 틀린 것은?

가. 데이터 보안성 보장　　　　　　나. 데이터 공유

다. 데이터 중복성 최대화　　　　　라. 데이터 무결성 유지

| 해설 | 데이터베이스는 중복된 데이터를 최소화하여 데이터의 독립성을 확보하는 것이다. 또한, 데이터를 공유하여 여러 사용자의 데이터를 같이 사용할 수 있게 한다.

| 정답 | 다

31. 스풀링과 버퍼링에 대한 설명으로 틀린 것은?

가. 버퍼링은 송신자와 수신자의 속도 차이를 해결하기 위하여 사용한다.
나. 버퍼링은 주기억장치의 일부를 버퍼로 사용한다.
다. 스풀링은 저속의 입출력장치와 고속의 CPU 간의 속도 차이를 해소하기 위한 방법이다.
라. 버퍼링은 서로 다른 여러 작업에 대한 입출력과 계산을 동시에 수행한다.

| 해설 | 스풀링(Spooling)은 프린터가 사용하는 것으로 입출력장치와 CPU 간의 속도 차이를 해결한다. 버퍼링을 임시로 저장하는 고속 기억공간이다.

| 정답 | 라

32. 도스(MS-DOS)에서 "config.sys" 파일과 "autoexec.bat" 파일의 수행을 사용자가 선택하여 실행하려고 하는 경우 사용하는 기능키(Function key)는?

가. F4   나. F5

다. F7   라. F8

| 해설 | F8은 config.sys와 autoexec.bat 파일을 사용자가 선택할 수 있게 한다.

| 정답 | 라

33. 다음 UNIX 명령어에 대한 기능으로 옳은 것은?

vi, ed, emacs

가. 컴파일   나. 로더

다. 통신 지원   라. 문서편집

| 해설 | 유닉스에서 vi, ed, emacs 프로그램은 모두 문서편집기 프로그램이다.

| 정답 | 라

34. CPU 스케줄링 방법 중 우선순위에 의한 방법의 단점은 무한정지(indefinite blocking)와 기아(starvation) 현상이다. 이 단점을 해결하는 방안으로 가장 적합한 것은?

가. 순환할당   나. 다단계 큐 방식

다. 에이징(aging) 방식   라. 최소작업 우선

| 해설 | 에이징(Aging) 기법은 오랫동안 기다린 프로세스의 우선순위를 점차적으로 높여서 무한정지를 해결하는 방법이다.

| 정답 | 다

35. 다음 문장의 ( )에 알맞은 용어는?

A(n) ( ) is a situation where a group of processes are permanently blocked as a result of each process haying acquired a subset of the resources needed for its completion and waiting for release of the remaining resources held by others in the same group-thus making it impossible for any of the processes to proceed.

가. processing

나. deadlock

다. operating system

라. system call

| 해설 | 교착상태는 하나 또는 둘 이상의 프로세스가 더 이상 계속할 수 없는 어떤 특정 사건을 기다리고 있는 상태이고 특정 사건이라는 것은 자원의 할당이나 해제와 같은 사건이다.

| 정답 | 나

36. 비선점(Non-preemptive) 프로세스 스케줄링 방식에 해당하는 것은?

가. SJF, SRT

나. SJF, FIFO

다. Round-Robin, SRT

라. Round-Robin, SJF

| 해설 | 비선점형 스케줄링 기법은 FIFO, 우선순위 기법, SJF, HRN이 존재한다.

[표] 비선점형 스케줄링 기법의 종류

비선점형 기법	설명
FIFO (First In First Out)	- 프로세스에게 준비 큐에 진입한 순서대로 CPU를 할당
우선순위	- 프로세스별로 우선순위를 할당하여 우선순위별로 작업을 처리
SJF(Shortest Job First)	- 작업 시간이 가장 짧은 프로세스에게 CPU를 할당
HRN (Highest Response ratio Next)	- SJF에서 긴 작업이 계속 대기하는 문제점을 해결하기 위해서 대기시간이 길어지면 우선순위를 높여주는 방법 - 우선순위=(대기 시간+서비스 시간)/서비스 시간

| 정답 | 나

37. "윈도우 98"에서 보조프로그램의 구성에 해당되는 것은?

가. 녹음기

나. 계산기

다. 매체 재생기

라. CD 재생기

| **해설** | 윈도우 보조 프로그램은 계산기, 메모장, 워드패드, 엔터테인먼트 등이 존재한다.

| 정답 | 나

38. 다중 프로그래밍 환경에서 CPU가 주기억장치 내부 프로그램을 실행하는 데 걸리는 시간보다 페이지 부재에 따른 페이지 대체에 많은 시간을 보내게 됨으로써 전체 컴퓨터 시스템의 성능이 급격히 저하되는 현상은?

가. Workload

나. Locality

다. Thrashing

라. Collision

| **해설** | Thrashing(스레싱)은 다중 프로그래밍 환경에서 다중 프로그램 정도가 너무 높아지면(프로그램이 너무 많이 실행되면) CPU가 연산을 하지 못하고 주기억장치의 페이지 교체에 더 많은 시간을 소모하는 현상이다. 근본적인 해결은 다중 프로그래밍 정도를 낮추어야 한다.

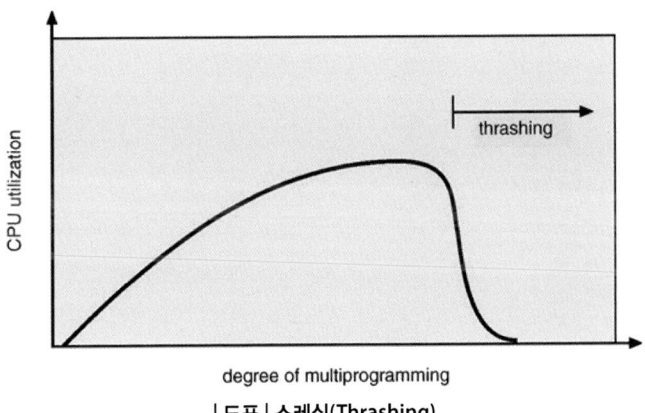

| **도표** | 스레싱(Thrashing)

위의 도표처럼 다중 프로그래밍 정도가 높아지면 CPU 사용률이 높아진다. 하지만 다중 프로그래밍 정도가 너무 높으면 CPU 사용률이 급격히 떨어지게 된다.

| 정답 | 다

39. 도스(MS-DOS)의 시스템 파일 중 감춤(Hidden) 속성의 파일로만 짝지어진 것은?

가. COMMAND.COM, IO.SYS   나. COMMAND.COM, MSDOS.SYS

다. COMMAND.COM, MSDOS.SYS, IO.SYS   라. MSDOS.SYS, IO.SYS

| 해설 | DOS의 숨김 파일 속성을 가진 것은 MSDOS.SYS와 IO.SYS 파일이다.

[표] DOS 운영체제 시스템 파일

파일	설명
IO.SYS	- 입출력 요청이 오면 입출력을 실행
MSDOS.SYS	- 메모리 관리, 프로세서 관리, 파일 입출력, 시스템 호출, 하드웨어 관리를 수행
COMMAND.COM	- 사용자 명령어를 해석하고 실행
CONFIG.SYS	- DOS의 환경설정 파일

| 정답 | 라

40. "윈도우 98"에서 "바로가기 아이콘"에 대한 설명으로 틀린 것은?

가. 바로가기 아이콘을 삭제하면 원본 파일도 삭제된다.
나. 원본파일과 연결되어 있는 LNK 확장자를 가진다.
다. 실행파일뿐만 아니라 문서파일에 대한 바로가기 아이콘을 만들 수 있다.
라. 바로가기 아이콘은 원본 파일의 위치를 기억하고 있다.

| 해설 | 윈도우 바로가기는 링크(연결)만 가지고 있으므로 삭제를 해도 원본파일이 삭제되지 않는다.

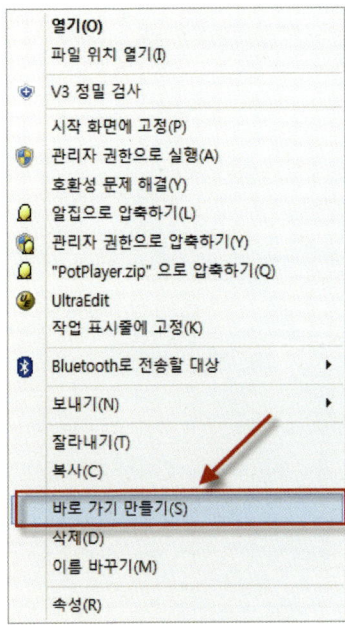

| 도표 | 윈도우 바로가기 만들기

| 정답 | 가

41. "윈도우 98"에서 도스창을 열어 작업한 후, 다시 윈도우로 복귀하고자 할 때 도스창을 종료하는
방법은?

가. "ESC"를 누른다.   나. "ALT"+"F4"를 누른다.

다. "CTRL"+"ENTER"를 누른다.   라. "EXIT" 명령어를 입력하고 "ENTER"를 누른다.

| 해설 | EXIT 명령어를 실행하면 DOS 창이 종료된다.

| 정답 | 라

42. 페이지 대체 알고리즘에서 계수기를 두어 가장 오랫동안 참조되지 않은 페이지를 교체할 페이지로 선택하는 것은?

가. FIFO

나. LRU

다. LFU

라. OPT

| 해설 | LRU는 가장 오랫동안 사용되지 않은 페이지를 교체하는 방법이다.

[표] 페이지 교체 기법

페이지 교체 기법	설명
FIFO(First In First Out)	- 주기억장치에 가장 먼저 들어온 페이지를 교체
LRU(Least Recently Used)	- 가장 오랫동안 사용되지 않은 페이지를 교체
LFU(Least Frequently Used)	- 사용 횟수가 가장 적은 페이지를 교체
NUR(Not Used Recently)	- 최근에 사용되지 않은 페이지를 교체할 페이지로 선택
최적화 (OPTimal replacement)	- 오랫동안 사용되지 않거나 사용도가 낮은 페이지를 교체

| 정답 | 나

43. "윈도우 98"의 작업 표시줄에 관한 내용으로 옳은 것은?

가. 작업표시줄에는 시작단추, 빠른 실행 도구모음, 실행 중인 프로그램 목록, 표시기 등으로 구성된다.
나. 작업 표시줄의 오른쪽에서는 현재 시간과 각종 하드웨어 사용을 알 수 없다.
다. 작업 표시줄 등록정보는 마우스 왼쪽 단추를 작업 표시줄의 빈 곳에서 클릭하여야만 알 수 있다.
라. 작업 표시줄은 모니터의 상하좌우 및 가운데 어느 곳이나 놓일 수 있다.

| 해설 | 단추 아이콘 형식으로 현재 실행 중인 프로그램들이 표현된다.

| 도표 | 단추 아이콘

| 정답 | 가

44. 도스 명령어 중 내부 명령어에 해당하는 것은?

가. ATTRIB

나. SORT

다. FORRMAT

라. CLS

| **해설** | 내부 명령어라는 것은 실행되는 파일이 없고 COMMAND.COM이 실행해 주는 명령어이다.

[표] COMMAND.COM의 내부 명령어

내부 명령어	설명
DIR	- 파일 목록을 확인
DEL	- 파일 삭제
TYPE	- 파일의 내용을 확인
PROMPT	- 프롬프트 설정
MD	- 디렉터리 생성
CD	- 디렉터리 변경
RD	- 디렉터리 삭제
PATH	- 경로설정과 해제
CLS	- 화면을 지움.
COPY	- 파일복사

| 정답 | 라

45. 컴퓨터 하드웨어와 사용자를 연결시켜 사용자로 하여금 컴퓨터 시스템을 이용, 응용 프로그램을 수행할 수 있도록 도와주는 필수적인 프로그램은?

가. 컴파일러

나. 응용 프로그램

다. 문서편집 프로그램

라. 운영체제

| **해설** | 운영체제는 하드웨어와 사용자를 연결해 주는 프로그램으로 메모리 관리, 프로세스 관리, 입출력 관리 등과 같은 핵심적인 작업을 수행하는 프로그램으로 윈도우, 유닉스, DOS 등과 같은 것이 존재한다.

| 정답 | 라

46. 도스(MS-DOS)에서 특정한 디렉터리 내의 모든 파일 및 하부 디렉터리까지 복사해 주는 명령어는?

가. COPY

나. XCOPY

다. FDISK

라. SORT

| **해설** | XCOPY는 DOS 명령어로 모든 파일과 하위 디렉터리까지 복사를 수행한다.

[표] DOS 외부 명령어

외부 명령어	설명
FORMAT	- 디스크를 초기화
FDISK	- 하드디스크 파티션
SYS	- 부팅 디스크 생성
CHKDSK	- 디스크 상태 점검
ATTRIB	- 파일 속성 변경
DISKCOPY	- 디스크 복사
XCOPY	- 디렉터리, 파일의 하위 디렉터리까지 복사
FIND	- 특정 문자열을 검색

| 정답 | 나

47. UNIX에서 사용하는 셸(Shell)이 아닌 것은?

가. C Shell

나. Bourn Shell

다. DOS Shell

라. Korn Shell

| **해설** | 유닉스 셸은 Bounrn Shell, C Sheell, Korn Shell이 있고 셸은 명령어 해석기로 사용자의 명령에 대해서 입출력을 수행하며 프로그램을 실행시켜 준다.

| 정답 | 다

48. 다음 (   ) 안에 알맞은 용어는?

(   )are used in environments where a large number of events, mostly external to the computer system, must be accepted and processed in a short time or within certain deadlines.

가. Time-sharing systems

나. Real-time operating systems

다. Distributed operating systems

라. Batch operating systems

| **해설** | 실시간 시스템(Real Time System)은 사용자의 요청에 대해서 즉시 응답할 수 있는 시스템으로 실시간 시스템의 의미는 시간 제약을 설정하고 시간 제약 사항 내에 작업을 완료할 수 있는 시스템이다.

| 정답 | 나

49. "윈도우 98"에서 디스켓을 포맷할 때 포맷형식으로 선택할 수 없는 것은?

가. 전체

나. 빠른 포맷

다. 삭제된 파일 복구

라. 시스템과 파일만 복사

| **해설** | 포맷은 삭제된 파일을 복구하지는 않는다. 포맷은 format 명령을 통해서 실행된다.

[표] format 명령어

Format 옵션	설명
/V	- 디스크 이름을 지정
/Q	- 빠른 포맷
/F	- 포맷 용량을 설정
/S	- 시스템 파일을 복사하여 부팅 디스크를 만듦.

| 정답 | 다

50. 운영체제를 제어 프로그램(Control program)과 처리 프로그램(processing program)으로 분류했을 때, 제어 프로그램에 해당하지 않는 것은?

가. 감시 프로그램(supervisor program)
나. 데이터 프로그램(data management program)
다. 문제 프로그램(problem program)
라. 작업 제어 프로그램(job control program)

| 해설 |

[표] 처리 프로그램(Process Program)

처리 프로그램	상세 기능
언어번역 프로그램	- Language Translator Program - 기계어로 번역하기 위한 프로그램
서비스 프로그램	- Service Program - 사용 빈도가 많은 프로그램을 미리 개발하여 제공하는 프로그램
문제 처리 프로그램	- Problem Processing Program - 컴퓨터 사용자 업무를 처리하기 위한 프로그램

| 정답 | 다

51. 원거리에서 일괄 처리를 수행하는 터미널(Terminal)은?

가. 인텔리전트 터미널(Intelligent Terminal)
나. 리모트 배치 터미널(Remote Batch Terminal)
다. 키 엔트리 터미널(Key Entry Terminal)
라. 논-인텔리전트 터미널(Non-Intelligent Terminal)

| 해설 | 원거리를 영어로 표현한 것이 Remote이며, 이것은 네트워크를 사용해서 떨어진 공간에서 작
업을 수행하는 것을 의미한다.

| 정답 | 나

52. 다음 중 통신제어장치의 역할과 거리가 먼 것은?

가. 통신회선과 중앙처리장치의 결합   나. 중앙처리장치와 데이터의 송·수신 제어

다. 데이터의 교환 및 축적 제어   라. 회선 접속 및 전송 에러 제어

| 해설 | 통신제어장치(CCU: Communication Control Unit)는 데이터 전송회선과 컴퓨터의 전기적
결합 및 문자조립, 분해 등을 수행하는 장치이다.

[표] 통신제어장치의 기능

기능	상세 기능
전송 제어	- 다중 접속 제어 및 통신 방식 제어 등
동기 및 오류 제어	- 동기 제어, 오류 제어, 응답 제어, 우선권 제어 등
그외 기능	- 제어 정보 식별, 관리 기능

| 정답 | 다

53. 데이터 통신에서 사용되는 전송속도의 기본단위는?

가. earlang　　　　　　　　　　　　나. db

다. km/s　　　　　　　　　　　　　라. bps

| 해설 |　BPS(Bit Per Second)는 1초에 송수신할 수 있는 비트 수를 나타낸다. 이것은 3,000bps면 1초에 전송할 수 있는 비트가 3,000이라는 것이다.

| 정답 |　라

54. 분산된 터미널 또는 여러 컴퓨터들이 중앙의 호스트 컴퓨터와 집중 연결되어 있는 정보통신망의 구성 형태는?

가. 루프형　　　　　　　　　　　　나. 스타형

다. 그물형　　　　　　　　　　　　라. 나무형

| 해설 |　중앙에 있는 정보 단말장치에 모두 연결된 구조에 항상 중앙의 정보 단말장치를 통해서만 연결이 가능한 구조이다. 성형은 중앙의 정보 단말장치에 에러가 발생하면 모든 통신이 불가능한 구조이다.

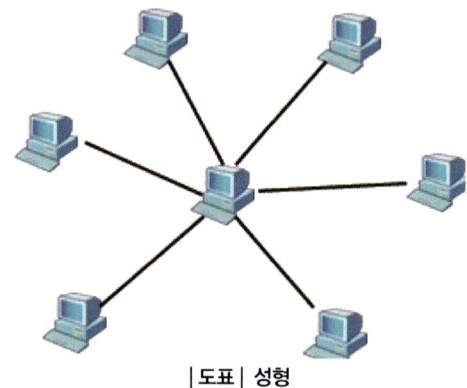

| 도표 |　성형

| 정답 |　나

55. 광통신 케이블의 전송방식에 이용되는 빛의 특성은?

가. 회절

나. 산란

다. 흡수

라. 전반사

| 해설 | 광섬유 케이블(Optical Fiber Cable)
빛의 전반사 현상을 이용하여 데이터를 전송할 수 있는 케이블로 신뢰성이 높고 온도 변화에도 안정적이며 에러율이 낮다.

| 도표 | 광섬유 케이블

| 정답 | 라

56. FTP는 OSI 7계층 중 어느 계층에 속하는가?

가. 데이터 링크 계층

나. 네트워크 계층

다. 세션 계층

라. 응용 계층

| 해설 | FTP는 응용 프로그램이며 응용 계층에 해당된다.

응용 계층(Application Layer)

- 사용자 소프트웨어를 네트워크에 접근 가능하도록 함.
- 사용자에게 최종 서비스를 제공
- FTP, SNMP, HTTP, Mail, Telnet 등

| 정답 | 라

57. 다음 중 데이터 통신 교환방식이 아닌 것은?

가. 회선 교환방식

나. 메시지 교환방식

다. 패킷 교환방식

라. 선로 교환방식

| 해설 |

1) 회선교환의 특징

```
- 송신자의 메시지는 같은 경로로 전송
- 실시간으로 처리할 수 있고 안정적인 통신이 가능
- 포인트 투 포인트 방식으로 사용
- 음성 전화 시스템에 활용
```

2) 패킷 교환(Packet Switching Network)은 송신자가 전송할 데이터를 일정한 크기의 패킷(Packet)이라는 길이로 분류하여 데이터를 전송한다. 수신 측은 패킷이 전송되면 이것을 다시 조립하여 원래의 메시지를 만드는 방법이다.

3) 메시지 교환(Message Switching Network)은 송신된 메시지를 중앙에서 축적하여 처리하는 방법으로 흔히 축적 교환방식이다. 메시지 교환은 메시지를 메모리에 저장하고 여러 수신자에게 데이터를 전송할 수 있다. 메시지 교환은 전자우편과 같은 곳에 사용된다.

| 정답 | 라

58. 변복조기의 역할과 거리가 먼 것은?

가. 통신신호의 변환기라고 볼 수 있다.
나. 디지털 신호를 아날로그 신호로 변환한다.
다. 공중전화통신망에 적합한 통신신호로 변환한다.
라. 컴퓨터 신호를 광케이블에 적합한 광신호로 변환한다.

| 해설 | 모뎀은 디지털 신호를 아날로그 신호로 변환하는 변조와 아날로그 신호를 디지털 신호로 변환하는 복조를 수행하는 설비이고, 모뎀에 대한 표준은 ITU-T에서 정의했으며, V시리즈는 아날로그 통신회선을 이용한 데이터 통신 표준이다.

| 정답 | 라

59. 전화용 동케이블과 비교하여 광케이블의 특성이 아닌 것은?

가. 전송용량이 커서 많은 신호를 전송할 수 있다.
나. 케이블 간의 누화가 없다.
다. 주파수에 따른 신호감쇠 및 전송 지연의 변화가 크다.
라. 통신의 보안성이 우수하다.

| 해설 | 광섬유(케이블)는 신뢰성이 높은 선로로 에러가 낮고 잡음 및 감쇠 현상이 작다.

| 정답 | 다

60. 프로토콜의 기본적인 요소가 아닌 것은?

가. 구문   나. 의미

다. 타이밍   라. 처리

| 해설 |

[표] 프로토콜의 기본 구성

프로토콜 구성	설명
구문(Syntax)	- 데이터 형식, 신호레벨, 부호화
의미(Semantics)	- 개체의 조정, 에러 제어 정보
순서(Timing)	- 순서 제어, 통신속도 제어

| 정답 | 라

제2회 정보처리기능사 기출문제

1. CPU를 경유하지 않고 고속의 입출력장치와 기억장치가 직접 데이터를 주고받는 방식은?

가. DMA(Direct Memory Access)
나. 프로그램에 의한 입출력(Programmed I/O)
다. 인터럽트에 의한 입출력(interrupt driven I/O)
라. 채널 제어기에 의한 입출력

| 해설 | DMA(Direct Memory Access) 입출력 방식은 CPU의 개입 없이 입출력장치와 기억장치 간에 직접 데이터를 전송하는 방식이다.

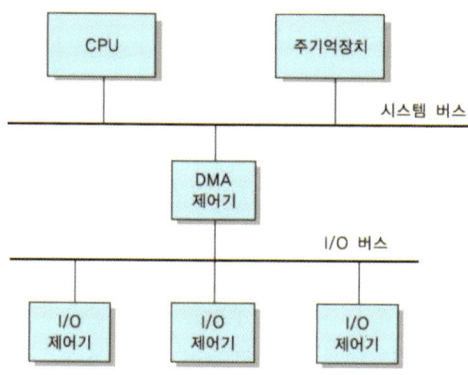

| 도표 | DMA에 의한 입출력

DMA에 의한 입출력은 입출력 작업이 발생하면 DMA 제어기가 입출력 제어기에게 입출력 작업을 지시한다.

| 정답 | 가

2. 순차처리(Sequential access)만 가능한 장치는?

가. magnetic core   나. magnetic drum

다. magnetic disk   라. magnetic tape

| **해설** | 테이프(magnetic tape)의 특징은 순차 탐색만 가능하다는 것이다. 순차 탐색은 내가 원하는 데이터를 읽거나 쓰기 위해서는 테이프를 처음부터 감아서 그 위치로 이동해야 한다는 것이다. 이러한 테이프는 컴퓨터 시스템에서 데이터를 테이프에 기록하여 백업(Backup)하고 외부 장소에 보관하기 위해서 많이 사용된다.

| 정답 | 라

3. 16진수 2C를 10진수로 변환한 것으로 옳은 것은?

가. 41   나. 42

다. 43   라. 44

| **해설** | $2 \times 16^1 + C(12) \times 16^0$으로 계산하면 44가 된다.

| 정답 | 라

4. 레지스터 중 Program counter의 기능을 바르게 설명한 것은?

가. 현재 실행 중인 명령어의 내용을 기억한다.
나. 주기억장치의 번지를 기억한다.
다. 다음에 수행할 명령어의 번지를 기억한다.
라. 연산의 결과를 일시적으로 보관한다.

| **해설** | 프로그램 카운터는 CPU 내부에 있는 레지스터로 다음에 실행할 명령어의 주소를 기억하고 있는 레지스터이다.

| 정답 | 다

5. 캐시메모리(Cache memory)의 설명으로 옳은 것은?

가. 대용량 기억장치용으로 주로 사용된다.
나. 전원이 꺼져도 내용은 그대로 유지된다.
다. 컴퓨터의 주기억장치로 주로 이용된다.
라. CPU와 주기억장치 사이의 속도 차이를 해결하기 위한 고속 메모리로 이용된다.

| **해설** | 캐시 메모리(Cache Memory)라는 것은 CPU와 주기억장치 간에 속도 차이로 발생하는 완화

시키기 위한 메모리로 주기억장치보다 용량은 작지만 고속으로 읽고 쓸 수 있는 메모리이다. 즉, 주기억장치의 데이터를 캐시 메모리에 저장하고, CPU는 캐시 메모리에서 데이터를 읽거나 쓰기를 수행한다.

| 정답 | 라

6. RISC(Reduced Instruction Set Computer)에 대한 설명으로 틀린 것은?

가. 하드웨어나 마이크로 코드 방식으로 구현한다.
나. 전원이 꺼져도 내용은 그대로 유지된다.
다. 컴퓨터의 주기억장치로 주로 이용된다.
라. CPU와 주기억장치 사이의 속도 차이를 해결하기 위한 고속 메모리로 이용된다.

| 해설 | 라는 Cache 메모리에 대한 설명이다.

[표] CISC와 RISC 마이크로프로세서

구분	CISC	RISC
클록당 속도	- 1/3 명령어	- 1 명령어
명령	- 복합 명령어 셋	- 단순 명령어 셋
특징	- 구조가 복잡	- 구조가 단순

| 정답 | 라

7. 2진수로 부여된 주소값이 직접 기억장치의 피연산자가 위치한 곳을 지정하는 주소지정방식은?

가. 즉시 주소지정(Immediate Addressing)   나. 직접 주소지정(Direct Addressing)

다. 간접 주소지정(Indirect Addressing)   라. 인덱스 주소지정(Index Addressing)

| 해설 | 직접 주소는 메모리를 참조했는데 바로 데이터가 존재하는 것을 의미하며, 간접 주소는 메모리를 참조했는데 메모리 내에 실제 데이터가 존재하는 주소값이 있고 이 주소를 통해서 다시 메모리를 참조해서 데이터를 읽는 것을 의미한다.

| 정답 | 나

308

8. 다음과 같이 현재 번지부에 표현된 값이 실제 데이터가 기억된 번지가 아니고, 그곳에 기억된 내용이 실제의 데이터 번지가 되도록 표시하는 주소지정 방식은?

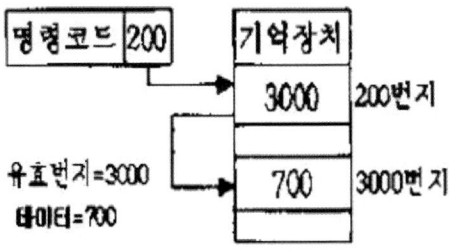

가. 직접 주소(direct address)

나. 간접 주소(indirect address)

다. 상대 주소(relative address)

라. 묵시 주소(implied address)

| 해설 | 간접 주소는 메모리를 참조했는데 메모리 내에 실제 데이터가 존재하는 주소값이 있고 이 주소를 통해서 다시 메모리를 참조해서 데이터를 읽는 것을 의미한다.

| 정답 | 나

9. 다음을 논리식으로 바르게 표현한 것은?

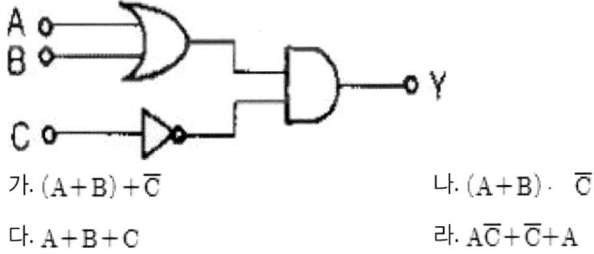

가. $(A+B)+\overline{C}$

나. $(A+B)\cdot\overline{C}$

다. $A+B+C$

라. $A\overline{C}+\overline{C}+A$

| 해설 | OR 게이트는 A+B가 되고 Not 게이트 C 값의 반대가 된다. 그래서 (A+B)×C^이 된다.

[표] AND 게이트

스위치	AND 게이트
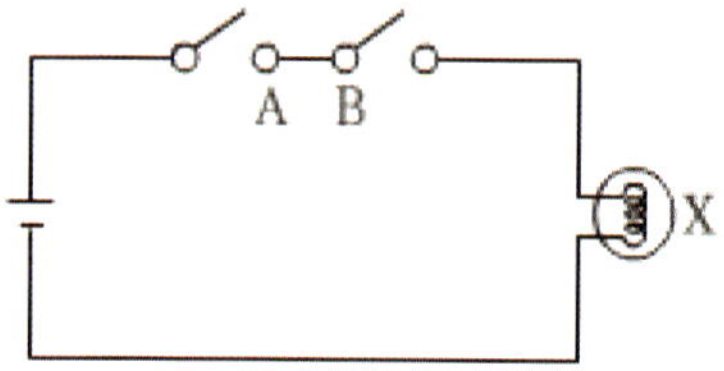 A B ⊙X	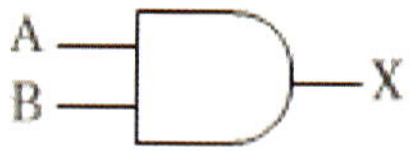 A B → X

[표] OR 게이트

스위치	OR 게이트
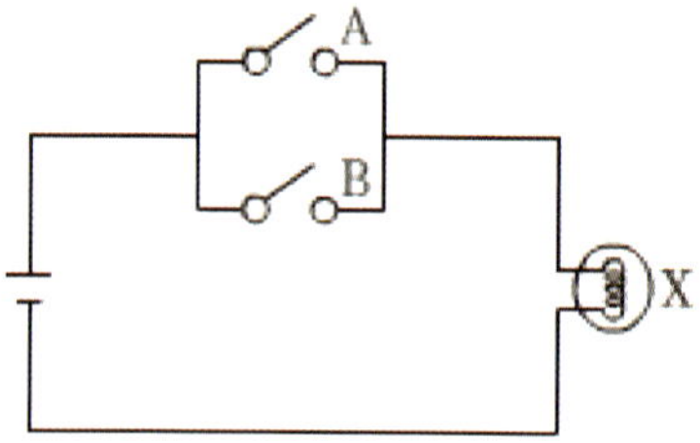 A B ⊙X	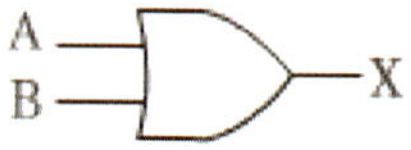 A B → X

[표] NOT 게이트

스위치	NOT 게이트
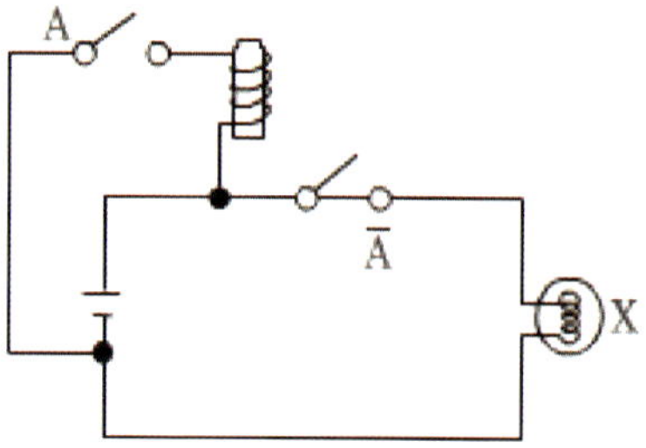 A Ā ⊙X	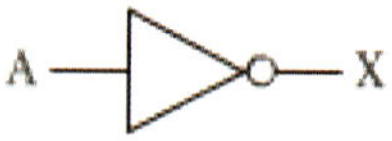 A → X

|정답| 나

10. 주기억장치에서 기억장치의 지정은 무엇에 따라 행하여지는가?

가. 레코드(Record)

나. 블록(Block)

다. 어드레스(Address)

라. 필드(Field)

| 해설 | 주기억장치에서 기억장치 지정은 주소(Address)로 한다.

| 정답 | 다

11. 특정 값을 여러 자리인 2진수로 변환하거나 특정 장치로부터 보내오는 신호를 여러 개의 2진 신호로 바꾸어 변환시키는 장치는?

가. 인코더(encoder)

나. 디코더(decoder)

다. 멀티플렉서

라. 플립플롭

| 해설 | 부호기(Encoder, 인코더)
해독기와 반대되는 것으로 2^n개의 입력값에 대해서 n개의 2진 코드를 출력한다. 부호기는 OR 게이트로 구성되며 특정 장치에서 보낸 신호를 2진수로 변환하는 데 사용된다.

| 정답 | 가

12. PC 내의 레지스터 중 연산 결과에 따라 자리올림이나 오버플로가 발생했는지 여부와 외부로부터의 인터럽트 신호까지 나타내는 것은?

가. 상태 레지스터

나. 데이터 레지스터

다. 명령 레지스터

라. 인덱스 레지스터

| 해설 | 상태 레지스터(Status Register)는 컴퓨터의 연산 결과를 나타내는 데 사용되는 레지스터이며, 마이크로프로세서 장치의 전형적인 상태 레지스터는 자리 올림수(carry digit), 오버플로(overflow), 부호, 제로 계수 인터럽트(zero count interrupt) 상태를 가지고 있다.

| 정답 | 가

13. 16진수 4CD를 8진수로 변환하면?

가. (2315)8

나. (2325)8

다. (2335)8

라. (2336)8

| 해설 | 4CD는 먼저 2진수로 변경한다. 즉, 8421코드로 4와 C, D를 2진수로 변경한다. 4는 0100, C는 1100, D는 1101로 변경된다. 그리고 8진수로 변경하기 위해서 3자리씩 나누어서 421코드로 변경한다.

010 011 001 101이고 421코드로 변경하면 2315가 된다.

| 정답 | 가

14. 중앙처리장치와 입출력장치의 속도 차이를 해결하기 위하여 필요로 하는 것은?

가. 버퍼

나. 모델

다. 라우터

라. D/A변환기

| 해설 | 버퍼(Buffer)는 데이터 전송속도의 차이를 해결하기 위한 고속의 임시저장장치다.

주기억장치와 입출력장치 사이에서 데이터를 주고받을 때, 둘 사이의 전송속도 차이를 해결하기 위해 전송할 정보를 임시로 저장하는 고속기억장치다. 버퍼를 사용하면 컴퓨터의 처리속도가 빨라진다.

| 정답 | 가

15. 컴퓨터 내에서 실행되는 명령어와 데이터가 이동되는 통로를 일컫는 것은?

가. 라인

나. 버스

다. 체인

라. 드라이버

| 해설 | 마이크로프로세서(CPU)와 주기억장치 사이에는 서로 데이터를 주고받거나 제어하기 위한 길이 필요한데, 컴퓨터는 이것을 버스(BUS)라고 한다. 즉, 버스는 CPU(마이크로프로세서)와 주기억장치, 입출력장치 사이에서 정보를 전송하는 전기적인 선로로 CPU 내부에 있는 내부 버스와 CPU와 주기억장치, CPU와 주변장치 사이의 외부 버스로 분류된다.

[표] 외부버스(BUS) 종류

종류	설명
데이터 버스 (Data Bus)	- 데이터를 전송하기 위한 용도로 사용됨.
주소 버스 (Address Bus)	- 기억장치의 위치 또는 장치 식별을 지정하기 위한 라인
제어 버스 (Control Bus)	- CPU와 주기억장치 또는 주변장치 사이에서 제어신호를 전송

| 정답 | 나

16. 다음 회로(Circuit)에서 결과가 "1"(불이 켜진 상태)이 되기 위해서는 A와 B는 각각 어떠한 값을 갖는가?

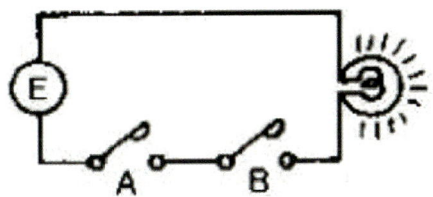

가. A=0, B=1

나. A=0, B=0

다. A=1, B=1

라. A=1, B=0

| 해설 | A와 B 두 개의 스위치가 1이 되면 전원이 들어오는 AND의 의미이다.

| 정답 | 다

17. -14를 부호화된 2의 보수로 표현하면?

가. 10001110

나. 11100011

다. 11110010

라. 11111001\

| 해설 | 14값은 8421코드로 변환하면 1110이 된다. 즉, 8+4+2=14인 것이다. 그리고 음수이므로 - 값이 되고 음수는 상위 1비트를 1로 설정하면 10001110이 된다. 이 값을 보수로 변경하면 부호비트를 제외하고 반대로 변경한다. 즉, 11110001이 된다. 거기에 2의 보수이므로 1을 더하면 111100010이 된다. 뒤에 10은 자리올림이 발생한 것이다.

| 정답 | 다

18. 불대수의 정리로 옳지 않은 것은?

가. $\overline{A+B} = \overline{AB}$

나. $\overline{A} \cdot B = 0$

다. $A + B \cdot B = A$

라. $A + A = 1$

| 해설 | A+A는 A이다.

[표] 불대수

1) X+0=X	2) X•0=0	3) X+1=1
4) X•1=X	5) X+X=X	6) X•X=X
7) X+X'=1	8) X•X'=0	9) X+Y=Y+X
10) X•Y=Y•X	11) X+(Y+Z)=(X+Y)+Z	12) X•(Y•Z)=(X•Y)•Z
13) X•(Y+Z)=X•Y+X•Z	14) X+Y•Z=(X+Y)•(X+Z)	15) (X+Y)'=X'•Y'
16) (X•Y)'=X'+Y'	17) (X')'=X	

| 정답 | 라

19. 명령어(instruction)의 구성을 가장 바르게 표현한 것은?

가. 명령코드부와 번지부로 구성　　　　나. 오류검색 코드형식

다. 자료의 표현과 주소지정 방식　　　　라. 주 프로그램과 부 프로그램

| 해설 |

[표] 명령어 형식

OP-Code	Operand(주소부)		
	Mode	Register	Address

| 정답 |　가

20. 명령어(instruction) 설계 시 고려할 사항으로 옳지 않은 것은?

가. 컴파일러 기술의 사용　　　　나. 메모리 접근 횟수 감소

다. 많은 범용 레지스터의 사용　　　　라. 제한적이고 복잡한 명령어 세트

| 해설 |　명령어를 복잡한 명령 세트로 한다면, 명령어 처리 때문에 CPU의 성능이 저하될 수 있어서 복잡한 명령어 세트는 고려 대상이 아니다.

| 정답 |　라

21. SQL 구문 형식으로 옳지 않은 것은?

가. SELECT ~ FROM ~ WHERE ~　　　　나. DELETE ~ FROM ~ WHERE ~

다. INSERT ~ INTO ~ WHERE ~　　　　라. UPDATE ~ SET ~ WHERE

| 해설 |　D

INSERT INTO 테이블명(속성명1, 속성명2) VALUES (데이터1, 데이터2 …)

| 정답 |　다

22. DBMS의 필수 기능에 해당하지 않는 것은?

가. 정의기능   나. 조작기능

다. 독립기능   라. 제어기능

| 해설 | 데이터베이스 필수 기능은 데이터 정의, 데이터 조작, 데이터 제어이다.
데이터베이스 관리 시스템은 데이터 정의어, 데이터 조작어, 데이터 제어어를 통해서 데이터를
정의(Create, Alert, Drop)할 수 있고 데이터 조작어는 데이터를 입력(Insert), 수정(Update),
삭제(Delete), 조회(Select)를 수행할 수 있다. 또한, 데이터 제어는 데이터 제어어를 사용해서
권한할당(Grant), 권한회수(Revoke), 저장(Commit), 취소(Rollback) 등의 작업을 수행한다.
데이터베이스 사용자가 데이터베이스 관리 시스템에게 작업을 지시하기 위해서는 표준화된
SQL(Structured Query Language)을 사용해야 한다. SQL은 데이터 정의어, 데이터 조작어,
데이터 제어어로 분류된다.

| 정답 | 다

23. 테이블을 삭제하기 위한 SQL 명령은?

가. DROP   나. DELETE

다. CREATE   라. ALTER

| 해설 | 테이블 삭제는 DROP TABLE 명령이다.

> Drop Table 학생;

Drop Table의 명령에는 중요한 두 개의 옵션이 존재한다. Drop table 학생 CASCADE;로 실행하면, 테
이블을 참조하는 다른 테이블 등을 자동으로 한꺼번에 모두 삭제한다.

Drop Table 학생 RESTRICT;로 실행하면 테이블을 삭제할 때 다른 테이블이 참조 중이면 삭제를 취소하
는 옵션이다

| 정답 | 가

24. 스프레드시트에서 기본 입력 단위는?

가. 셀
나. 툴바

다. 탭
라. 블록

| **해설** | 스프레드시트는 셀 단위로 입력한다.

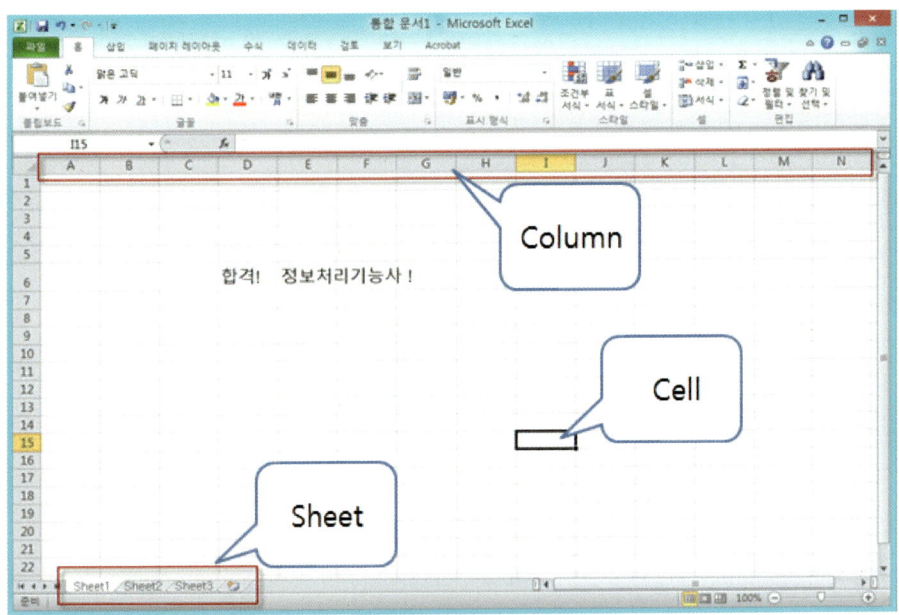

| **도표** | 스프레드시트(예: 엑셀)

| **정답** | 가

25. SQL의 데이터 조작문(DML)에 해당하지 않는 것은?

가. UPDATE
나. DROP

다. INSERT
라. 블록

| **해설** | 테이블에 데이터를 입력, 수정, 삭제, 조회할 수 있는 언어가 데이터 조작어이다. 데이터 조작어는 INSERT, UPDATE, DELETE, SELECT이다. DROP은 DDL인 데이터 정의어이다.

| **정답** | 나

26. 데이터베이스 3단계 스키마의 종류에 해당하지 않는 것은?

가. 외부(External) 스키마

나. 처리(Process) 스키마

다. 내부(internal) 스키마

라. 개념(Conceptual) 스키마

| 해설 |

[표] 3층 스키마(3-Level Schema) 의미

3층 스키마	설명
외부 스키마	- 서브 스키마(Sub Schema)라고도 하고 사용자 관점에서 데이터베이스 모습을 표현 - 사용자 및 응용 프로그램이 필요한 데이터베이스 구조를 정의
개념 스키마	- 논리적인 측면에서 데이터베이스 구조를 표현 - 데이터에 대한 규칙, 데이터 모델, 접근권한, 무결성 등을 표현
내부 스키마	- 데이터베이스의 물리적인 구조를 표현 - 데이터 저장구조, 레코드(튜블, 행) 구조, 필드(열)를 정의

| 정답 | 나

27. 관계형 데이터베이스의 속성 또는 필드에서 나타낼 수 있는 값의 범위를 의미하는 것은?

가. 도메인

나. 차수

다. 널(NULL)

라. 튜플

| 해설 | 도메인(DOMAIN)은 속성이 가질 수 있는 값의 범위이다. 예를 들어, 성별이라는 속성은 남자, 여자만 가질 수 있다. 이러한 것을 도메인이라고 한다.

| 정답 | 가

28. 스프레드시트에서 조건을 부여하는 이에 맞는 자료들만 추출하여 표시하는 것을 무엇이라 하는가?

가. 프레젠테이션   나. 필터

다. 매크로   라. 정렬

| **해설** | 필터(Filter)는 특정 조건을 만족하는 데이터를 추출하는 기능이다.

| 정답 | 나

29. 프레젠테이션에서 화면을 전환하는 단위는?

가. 셀   나. 개체

다. 슬라이드   라. 시나리오

| **해설** | 슬라이드는 프레젠테이션에서 화면 전환 단위이다. 즉, 문서를 작성하는 기준이다.

| 정답 | 다

30. 다음 SQL 문의 의미로 적합한 것은?

```
SELECT * FROM 사원;
```

가. 사원 테이블을 삭제한다.
나. 사원 테이블에서 전체 레코드의 모든 필드를 검색한다.
다. 사원 테이블에서 "*"값이 포함된 모든 필드를 검색한다.
라. 사원 테이블의 모든 필드에 "*"값을 추가한다.

| **해설** | SELECT문에서 *의 의미는 해당 테이블의 모든 속성을 출력하라는 뜻이다.

| 정답 | 나

31. 도스(MS-DOS)에서 하드디스크(HDD)의 영역을 논리적으로 설정하고 사용 가능하도록 분할하는 명령어는?

가. FDISK
나. CHKDSK

다. FORMAT
라. SCANDISK

| 해설 | FDISK는 하드디스크를 논리적으로 분할하는 명령어이다.

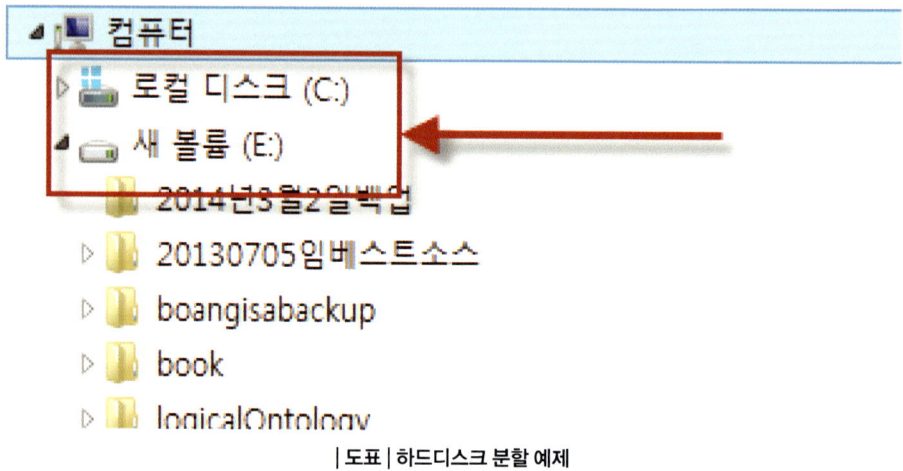

| 도표 | 하드디스크 분할 예제

위의 예를 보면 실질적으로 하드디스크는 한 개이지만, C와 E로 2개로 분할되어 있다. 이것을 하는 명령은 FDISK이다.

| 정답 | 가

32. UNIX에서 파일의 내용을 화면에 보여주는 명령은?

가. rm
나. cat

다. mv
라. type

| 해설 | 유닉스에서 파일 내용을 보는 명령어는 cat 명령이다.

```
[limhojin@gp-032 www]$
[limhojin@gp-032 www]$ cat tab.php
<script language="JavaScript" src="/tabmenu.js" type="text/javascript"></script>
<table cellpadding=0 cellspacing=0 border=0>
  <tr>
    <td width="132" align="center" valign="top">
      <div id="news1" style="DISPLAY: none"></div>
      <div id="news2" style="DISPLAY: none"></div>
      <div id="media7" style="DISPLAY: none"></div>
      <div id="media1" style="display:none">
        <table width="100%" border="0" cellpadding="0" cellspacing="0">
          <tr>
            <td width="32"> </td>
            <td style="cursor:hand" onmouseover="MenuChange('media1')" width="17
"><img src="/img/01_on.gif" /></td>
            <td style="cursor:hand" onmouseover="MenuChange('media2')" width="17
"><img src="/img/02_off.gif" /></td>
            <td style="cursor:hand" onmouseover="MenuChange('media3')" width="17
"><img src="/img/03_off.gif" /></td>
            <td style="cursor:hand" onmouseover="MenuChange('media4')" width="17
"><img src="/img/04_off.gif" /></td>
            <td style="cursor:hand" onmouseover="MenuChange('media5')" width="17
"><img src="/img/05_off.gif" /></td>
            <td style="cursor:hand" onmouseover="MenuChange('media6')" width="17
```

| 도표 | cat 명령 실행 예제

| 정답 | 나

33. UNIX 시스템에서 현재 작업 중인 프로세스의 상태를 알기 위해 사용하는 명령어는?

가. cat　　　　나. ps

다. ls　　　　라. cp

| 해설 | ps명령어는 현재 실행 중인 프로세스를 볼 수 있는 유닉스 명령어이다.

| 정답 | 나

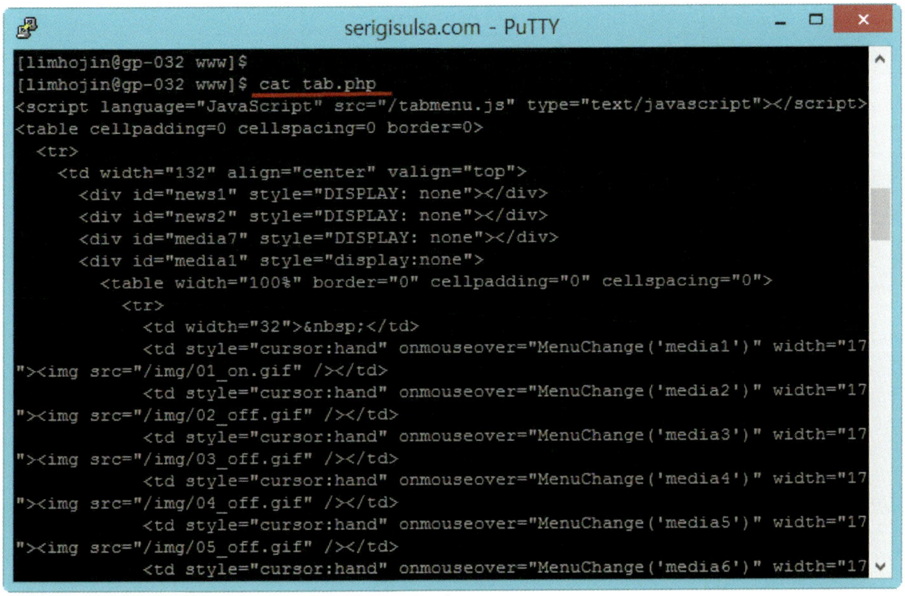

34. "윈도우 98"에서 [휴지통]에 관한 설명으로 옳은 것은?

가. [휴지통]의 크기에 대한 초기 설정은 하드디스크의 20%이다.
나. [휴지통]에 있는 파일들은 디스크의 공간을 차지하지 않는다.
다. [휴지통]에 있는 파일들은 자동으로 삭제된다.
라. [Shift]키를 누른 상태로 해당 파일을 드래그하여 [휴지통]에 넣으면 파일이 [휴지통]에 보관되지 않고 바로 삭제된다.

| 해설 | [Shift]+[Delete] 혹은 [Shift]를 누르고 휴지통으로 넣으면 자동으로 완전 삭제된다.

| 정답 | 라

35. "윈도우 98"에서 시작버튼 위에서 마우스의 우측 버튼을 클릭하면 볼 수 있는 메뉴가 아닌 것은?

가. 설정   나. 열기

다. 검색   라. 탐색

| 해설 | 설정은 나오지 않고 검색, 열기, 탐색이 나온다.

| 정답 | 가

36. 다음이 설명하고 있는 것은?

> The term often used for starting a computer, especially one that loads its operating software from the disk.

가. Bootstrap

나. Store

다. Replacing

라. Spooling

| 해설 | 부트스트랩(Bootstrap)은 컴퓨터 기동 시에 운영체제를 주기억장치에 적재하는 소프트웨어이다.

| 정답 | 가

322

37. 도스(MS-DOS)에서 시스템 부팅 시 반드시 필요한 파일이 아닌 것은?

가. IO.SYS   나. MSDOS.SYS

다. COMMAND.COM   라. CONFIG.SYS

| 해설 | CONFIG.SYS는 DOS 환경설정 파일이고 부팅 시에 반드시 필요한 것은 아니다.

| 정답 | 라

38. 다음 ( ) 안의 내용으로 가장 적절한 것은?

> A(n) ( ) is a program that acts an intermediary between a user of computer and the computer hardware.

가. GUI   나. compiler

다. file syster   라. operating system

| 해설 | 운영체제는 컴퓨터 하드웨어와 컴퓨터 사이에서 인터페이스 역할을 수행하는 프로그램이다.

| 정답 | 라

39. 스풀링(Spooling)에 대한 설명으로 틀린 것은?

가. 프로세서와 입출력장치와의 속도 차이를 해결하여 시스템의 효율을 높이는 방법이다.
나. 여러 개의 작업에 대해서 CPU 작업과 입출력 작업으로 분할한다.
다. 출력 시 출력할 데이터를 만날 때마다 주기억장치로 보내 저장시키는 장치이다.
라. 프로그램 실행과 속도가 느린 입출력을 이원화한다.

| 해설 | 스풀링(Spooling)은 프린터를 할 때 사용하는 것으로 속도가 느린 프린터와 프로그램 간의 속도 차이 때문에 사용된다.

| 정답 | 다

40. 시스템의 성능을 극대화하기 위한 운영체제의 목적으로 틀린 것은?

가. 처리능력 증대

나. 사용 가능도 증대

다. 신뢰도 향상

라. 응답시간 지연

| 해설 |

[표] 운영체제 목적

목적	설명
처리능력 향상	- 시간당 작업 처리량(Throught) 및 평균 처리시간 개선
신뢰성 향상	- 주어진 기능을 안전적으로 실행
응답시간 단축	- 사용자가 컴퓨터 시스템에 의뢰한 작업 반응 시간을 단축
자원 활용률 향상	- 자원공유 및 자원의 효율적 사용
가용성 향상	- 고장 및 오류가 발생하여도 운영에 영향을 최소화시킴.

| 정답 | 라

41. UNIX시스템에서 명령어 해석기에 해당하는 것은?

가. 셸(shell)   나. 커널(kernel)

다. 유틸리티(utility)   라. 응용프로그램(application program)

| 해설 | 셸(Shell)

- 명령어 해석기/번역기로 사용자 명령의 입출력을 수행하며 프로그램을 실행시킴.
- 커널과 사용자 간의 인터페이스 담당

| 정답 | 가

42. 시스템 프로그램을 디스크로부터 주기억장치로 읽어 내어 컴퓨터를 이용할 수 있는 상태로 만들어 주는 과정은?

가. 부팅(booting)

나. 스케줄링(scheduling)

다. 업데이트(update)

라. 데드락(deadlock)

| 해설 | 부팅(Booting)은 디스크에 있는 운영체제를 주기억장치에 적재(Load)하는 과정이다. 이 과정을 통해서 컴퓨터를 사용할 수 있는 환경을 제공한다.

| 정답 | 가

43. "윈도우 98"의 바로가기 아이콘에 대한 특징으로 옳은 것은?

가. 바로가기 아이콘은 자주 사용하는 문서나 프로그램을 빠르게 실행시키기 위한 아이콘으로, 실제 실행파일과 연결되지는 않는다.

나. 바로가기 아이콘은 단축 아이콘으로, 실제 실행파일과 연결되지는 않는다.

다. 바로가기 아이콘의 확장자는 LNK이며, 컴퓨터에 여러 개 존재해도 상관없다.

라. 바로가기 아이콘을 삭제하면 원본 파일도 삭제되므로 항상 주의해야 한다.

| 정답 | 가

44. "윈도우 98"에서 작업표시줄(Task Bar)의 속성에 대한 설명으로 틀린 것은?

가. 작업표시줄 자동 숨기기를 설정하면 화면에 필요 시에만 나타난다.

나. 현재 실행 중인 프로그램은 작업표시줄에 표시된다.

다. 작업표시줄 여백에 마우스 포인터를 위치시키고 마우스의 왼쪽 버튼을 눌러 속성을 볼 수 있다.

라. 작업표시줄 잠금은 작업표시줄의 영역을 임의로 설정하지 못한다.

| 해설 | 마우스의 왼쪽이 아니라 오른쪽 버튼을 눌러야 속성을 확인할 수 있다.

| 정답 | 다

45. "윈도우 98"에서 활성화된 창을 클립보드에 복사하는 단축키는? (단, PrtScr는 프린트 스크린 키이다.)

가. Alt + PrtScr

나. Shift + PrtScr

다. Ctrl + PrtScr

라. Space + PrtScr

| 해설 | Alt + PrtScr 버튼을 같이 누르면 현재 컴퓨터 화면을 그대로 클립보드에 복사한다.

| 정답 | 가

46. UNIX의 특징을 설명한 것으로 틀린 것은?

가. 대부분 고급언어인 C언어로 구성되어 타 기종에 이식성이 높다.
나. 동시에 여러 작업(task)을 수행할 수 있는 시스템이다.
다. 파일구조가 선형구조의 형태로 되어 있어 파일을 효과적으로 운영할 수 있다.
라. 다수의 사용자(user)가 동시에 사용할 수 있는 시스템이다.

| 해설 | 유닉스 시스템의 파일 시스템 구조는 선형구조가 아닌 계층형 파일 시스템 구조이다. 이것은 /
(루트) 디렉터리가 제일 위에 있고 /(루트) 아래에 etc, bin, var 등의 디렉터리가 존재한다.

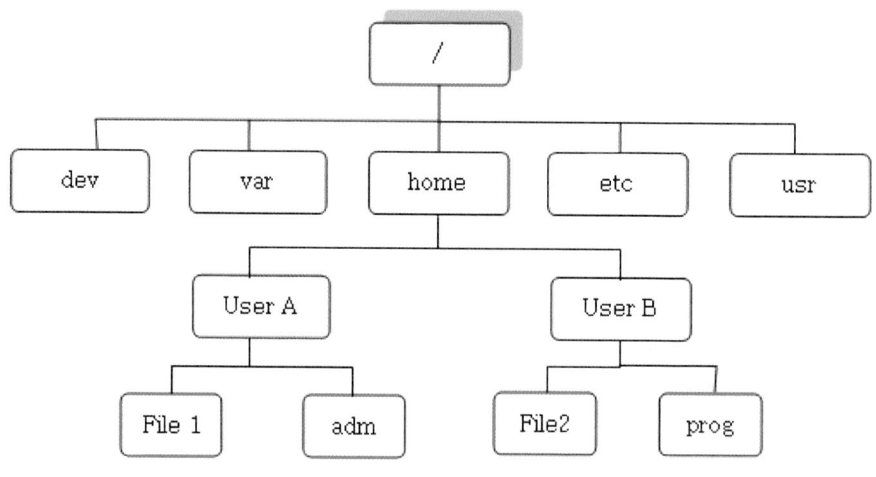

| 도표 | 유닉스 파일 시스템 구조

| 정답 | 다

47. 기억장소의 크기가 너무 작아서 이용할 수 없는 부분으로 남아 있는 상태는?

가. Compaction

나. Fragmentation

다. Garbage collection

라. Replacement

| 해설 | 프로세스는 분할된 기억공간에 할당이 되어야 한다. 만약 기억공간의 크기가 10Mega인데 프로세스의 크기는 1Mega라면 기억공간에 프로세스가 적재되어도 9Mega가 남게 된다. 이러한 공간을 내부 단편화(Internal Fragmentation)라고 한다. 반대로 프로세스가 10Mega인데 기억공간이 1Mega라면 1Mega라는 공간이 있어도 기억공간을 사용하지 못하는 문제가 발생하는데, 이것을 외부 단편화(External Fragmentation)라고 한다.

| 정답 | 나

48. 도스(MS-DOS)에서 사용자가 파일을 잘못해서 정보를 삭제하였을 때, 이를 복원하는 명령어는?

가. DELETE

나. UNDELETE

다. BACKUP

라. ANTI

| 해설 | UNDELETE는 DOS에서 삭제한 파일을 복구하는 명령어이다.

| 정답 | 나

49. "윈도우 98"에서 파일이나 폴더를 이동하거나 복사할 때 또는 창의 크기를 조절할 때 사용되는 마우스 조작은?

가. 클릭(Click)

나. 더블클릭(Double Click)

다. 드래그 앤 드롭(Drag & Drop)

라. 오른쪽 단추 클릭

| 해설 | 드래그 앤 드롭(Drag & Drop)은 폴더 혹은 파일을 이동, 윈도우(창) 크기 조절을 수행 할 수 있다.

| 정답 | 다

50. 도스(MS-DOS)에서 "ATTRIB" 명령 사용 시, 읽기 전용 속성을 해제할 때 사용하는 옵션은?

가. +H

나. -S

다. -A

라. -R

| 해설 | ATTRIB는 DOS에서 파일의 속성을 설정 및 해제할 때 사용하는 명령어이다.

[표] ATTRIB 옵션

옵션	설명
R(Read Only)	- 읽기전용 파일 속성
A(Archive)	- 저장속성
S(System)	- 시스템 파일 속성
H(Hidden)	- 숨김 파일 속성

| 정답 | 라

51. 위성통신의 다원접속 방법이 아닌 것은?

가. 주파수분할 다원접속

나. 코드분할 다원접속

다. 시분할 다원접속

라. 신호분할 다원접속

| 해설 | 다원접속 방법은 주파수분할, 코드분할, 시분할, 공간분할 다원접속이 존재한다.

(1) 주파수분할 다중화(FDM: Frequency Division Multiplexer)
좁은 주파수 대역을 사용하는 여러 개의 신호를 넓은 주파수 대역을 가진 하나의 전송로를 사용해서 전송되는 방식이다. 통신 채널이 제한된 주파수 대역을 여러 개의 독립된 저속 채널의 집단으로 분리한다.

(2) 시분할 다중화기(TDM: Time Division Multiplexer)
전송회선의 데이터 전송시간을 타임슬롯(Time Slot)이라는 일정한 시간폭으로 나누어서 일정한 크기의 데이터를 채널별로 전송하는 방법이다. 고속 전송이 가능하고 포인트 투 포인트(Point to Point) 방식에 주로 사용되며 동기식 시분할 다중화와 비동기식 시분할 다중화 방식이 있다.

| 정답 | 라

52. 통신속도가 50[Baud]일 때 최단부호펄스의 시간은?

가. 0.1[sec]　　　　　　　　　　　　나. 0.02[sec]

다. 0.05[sec]　　　　　　　　　　　　라. 0.01[sec]

| 해설 | Baud=1/최단부호펄스 시간이다. 50Baud이므로 최단부호펄스 시간은 0.02이다.

| 정답 | 나

53. 정보통신시스템을 구성하는 기본 요소가 아닌 것은?

가. 통신제어장치　　　　　　　　　　나. 전송회선

다. 호스트컴퓨터　　　　　　　　　　라. 멀티시스템계

| 해설 | 정보통신시스템의 4대 구성은 단말장치, 데이터 전송회선, 통신 제어장치, 컴퓨터이다.

| 정답 | 라

54. 비동기 변복조기에서 주로 널리 이용되는 변조방법은?

가. 위상편이변조(PSK)　　　　　　　나. 주파수편이변조(FSK)

다. 펄스코드변조(PCM)　　　　　　　라. 델타변조(DM)

| 해설 | 비동기 변복조기는 주파수편이변조를 사용한다.

| 정답 | 나

55. 하나의 정보를 여러 개의 반송파로 분할하고, 분할된 반송파 사이의 간격을 최소화하기 위해 직교 방식으로 다중화해서 전송하는 통신방식으로, 와이브로 및 디지털 멀티미디어 방송 등에 사용되는 기술은?

가. TDM

나. OFDM

다. DSSS

라. FHSS

| 해설 | OFDM(Orthogonal Frequency Division Multiplexing)은 주파수 보호 대역을 직교 방식으로 중첩해서 사용하는 방식으로 주파수 사용 효율을 높였다.

| 정답 | 나

56. 아날로그 신호를 디지털 신호로 전송하기 위해 필수적인 처리 과정이 아닌 것은?

가. 표본화

나. 정보화

다. 양자화

라. 부호화

| 해설 | PCM 방식은 아날로그 신호를 펄스로 변환하여 전송하고 수신 측에서는 다시 아날로그 신호로 변환한다.

[표] PCM 변조 과정

PCM 변조	설명
표본화(Sampling)	- 아날로그 파형을 연속적인 시간폭으로 나누어 작은 간격의 직사각형으로 시분할하여 신호를 만든다.
양자화(Quantization)	- 표본화된 신호의 진폭은 일정한 값이 아니라서 수량화를 수행하는 단계
부호화(Encoding)	- 양자화된 진폭값을 2진법으로 나타낼 수 있어서 아날로그 신호를 디지털 신호로 변환
복호화(Decoding)	- 디지털 신호를 펄스 신호로 변환
여과(Filtering)	- 본래의 아날로그 신호로 변환

| 정답 | 나

330

57. 정보통신에서 1초에 전송되는 비트(bit)의 수를 나타내는 전송속도의 단위는?

가. bps

나. baud

다. cycle

라. Hz

| 해설 |

[표] BPS와 Baud

구분	설명
BPS	- 데이터 통신에서 1초 동안 전송된 데이터 비트 수
Baud	- 전기 통신에서 1초당 발생한 신호의 변화 횟수

| 정답 | 가

58. 다음 중 변조방식을 분류한 것에 속하지 않는 것은?

가. 진폭편이변조

나. 주파수편이변조

다. 위상편이변조

라. 멀티포인트변조

| 해설 | 디지털 데이터를 아날로그로 부호화하는 방식은 다음과 같다.

[표] 디지털 데이터를 아날로그로 부호화

종류	설명
진폭편이변조	- ASK: Amplitude Shift Keying - 2진수 0 혹은 1에 서로 다른 진폭을 적용
주파수편이변조	- FSK: Frequency Shift Keying - 2진수 0 혹은 1에 서로 다른 주파수를 적용
위상편이변조	- PSK: Phase Shift Keying - 2진수 0 혹은 1에 서로 다른 위상을 적용
진폭위상변조	- QAM: Quadrature Amplitude Modulation - 진폭과 위성 변조를 동시에 함.

| 정답 | 라

59. 이동통신의 전파특성 중 이동체가 송신 측으로 빠르게 다가오거나 멀어짐에 따라 수신 신호의 주파수 천이가 발생하는 현상은?

가. 지연확산 나. 심볼 간 간섭현상

다. 경로손실 라. 도플러 효과

| 해설 | D

· **도플러 효과(Doppler Effect)**

음원의 움직임으로 발생되는 것으로 소리의 고음과 저음이 원래의 음과 다르게 들리는 현상

| 정답 | 라

60. TDM과 관련된 설명으로 옳은 것은?

가. 주로 아날로그 병렬전송에 이용된다.
나. 각 채널별 대역 필터가 필요하다.
다. 주파수 대역을 나누어 여러 채널로 사용한다.
라. 각 채널당 고정된 프레임을 구성하여 전송한다.

| 해설 | 시분할 다중화기(TDM: Time Division Multiplexer)

전송회선의 데이터 전송시간을 타임슬롯(Time Slot)이라는 일정한 시간폭으로 나누어서 일정한 크기의 데이터를 채널별로 전송하는 방법이다.

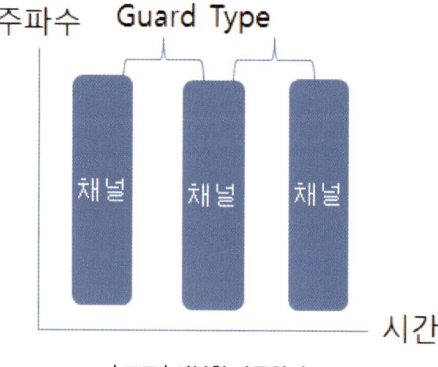

| 도표 | 시분할 다중화기

| 정답 | 라

제3회 정보처리기능사 기출문제

1. 현재 수행 중에 있는 명령어 코드(Code)를 저장하고 있는 임시저장장치는?

가. 인덱스 레지스터(Index Register)   나. 명령 레지스터(Instruction Register)

다. 누산기(Accumulator)   라. 메모리 레지스터(Memory Register)

| 해설 | 명령 레지스터는 현재 수행 중인 명령어 코드를 저장하고 있는 임시기억장치(레지스터) 이다.

| 정답 | 나

2. 다음 중 RISC(Reduced Instruction Set Computer)의 설명으로 옳은 것은?

가. 메모리에 대한 액세스는 LOAD와 STORE만으로 한정되어 있다.
나. 명령어마다 다른 수행 사이클을 가지므로 파이프라이닝이 효율적이다.
다. 마이크로 코드에 의해 해석 후 명령어를 수행한다.
라. 주소지정 방식이 다양하게 존재한다.

| 해설 | RISC는 축양형 명령어를 사용하고 주소지정 및 명령어의 종류가 적지만 많은 수의 레지스터를
사용해서 처리속도가 빠른 장점을 가진다. RISC는 LOAD와 STORE로만 메모리에 접근한다.

| 정답 | 가

3. 클록펄스에 의해서 기억된 내용을 한 자리씩 우측이나 좌측으로 이동시키는 레지스터는?

가. 시프트 레지스터

나. 범용 레지스터

다. 베이스 레지스터

라. 인덱스 레지스터

| 해설 | D

· 시프트 레지스터(Shift Regiser)

> - 기억된 데이터를 한 자리씩 왼쪽 혹은 오른쪽으로 이동
> - 곱셈 및 나눗셈 연산

| 정답 | 가

4. 중앙처리장치(CPU)에 해당하는 부분을 하나의 대규모 집적회로의 칩에 내장시켜 기능을 수행하게 하는 것은?

가. 마이크로프로세서　　　　　　　　　나. 컴파일러

다. 소프트웨어　　　　　　　　　　　　라. 레지스터

| 해설 | 마이크로프로세서(Micro Processor)는 CPU를 만든 직접회로이다.
마이크로프로세서의 기능은 연산기능, 정보 제어기능, 정보 기억기능, 버스(BUS)를 통해서 정보를 전달하는 기능을 가지며 동작속도가 빠르고 전력소모가 적으며 컴퓨터 시스템의 크기를 소형화하는 장점을 가지고 있다.

| 정답 | 가

5. 다음에 실행할 명령어의 번지를 기억하는 레지스터는?

가. Program Counter　　　　　　　　　나. Memory Address Register

다. Instruction Register　　　　　　　　라. Processor Register

| 해설 | 프로그램 카운터(Program Counter)는 CPU 내부에 있는 레지스터로 다음에 실행할 명령어의 주소를 기억하고 있는 레지스터이다.

| 정답 | 가

6. 8비트짜리 레지스터 A와 B에 각각 11010101과 111100000이 들어 있다. 레지스터 A의 내용이 00100101로 바뀌었다면 두 레지스터 A, B 사이에 수행된 논리연산은?

가. Exclusive-OR　　　　　　　　　　나. AND 연산

다. OR 연산　　　　　　　　　　　　　라. NOR 연산

| 해설 | XOR(eXclusive OR) 게이트는 베타적 논리합으로 둘 중 하나의 값이 1일 때만 출력이 1이 된다.

[도표] XOR 진리표

A	B	Y
0	0	0
0	1	1
1	0	1
1	1	0

| 정답 | 가

7. 2진수 (101010101010)2를 10진수로 변환하면?

가. (2730)10

나. (2630)10

다. (2740)10

라. (2640)10

| 해설 | $1 \times 2^{11} + 0 \times 2^{10} + 1 \times 2^9 + 0 \times 2^8 + 1 \times 2^7 + 0 \times 2^6 + 1 \times 2^5 + 0 \times 2^4 + 1 \times 2^3 + 0 \times 2^2 + 1 \times 2^1 + 0 \times 2^0 = 2730$

| 정답 | 가

8. 다음 진리표에 대한 논리식으로 올바른 것은?

A	B	Y
0	0	1
0	1	0
1	0	0
1	1	0

가. $Y = A \cdot B$ 나. $Y = \overline{A \cdot B}$

다. $Y = A + B$ 라. $Y = \overline{A + B}$

| 해설 |

[표] OR 게이트

A	B	Y
0	0	0
0	1	1
1	0	1
1	1	1

위의 문제는 Y값이 1, 0, 0, 0인데 이것은 Not OR이다. 즉, OR값 0, 1, 1, 1의 반대가 된다.

| 정답 | 라

9. 0-주소 명령의 연산 시 사용하는 자료 구조로 적당한 것은?

가. Stack   나. Graph

다. Queue   라. Deque

| 해설 | 0-주소 방식

0-주소 방식은 명령어에서 주소부가 존재하지 않고 수행할 명령코드인 OP-Code만 존재하는 명령형식으로 메모리를 참조할 필요가 없기 때문에 연산속도가 빠르며 Stack에서 사용한다.

[표] 0-주소 방식

OP-Code

| 정답 | 가

10. 8개의 bit로 표현 가능한 정보의 최대 가짓수는?

가. 255

나. 256

다. 257

라. 258

| 해설 | 2^8=256개이다.

| 정답 | 나

11. 연관 기억장치의 구성요소에 해당하지 않는 것은?

가. 검색 자료 레지스터

나. 마스크 레지스터

다. 일치 지시기

라. 인덱스 레지스터

| 해설 | 연관기억장치는 검색자료, 마스크 레지스터, 일치 지시기로 구성되며 내용에 의한 기억장치를 접근한다.

| 정답 | 라

12. 다음과 같은 계산에 의해 주소를 지정하는 방식은?

유효번지＝프로그램 카운터(PC)＋주소 부분(Operand)

가. 색인 주소지정

나. 상대 주소지정

다. 베이스 주소지정

라. 절대 주소지정

| 해설 | 계산에 의해서 주소를 지정하는 방법은 상대 주소지정 방식이다.

[표] 절대주소와 상대주소

구분	설명
절대 주소	- 순서대로 기억장치의 주소를 연속적으로 지정하는 방법 - 간단한 방법이지만 기억장치의 효율성이 저하됨.
상대 주소	- 특정 번지를 기준으로 주소를 지정함. - 기억장치 효율성이 좋지만 주소에 대한 파악이 어려움.

| 정답 | 나

---

13. 다음 중 기억장치로부터 읽혀지거나 기록할 자료를 임시로 보관하는 Register는?

가. PC(Program Counter)

나. MAR(Memory Address Register)

다. IR(Instruction Register)

라. MBR(Memory Buffer Register)

| 해설 | MBR은 주기억장치에 입출력할 자료를 기억하는 레지스터이다.

| 정답 | 라

---

14. PC 내에서 데이터를 이동하는 데 사용하는 버스(Bus)의 종류로 옳지 않은 것은?

가. 내부 버스

나. 데이터 버스

다. 어드레스 버스

라. 제어 버스

| 해설 |

[표] 외부 버스(BUS)의 종류

종류	설명
데이터 버스 (Data Bus)	- 데이터를 전송하기 위한 용도로 사용
주소 버스 (Address Bus)	- 기억장치 위치 또는 장치식별을 지정하기 위한 라인

338

제어 버스 (Control Bus)	- CPU와 주기억장치 또는 주변장치 사이에서 제어신호를 전송

가

15. ALU의 구성요소가 아닌 것은?

가. 가산기　　　　　　　　　　　　나. 누산기

다. 상태 레지스터　　　　　　　　　라. 명령 레지스터

| 해설 |

[표] ALU의 구성

구성	설명
누산기(ACCumulator)	- 연산장치에 있는 레지스터로 산술 및 논리연산의 결과를 일시적으로 기억하기 위해서 사용
가산기(Adder)	- 데이터 레지스터와 누산기의 값을 더하고 누산기에 저장
데이터 레지스터 (Data Register)	- 연산에 필요한 데이터를 일시적으로 저장
상태 레지스터 (Status Register)	- Program Status Word - 현재 상태 정보를 가지고 있는 레지스터
보수기(Complementer)	- 보수를 통해서 뺄셈과 나눗셈 연산을 수행

| 정답 | 라

16. 다음 논리회로에서 출력 f의 값은?

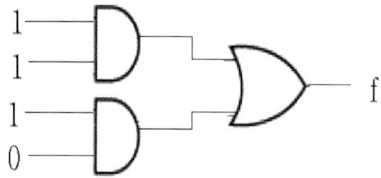

가. -1

나. 0

다. 1

라. 11

| 해설 | 위의 논리회로는 AND 게이트 2개와 OR 게이트 1개로 구성된다. 그래서 1과 1은 1이 되고 1과 0은 0이 된다. 최종으로 1과 0이 OR 게이트에 입력되므로 1이 된다.

| 정답 | 다

17. 주소접근방식 중 약식주소 표현 방식에 해당하는 것은?

가. 직접 주소

나. 간접 주소

다. 자료 자신

라. 계산에 의한 주소

| 해설 | 약식주소 표현이라는 것은 주소를 지정할 때 계산에 의해서 주소를 지정하는 것을 의미한다.

| 정답 | 라

18. 산술 및 논리 연산의 결과를 일시적으로 기억하는 것은?

가. 가산기

나. 누산기

다. 보수기

라. 감산기

| 해설 | 누산기(ACC)는 산술 및 논리연산의 결과를 일시적으로 저장하는 CPU 내의 레지스터이다.

· ACC(Accumulator)

> - 산술과 논리연산의 결과를 기억
> - 연산 수행 결과를 기억하는 레지스터로 연산의 중심이 되는 레지스터

| 정답 | 나

19. EBCDIC 코드의 존(Zone) 코드는 몇 비트로 구성되어 있는가?

가. 8

나. 7

다. 6

라. 4

| 해설 | EBCDIC 코드는 현재 많은 대형 컴퓨터에서 널리 사용되는 코드로 2^8인 256까지 문자, 숫자, 기호 등의 표현이 가능하다. 4비트의 Zone과 4비트의 Digit로 구성된다.

| 정답 | 라

20. 주소 부분에 있는 값이 실제 데이터가 있는 실제 기억장치 내의 주소를 나타내며 단순한 변수 등을 액세스하는 데 사용되는 주소지정 방식은?

가. 상대주소(Relative Address)

나. 절대주소(Absolute Address)

다. 간접주소(Indirect Address)

라. 직접주소(Direct Address)

| 해설 | 직접주소는 메모리를 참조했는데 바로 데이터가 존재하는 것을 의미한다.

| 정답 | 라

21. DBMS의 필수 기능 중 다음 설명에 해당하는 것은?

> 데이터의 정확성과 보안성을 유지하기 위한 무결성, 보안 및 권한 검사, 병행 제어 등의 기능을 정의

가. 정의 기능

나. 제어 기능

다. 조작 기능

라. 관리 기능

| 해설 | 데이터 제어는 데이터 제어어를 사용해서 권한할당(Grant), 권한회수(Revoke), 저장(Commit), 취소(Rollback) 등의 작업을 수행한다.

| 정답 | 나

---

22. 프레젠테이션을 구성하는 내용을 하나의 화면단위로 나타낸 것은?

가. 셀
나. 슬라이드
다. 시나리오
라. 매크로

| 해설 | 슬라이드는 프레젠테이션에서 하나의 화면을 의미한다.

| 정답 | 나

---

23. SQL에서 데이터베이스에 대한 일련의 처리를 하나로 모은 작업단위로 관리할 수 있는데, 이 작업단위는?

가. 페이지(Page)
나. 세그먼테이션(Segmentation)
다. 디스패치(Dispatch)
라. 트랜잭션(Transaction)

| 해설 | 트랜잭션(Transaction)은 데이터에서 작업을 처리하는 최소단위 작업이다.

| 정답 | 라

---

24. 3단계 스키마(SCHEMA)의 종류가 아닌 것은?

가. 개념 스키마
나. 외부 스키마
다. 관계 스키마
라. 내부 스키마

| 해설 | 데이터베이스의 구축은 3층 스키마(3 Level Schema)를 통해서 이루어진다. 3층 스키마는 데이터베이스의 독립성을 확보하기 위해서 데이터베이스의 구조를 정의하는 것으로 외부(External), 개념(Conceptual), 내부(Internal) 스키마로 구분되며 3층 스키마는 데이터베이스에 논리적인 독립성과 물리적인 독립성을 제공한다.

| 정답 | 다

25. 데이터베이스 시스템의 모든 관리와 운영에 대한 책임을 지고 있는 사람을 의미하는 것은?

가. DBA

나. ATTRIBUTE

다. SCHEMA

라. ENTITY

| 해설 | 데이터베이스 관리자(DBA: Database Administrator)는 데이터베이스를 생성, 변경 및 권한 등을 관리하는 관리자이다.

| 정답 | 가

26. 데이터 정의어(DDL)에 해당하는 SQL 명령은?

가. UPDATE

나. CREATE

다. INSERT

라. SELECT

| 해설 |

[표] 데이터 정의어

데이터 정의어	설명
Create	- 테이블, 뷰, 인덱스 등을 생성
Alert	- 생성된 테이블을 변경
Drop	- 테이블, 뷰, 인덱스 등을 삭제

| 정답 | 나

27. 다음 SQL 명령문의 의미로 가장 적절한 것은?

DROP TABLE 학과 CASCADE;

가. 학과 테이블을 제거하시오.
나. 학과 필드를 제거하시오.
다. 학과 테이블과 이 테이블을 참조하는 다른 테이블도 함께 제거하시오.
라. 학과 테이블이 다른 테이블에 참조 중이면 제거하지 마시오.

| 해설 | Drop Table의 명령에는 중요한 두 개의 옵션이 존재한다. Drop table 학과 CASCADE; 로 실행하면, 테이블을 참조하는 다른 테이블 등을 자동으로 한꺼번에 모두 삭제한다.
Drop Table 학과 RESTRICT; 로 실행하면 테이블을 삭제할 때 다른 테이블이 참조 중이면 삭제를 취소하는 옵션이다.

| 정답 | 다

28. 스프레드시트의 주요 기능과 거리가 먼 것은?

가. 자동계산 기능   나. 데이터베이스의 기능

다. 문서작성 기능   라. 프레젠테이션 기능

| 해설 |

· **스프레드시트의 주요 기능**

- 데이터 계산 및 입력 데이터 검색
- 각종 차트 작성
- 그림, 지도, 클립아트와 같은 내부 및 외부 객체를 삽입
- 통계 지원

| 정답 | 라

29. 고객 테이블의 모든 자료를 검색하는 SQL문으로 옳은 것은?

가. SELECT % FROM 고객;   나. SELECT ? FROM 고객;

다. SELECT * FROM 고객;   라. SELECT # FROM 고객;

| 해설 | SELECT문에서 * 의 의미는 고객 테이블의 모든 속성을 출력하라는 뜻이다.

| 정답 | 다

30. 스프레드시트에서 특정 열과 행이 교차하면서 만들어진 사각형 영역은?

가. 레이블

나. 매크로

다. 셀

라. 필터

| 해설 | 스프레드시트에서 입력되는 최소단위는 셀(Cell)이고 이것은 행과 열이 교차적으로 만나는 것이다.

| 정답 | 다

31. 도스(MS-DOS)에서 현재 사용 중이거나 지정한 디스크에 저장된 파일과 디렉터리 목록을 화면에 출력하는 명령은?

가. DIR

나. PROMPT

다. VER

라. MD

| 해설 | DIR은 파일목록을 출력하는 DOS 명령어이다. 유닉스에서 ls이다.

| 도표 | DIR 실행 예제

| 정답 | 가

32. 사용자와 하드웨어 사이에서 중재자 역할을 수행하며, 하드웨어 자원을 관리하고 시스템 및 응용 프로그램의 실행에 도움을 제공하는 것은?

가. 컴파일러   나. 운영체제

다. 인터프리터   라. 어셈블러

| 해설 | 운영체제는 하드웨어를 관리하고 응용 프로그램이 작업을 실행할 수 있도록 도와주는 프로그램으로 가정에서 흔히 사용되는 윈도우가 대표적이다. 윈도우는 개인용 컴퓨터를 관리해 주고 프로그래머가 개발한 프로그램이 기동될 수 있도록 도와준다.

[표] 운영체제 기능

주요 기능	설명
프로세스 관리	- 실행 중인 프로세스(프로그램)에게 메모리를 할당하거나 CPU를 사용하게 하는 스케줄링 기능
자원 관리	- 주기억장치, 주변장치 등의 하드웨어 관리
입출력 관리	- 입력과 출력장치 관리
파일 관리	- 보조기억장치에 기록된 폴더 및 파일 관리
하드웨어 제어	- 컴퓨터 시스템의 하드웨어를 관리하고 제어

| 정답 | 나

33. 중앙처리장치와 같이 처리 속도가 빠른 장치와 프린터와 같이 처리 속도가 느린 장치들 간의 처리 속도 문제를 해결하기 위한 방법은?

가. 링킹   나. 스풀링

다. 매크로 작업   라. 컴파일링

| 해설 | 스풀링은 저속인 프린터와 속도가 빠른 프로그램 혹은 CPU 간의 처리속도 차이를 해결하기 위해서 만들어진 것이다.

| 정답 | 나

34. 도스(MS-DOS)에서 디스크에 저장된 파일을 삭제하는 명령은?

가. DEL　　　　　　　　　　나. TIME

다. DATE　　　　　　　　　라. COPY

| **해설** | DEL은 DOS에서 파일을 삭제하는 명령어이다.

| **정답** | 가

35. 다음 문장의 ( ) 안에 알맞은 내용은?

> ( ) selects from among the processes in memory that are ready to execute, and allocates the CPU

가. Cycle　　　　　　　　　나. Spooler

다. Buffer　　　　　　　　　라. Scheduler

| **해설** | 스케줄러(Scheduler)는 프로세스에게 CPU를 할당하거나 실행시키는 기능을 수행한다.

| **정답** | 라

36. 로더(Loader)가 수행하는 기능으로 옳지 않은 것은?

가. 재배치가 가능한 주소들을 할당된 기억장치에 맞게 변환한다.
나. 로드 모듈은 주기억장치로 읽어 들인다.
다. 프로그램의 수행 순서를 결정한다.
라. 프로그램을 적재할 주기억장치 내의 공간을 할당한다.

| **해설** | 로드(Loader)는 기계어로 번역된 목적 프로그램을 주기억장치에 적재하는 역할을 하는 것으로 기억장치를 할당, 재배치, 적재 기능을 가진다.

| **정답** | 다

37. 도스(MS-DOS) 명령어 중 외부 명령어에 해당하는 것은?

가. TYPE

나. COPY

다. FORMAT

라. DATE

| 해설 | 내부 명령어는 COMMAND.COM이 실행시키는 명령어이고, 외부 명령어는 별도의 파일이 존재하는 것으로 FORMAT은 외부 명령어이다.

| 정답 | 다

38. 운영체제의 서비스 프로그램(Service Program) 중 사용자의 편의를 도모하기 위한 프로그램으로 텍스트 에디터, 디버거 등을 포함하고 있는 것은?

가. 라이브러리(Library) 프로그램

나. 로더(Loader)

다. 유틸리티(Utility) 프로그램

라. 컴파일러(Compiler)

| 해설 | 유틸리티(Utility) 프로그램은 사용자들에게 자주 사용되는 프로그램으로 편의성을 위해서 미리 만들어 둔 프로그램이다.

| 정답 | 다

39. UNIX에서 현재 작업 디렉터리 경로를 화면에 출력하는 명령어는?

가. pwd

나. cat

다. tar

라. vi

| 해설 | pwd 명령은 현재 디렉터리 경로를 출력한다.

| 도표 | 유닉스에 pwd 실행 예제

| 정답 | 가

40. 윈도우 98에서 '시스템 도구' 메뉴에 포함되지 않는 것은?

가. 디스크 검사   나. 디스크 조각 모음

다. 디스크 정리   라. 디스크 포맷

| 해설 | 시스템 도구는 시스템 관리를 수행하는 프로그램으로 디스크 검사, 디스크 조각 모음, 디스크
        정리 등을 수행한다.

| 정답 | 라

41. 윈도우98에서 새로운 하드웨어를 장착하고 시스템을 가동시키면 자동으로 하드웨어를 인식하고 실행하는 기능은?

가. Interrupt 기능　　　　　　　나. Auto & Play 기능

다. Plug & Play 기능　　　　　　라. Auto & Plag 기능

| 해설 | Plug & Play는 윈도우에 하드웨어를 자동으로 인식하는 기능으로, 사용자는 편리하고 쉽게 새로운 하드웨어를 추가할 수 있다.

| 정답 | 다

42. 윈도우 98의 찾기 메뉴에서 지정할 수 있는 형식이 아닌 것은?

가. 파일 속성　　　　　　　　　나. 파일의 크기

다. 포함하는 문자열　　　　　　라. 파일 형식

| 해설 | 파일이름, 크기, 종류, 확장자명, 날짜, 시간, 파일 형식을 포함하는 문자열을 지정할 수 있다.

| 정답 | 가

43. 다음 ( ) 안에 들어갈 알맞은 용어는?

The ( ) algorithm replaces the resident page that has spent the longest time in memory. Whenever a page is to be evicted, the oldest page is identified and removed from main memory.

가. FIFO　　　　　　　　　　　나. LRU

다. OPT　　　　　　　　　　　라. NRU

| 해설 | FIFO(First In First Out)은 프로세스에게 준비 큐에 진입한 순서대로 CPU를 할당한다.

| 정답 | 가

44. DOS 명령어 중 텍스트 파일의 내용을 출력하는 명령은?

가. VER
나. TYPE
다. CAT
라. LABEL

| 해설 | TYPE 명령은 텍스트 파일 내용을 보여주는 DOS 명령어이다.

| 정답 | 나

45. 다음 중 온라인 실시간 시스템의 조회 방식에 가장 적합한 업무는?

가. 객관식 채점 업무
나. 좌석 예약 업무
다. 봉급 계산 업무
라. 성적 처리 업무

| 해설 | 실시간 시스템(Real Time System)은 사용자의 요청에 대해서 즉시 응답할 수 있는 시스템으로, 시간 제약을 설정하고 시간 제약사항 내에 작업을 완료할 수 있다.

| 정답 | 나

46. 운영체제의 스케줄링 기법 중 선점(Preemptive) 스케줄링에 해당하는 것은?

가. SRT
나. SJF
다. FIFO
라. HRN

| 해설 | 스케줄링 기법은 프로세스가 CPU를 할당받은 상태에서 다른 프로세스가 CPU 점유를 뺏을 수 있는 선점형 기법과 뺏을 수 없는 비선점형 기법이 존재한다.

[표] 선점형 기법

선점형 기법	설명
Rond Robin	- 프로세스에 시간 할당량(Time Slice)을 주고 시간 할당량 동안 CPU를 점유하고 작업을 처리
SRT (Shortest Remaining Time)	- 프로세스 중에서 가장 짧게 남아 있는 프로세스에게 CPU를 할당
MFQ (MultiLevel Feedback Queue)	- 여러 개의 큐를 활용하여 작업을 처리

| 정답 | 가

47. 다음이 설명하고 있는UNIX 파일 시스템의 구조에 해당하는 것은?

> UNIX 시스템에서 파일 및 디렉터리를 관리하기 위해 사용되는 자료 구조이며, 각 파일이나 디렉터리에 대한 모든 정보를 지정하고 있다.

가. 부트 블록

나. 슈퍼 블록

다. I-node

라. 데이터 블록

| 해설 | Inode는 파일이나 디렉터리에 대한 모든 정보를 가지고 있는 구조이다.

· 유닉스 inode가 가진 정보

> - 파일 소유자의 사용자 ID
> - 파일 소유자의 그룹 ID
> - 파일 크기
> - 파일이 생성된 시간
> - 최근 파일이 사용된 시간
> - 최근 파일이 변경된 시간
> - 파일이 링크된 수
> - 접근모드
> - 데이터 블록 주소

| 정답 | 다

48. DOS의 환경설정 파일(CONFIG.SYS)에 대한 설명으로 옳지 않은 것은?

가. 도스 운영에 필요한 환경을 설정하는 파일이다.
나. 어느 디렉터리에 존재하든 상관없이 제 역할을 수행한다.
다. 사용자가 만들며 수정할 수 있다.
라. TYPE 명령으로 내용을 확인할 수 있다.

| **해설** | 환경설정 파일은 루트에 존재해야 한다.

| 정답 | 나

49. 다음 유닉스(UNIX) 명령어 중 디렉터리 조작 명령만을 옳게 나열한 것은?

mv, cd, mkdir, mount, dump, chmod

가. cd, mkdir

나. dump, chmod

다. mv, mkdir

라. chmod, mount

| **해설** | D

[표] 유닉스에서 디렉터리 조작 명령어

명령어	설명
pwd	- 현재 디렉터리 위치를 파악
mkdir	- 디렉터리 생성
rmdir	- 디렉터리 삭제
cd	- 디렉터리 변경

| 정답 | 가

50. 윈도우98에서 하나의 디렉터리 내의 모든 파일을 선택할 때 사용하는 단축키는?

가. [Shift] + [F5] 　　　　　　　　　나. [Ctrl] + [A]

다. [Shift] + [Alt] 　　　　　　　　　라. [Ctrl] + [F1]

| 해설 | 윈도우에서 [Ctrl] + [A]는 모든 파일을 선택하는 명령어이다.

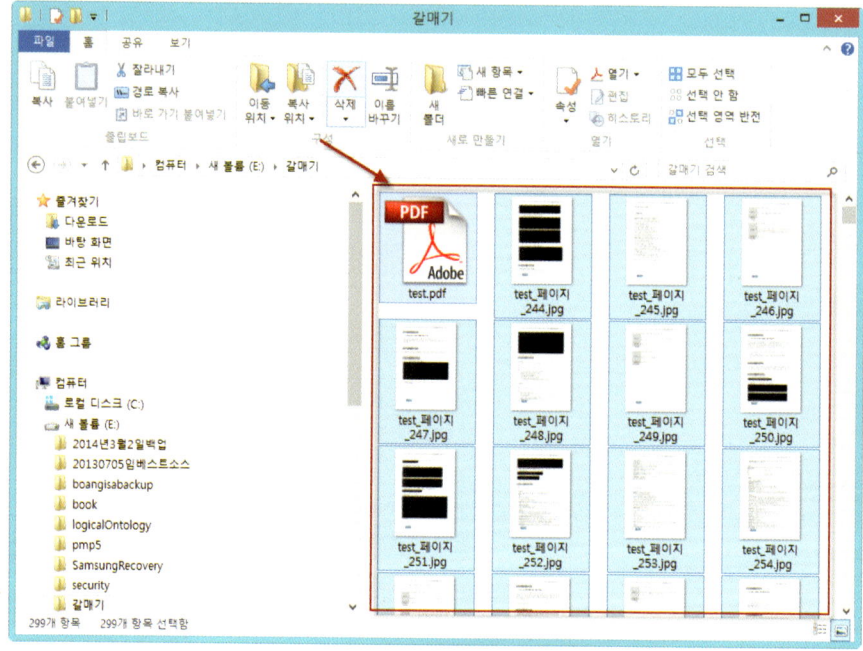

| 도표 | 윈도에서 [Ctrl] + [A] 실행

| 정답 | 나

354

51. 다음 중 라디오 방송에 이용하는 통신매체는?

가. 스크린 케이블   나. 광파

다. 전자파   라. 동축 케이블

| **해설** | 전자파는 라디오파라고도 한다. 전기장 공간을 통해서 전파한다.

| 정답 | 다

52. 전송하려는 부호들의 최소 해밍 거리가 6일 때 수신 시 정정할 수 있는 최대 오류의 수는?

가. 1   나. 2

다. 3   라. 6

| **해설** | 6일 때 최대 오류의 개수는 $6 >= 2A+1$, $A=2$가 된다.

| 정답 | 나

53. 다음 중 온라인(On-line) 처리 시스템의 기본적인 구성에 속하지 않는 것은?

가. 단말장치   나. 통신회선

다. 변복조기   라. 전자교환기

| **해설** | 전자교환기는 온라인 처리 시스템 구성에 속하지 않는다.

| 정답 | 라

54. 연속적인 신호파형에서 최고 주파수가 W[Hz]일 때 나이키스트 표본화 주기는?

가. W

나. 1/W

다. 2W

라. 1/2W

| 해설 | 나이키스트 표준화 주기는 최대 주파수를 2배 이상 높인 주파수에 표본화하는 경우 원래 신호를 재현할 수 있다. 최대 주파수는 1/2과 같다.

| 정답 | 라

55. EIA RS-232C의25PIN 중 송신데이터는 몇 번 PIN에 해당되는가?

가. 2번

나. 3번

다. 10번

라. 22번

| 해설 | RS-232C는 2번은 데이터를 송신, 3번은 데이터를 수신, 4번은 송신 요구, 5번은 송신 준비완료를 담당한다.

| 정답 | 가

56. FM 변조에서 신호 주파수가 5[KHz], 최대 주파수편이가75[KHz]일 때 주파수 변조파의 대역폭은?

가. 85[Khz]

나. 100[Khz]

다. 160[Khz]

라. 200[Khz]

| 해설 | 신호 주파수가 5이고 최대 주파수편이가 75이다. 5+75=80이고 80×2=160이 된다.

| 정답 | 다

57. 데이터 통신 시스템의 구성요소에 해당되지 않는 것은?

가. 단말계   나. 데이터 전송계

다. 데이터 처리계   라. 멀티시스템계

| 해설 |

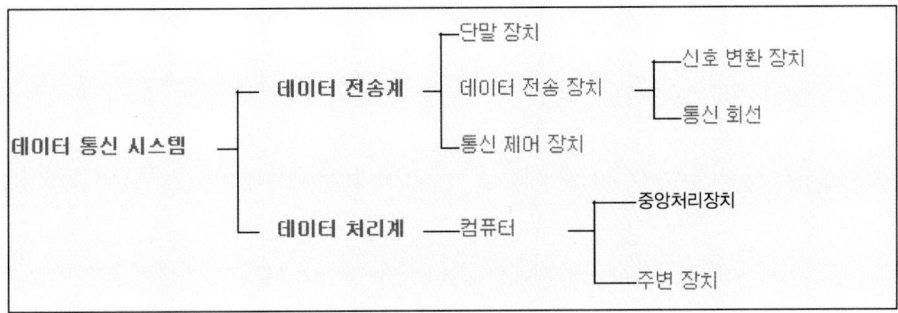

| 도표 | 데이터 통신 시스템

| 정답 | 라

58. 데이터 통신의 교환 방식에 해당하지 않는 것은?

가. 메시지 교환

나. 수동 교환

다. 패킷 교환

라. 회선 교환

| 해설 | 데이터 통신 교환방식은 회선 교환, 패킷 교환, 메시지 교환이 있다.

| 정답 | 나

59. 100[MHz]의 반송파를 최대 주파수편이가 60[KHz]이고, 신호파 주파수가 10[KHz]로 FM 변조할 때 변조 지수는?

가. 4

나. 6

다. 8

라. 10

| 해설 | 최대 주파수편이가 60이고 신호 주파수가 10이면, 60/10으로 6이 된다.

| 정답 | 나

60. 다음 중 진폭과 위상을 변화시켜 정보를 전달하는 디지털 변조 방식은?

가. QAM

나. FSK

다. PSK

라. ASK

| 해설 | QAM은 진폭과 위상 변화를 동시에 하는 변조 방식이다.

[표] 디지털 데이터를 아날로그로 부호화

종류	설명
진폭편이변조	- ASK: Amplitude Shift Keying - 2진수 0 혹은 1에 서로 다른 진폭을 적용
주파수편이변조	- FSK: Frequency Shift Keying - 2진수 0 혹은 1에 서로 다른 주파수를 적용
위상편이변조	- PSK: Phase Shift Keying - 2진수 0 혹은 1에 서로 다른 위상을 적용
진폭위상변조	- QAM: Quadrature Amplitude Modulation - 진폭과 위성 변조를 동시에 함.

| 정답 | 가

제4회 정보처리기능사 기출문제

1. 일반적으로 명령어의 패치 사이클 중에는 현재 수행하고 있는 명령어의 위치를 가리키고, 실행 사이클 중에는 바로 다음에 실행할 명령어의 위치를 가리키는 Register는?

가. 누산기(accumulator)

나. 프로그램 카운터(program counter)

다. 명령어 레지스터(instruction register)

라. 범용 레지스터(general purpose register)

| 해설 | 프로그램 카운터(program counter)는 다음에 실행할 명령어의 위치를 가지고 있는 레지스터 이다.

| 정답 | 나

2. 스택 연산에서 데이터를 삽입하거나 삭제하는 동작을 나타내는 것은?

가. ADD, SUB

나. LOAD, STORE

다. PUSH, POP

라. MOV, MUL

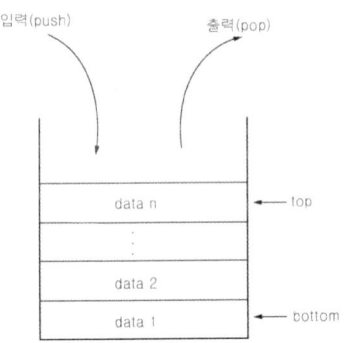

| 도표 | 스택 구조

| 해설 | 스택(STACK)은 가장 먼저 들어온 것이 가장 늦게 나오는 것이다. 스택은 Top으로 삽입(Push)되고 Top으로 삭제(Pop) 된다.

| 정답 | 다

3. 다음 중 제어장치에서 명령어의 실행 사이클에 해당하지 않는 것은?

가. 인출주기(fetch cycle)

나. 직접주기(direct cycle)

다. 간접주기(indirect cycle)

라. 실행주기(execute cycle)

| 해설 |

[도표] 명령 사이클

명령 사이클	설명
인출 사이클 (Fetch Cycle)	- 주기억장치에서 CPU로 명령어를 읽어 오는 과정 - Load라는 프로그램이 수행함.
간접 사이클 (Indirect Cycle)	- 명령어 형식의 Operand가 간접주소 형태인 경우 유효주소를 계산
실행 사이클 (Execute Cycle)	- 인출된 명령어를 실행하는 사이클
인터럽트 사이클 (Interrupt Cycle)	- 명령 실행 중에 인터럽트가 발생할 경우 인터럽트를 처리하는 사이클

| 정답 | 나

4. 전가산기(Full Adder)는 어떤 회로로 구성되는가?

가. 반가산기 1개와 OR 게이트로 구성된다.
나. 반가산기 1개와 AND 게이트로 구성된다.
다. 반가산기 2개와 OR 게이트로 구성된다.
라. 반가산기 2개와 AND 게이트로 구성된다.

| 해설 | 전가산기는 반가산기 2개와 OR 게이트로 구성되어 있다.

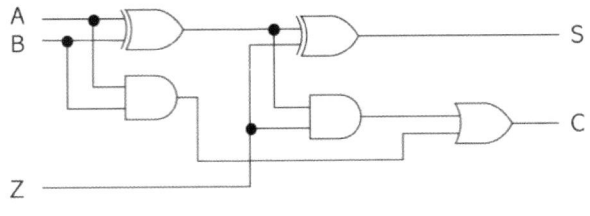

| 도표 | 전가산기

| 정답 | 다

5. CISC(Complex Instruction Set Computer)의 특징으로 틀린 것은?

가. 많은 수의 명령어

나. 다양한 주소지정 방식

다. 가변 길이 명령어 형식

라. 단일 사이클의 명령어 실행

| 해설 | CISC는 많은 수의 명령어와 다양한 주소지정, 가변 길이 명령어 형식으로 지원하지만 처리 속도가 느린 문제점이 있다.

| 정답 | 라

6. EBCDIC 코드는 몇 개의 Zone bit를 갖는가?

가. 1

나. 2

다. 3

라. 4

| 해설 | EBCDIC 코드는 현재 많은 대형 컴퓨터에서 널리 사용되는 코드로 2^8인 256까지 문자, 숫자, 기호 등의 표현이 가능하다. 4비트의 Zone과 4비트의 Digit로 구성된다.

| 정답 | 라

7. 가상 메모리를 사용하는 목적으로 가장 옳은 것은?

가. 주기억장치의 용량 제한으로 발생하는 문제 해결
나. CPU와 주기억장치 사이의 속도 차이 개선
다. 대용량 멀티미디어 데이터 보존을 위한 백업
라. 컴퓨터 부팅에 사용되는 초기화 프로그램 보관

| **해설** | 가상 기억장치는 별도의 기억장치가 아니라 주기억장치의 기억용량이 보조기억장치에 비해서
적기 때문에 주기억장치의 확대를 위해서 보조기억장치를 마치 주기억장치처럼 사용하는 기
억장치이고 이것의 실제 데이터는 보조기억장치에 저장된다. 가상 기억장치는 주기억장치의
적은 용량을 디스크를 활용하여 확대한다.

| 정답 | 가

8. 다음 회로와 관련이 있는 장치는?

감산기, 보수기, 누산기, 가산기

가. 연산장치   나. 제어장치

다. 기억장치   라. 입력장치

| **해설** | CPU 연산장치는 누산기, 가산기, 보수기, 감산기로 이루어져 있다.

| 정답 | 가

9. 다음 진리표에 해당하는 논리식은?

입력		출력
A	B	
0	0	0
0	1	0
1	0	1
1	1	0

가. $\overline{A}+B$

나. $\overline{A}\cdot B$

다. $A+\overline{B}$

라. $A\cdot\overline{B}$

| **해설** | B의 Not은 1, 0, 1, 0이 된다. 이것은 A와 AND(곱)를 하면 0, 0, 1, 0이 출력된다.

| 정답 | 라

10. 8bit를 1word로 이용하는 컴퓨터에서 op code를 3bit 사용하면 인스트럭션을 몇 개 사용할 수 있는가?

가. 4

나. 6

다. 8

라. 16

| **해설** | Op Code, 즉 명령코드가 3비트이면 $2^3=8$이 된다.

| 정답 | 다

11. (A+1)×(B+1)+C의 논리식을 간단히 한 결과는?

가. 1   나. 0

다. A   라. C

| 해설 | 불대수에서 A+1은 1이 된다. 또 B+1도 1이 된다. 1×1=1이 되고 1+C는 다시 1이 된다.

| 정답 | 가

12. 다음과 같은 논리식으로 구성되는 회로는? [단, S는 합(Sum), C는 자리올림(Carry)을 나타낸다.]

$$S = \overline{A} \cdot B + A \cdot \overline{B} \quad C = A \cdot B$$

가. 반가산기(Half adder)   나. 전가산기(Full adder)

다. 전감산기(Full Subtracter)   라. 부호기(Encoder)

| 해설 | 반가산기는 두 개의 입력(A, B)으로 두 개의 출력(Sum, Carry)을 발생시키는 것으로 XOR 게이트
와 AND 게이트로 구성된다. 출력 Sum은 입력 A와 B의 합과 자리올림(Carry)을 얻는 회로이다.

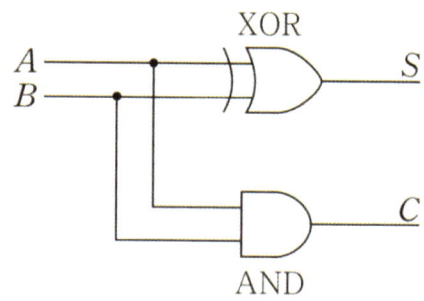

| 도표 | 반가산기 논리회로

| 정답 | 가

13. 다음 중 주소 일부를 접속하거나 계산하여 기억장치에 접근시킬 수 있는 주소의 일부분을 생략한 주소 표현 방식은?

가. 절대주소

나. 약식주소

다. 생략주소

라. 자료 자신

| 해설 | 약식주소는 계산에 의한 주소를 이용하여 일부분을 생략한 주소 표현 방법이다.

| 정답 | 나

14. 묵시적 주소지정 방식을 사용하는 산술 명령어는 주로 어떤 레지스터의 내용을 사용하여 연산을 수행하는가?

가. PC

나. MBR

다. AC

라. SP

| 해설 | 묵시적 주소(Implied Addressing)는 주소가 묵시적으로 정해져 있고 산술명령은 ACC(Accumulator)를 사용한다.

| 정답 | 다

15. 다음과 같은 논리회로에서 A의 값이 1010, B의 값이 1110일 때 출력 Y의 값은?

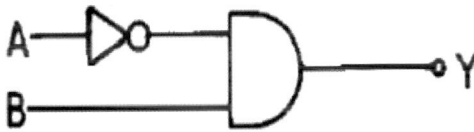

가. 1111

나. 1001

다. 1010

라. 0100

| 해설 | A값은 1010이 입력되고 NOT 게이트를 통과하면 0101이 된다. 0101과 B값 1110과 AND가 되면 0100이 된다.

| 정답 | 라

16. 제어논리장치(CLU)와 산술논리연산장치(ALU)의 실행 순서를 제어하기 위해 사용하는 레지스터는?

가. Flag Register

나. Accumulator

다. Data Register

라. Status Register

| 해설 | 플래그 레지스터(Flag Register)는 산술연산장치와 제어논리의 실행 순서를 제어한다.

| 정답 | 가

17. CPU의 정보처리 속도 단위 중 초당 100만 개의 명령어를 수행하는 것을 나타내는 단위는?

가. MHZ

나. KIPS

다. MIPS

라. LIPS

| 해설 |

[도표] 정보처리 속도

구분	상세 기능
LISP	- Logical Inference Per Second - 1초에 실행 가능한 논리 추론 횟수
KIPS	- Kilo Instruction Per Second - 1초에 1,000개 연산 실행
MIPS	- Million Instruction Per Second - 1초에 100만 개 연산 실행
FLOPS	- Floating-point Operation Per Second - 초당 수행할 수 있는 부동소수점 연산
MFLOPS	- Mega Floating-point Operation Per Second - 초당 100만 개를 수행하는 부동소수점 연산
GFLOPS	- Giga FLoating-point Operation Per Second - 초당 10억 개를 수행하는 부동소수점 연산

| 정답 | 다

18. 순차적인 주소지정 등에 유리하며, 주소지정에 2개의 레지스터가 사용되는 방식은?

가. 직접 Addressing

나. 간접 Addressing

다. 상대 Addressing

라. 색인 Addressing

| 해설 | 색인(Index) Addressing은 주소와 값을 더해서 주소를 지정하는 방식으로 명령어의 오퍼랜드
부분과 더해서 유효주소를 결정한다.

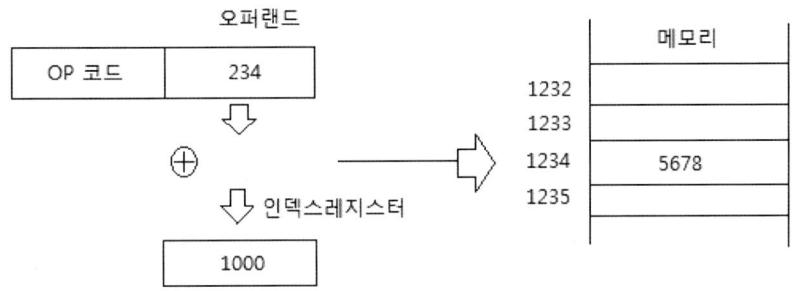

| 도표 | 색인 주소지정 방법

| 정답 | 라

19. 개인용 컴퓨터에 주로 사용되고 있는 중앙처리장치는 무엇으로 구성되는가?

가. 코프로세서

나. 핸드쉐이킹

다. 마이크로프로세서

라. 초고밀도집적회로

| 해설 | 컴퓨터의 두뇌 역할을 하는 것은 CPU라는 하드웨어이다. CPU는 주기억장치로부터 데이터를
입력받아 연산작업을 수행하는 비메모리 반도체로, 흔히 마이크로프로세서라고도 한다.

| 정답 | 다

20. JK 플립플롭에서 J=K=1일 때 출력 동작은?

가. Set

나. Clear

다. No Change

라. Complement

| **해설** | RS의 불능상태를 보완하기 위한 회로로 두 비트가 1일 때 반전한다. J=K=1이면 반전(Toggle)된다. JK 플립플롭은 직접회로로 가장 많이 사용되는 플립플롭이다.

| 정답 | 라

21. 다음의 SQL 명령에서 DISTINCT의 의미를 가장 잘 설명한 것은?

```
SELECT DISTINCT 학과명
FROM 학생 WHERE 총점>80;
```

가. 학과명이 중복되지 않게 검색한다.

나. 중복된 학과명만 검색한다.

다. 동일한 총점을 가진 학생만 검사한다.

라. 학과명만 제외하고 검색한다.

| **해설** | DISTINCT는 중복된 레코드를 제거하고 출력한다.

| 정답 | 가

22. 스프레드시트에서 조건을 부여하여 이에 맞는 자료들만 추출하여 표시하는 것을 무엇이라고 하는가?

가. 정렬

나. 필터

다. 매크로

라. 프레젠테이션

| **해설** | 필터(Filter)는 사용자가 선택한 조건에 맞는 레코드(행)만 조회하는 것이다

| 정답 | 나

23. 관계 데이터베이스에서 하나의 애트리뷰트가 취할 수 있는 같은 타입의 모든 원자 값의 집합을 무엇이라고 하는가?

가. 튜플(tuple)

나. 도메인(domain)

다. 스키마(schema)

라. 인스턴트(instance)

| 해설 | 도메인(DOMAIN)은 속성이 가질 수 있는 값의 범위이다. 예를 들어, 성별이라는 속성은 남자, 여자만 가질 수 있다. 이러한 것을 도메인이라고 한다.

| 정답 | 나

24. 데이터베이스 제어어(DCL) 중 사용자에게 조작에 대한 권한을 부여하는 명령어는?

가. IPTION

나. REVOKE

다. GRANT

라. VALUES

| 해설 |

[표] 데이터 제어어

데이터 제어어	설명
Commit	- 변경된 내용을 확인하는 것으로 저장의 역할을 수행
Rollback	- 변경된 내용을 취소
Grant	- 사용자에게 권한을 부여
Revoke	- 사용자 권한을 해제

| 정답 | 다

25. 프레젠테이션에서 화면 전체를 전환하는 단위를 의미하는 것은?

가. 개체

나. 개요

다. 스크린 팁

라. 슬라이드

| 해설 | 프레젠테이션에서 문서를 작성하는 단위가 슬라이드이고 슬라이드 단위로 화면을 전환한다.

| 정답 | 라

26. 데이터베이스 설계 단계를 순서대로 기술한 것은?

가. 논리적 설계 → 개념적 설계 → 물리적 설계
나. 논리적 설계 → 물리적 설계 → 개념적 설계
다. 개념적 설계 → 물리적 설계 → 논리적 설계
라. 개념적 설계 → 논리적 설계 → 물리적 설계

| 해설 | 데이터베이스 설계단계는 전체적인 구조를 설계하는 개념적 설계, 데이터베이스 테이블을 설
계하는 논리적 설계, 테이블을 생성하는 물리적 설계 순으로 구축한다.

| 정답 | 라

27. 데이터베이스에서 정보 부재를 명시적으로 표현하기 위해 사용하는 특수한 데이터 값은?

가. 널(null)

나. 공백(blank)

다. 샵(#)

라. 영(zero)

| 해설 | 널(NULL)값은 아무런 의미가 없는 값을 의미한다.

| 정답 | 가

28. 스프레드시트에 행과 열이 교차되면서 만들어지는 각각의 사각형을 무엇이라고 하는가?

가. 셀   나. 차수

다. 카디널리티   라. 슬라이더

| 해설 | 스프레드시트에서 입력되는 최소단위는 셀(Cell)이고 이것은 행과 열이 교차적으로 만나는 것이다.

| 정답 | 가

29. 하나 이상의 기본 테이블로부터 유도되어 만들어지는 가상 테이블은?

가. 뷰(VIEW)   나. 유리창(WINDOW)

다. 스키마(SCHEMA)   라. 도메인(DOMAIN)

| 해설 | 뷰(View)는 테이블로 유도된 가상 테이블이다. 뷰를 삭제해도 테이블은 삭제되지 않는다. 뷰의 생성은 Create View … AS …로 생성하고 뷰는 Alert로 변경할 수 없다. 뷰의 삭제는 Drop View로 한다.

| 정답 | 가

30. 테이블을 제거할 때 사용하는 SQL 명령어는?

가. DELETE   나. DROP

다. VIEW   라. ALTER

| 해설 | 테이블 삭제는 Drop 테이블명으로 한다.

| 정답 | 나

31. UNIX에서 파일을 삭제할 때 사용되는 명령어는?

가. ls
나. cp

다. pwd
라. rm

| **해설** | 유닉스에서 파일 삭제는 rm 명령이고 rm 파일명으로 한다.

| 정답 | 라

32. 다음 ( ) 안에 알맞은 것은?

> Most of the practical deadlock-handling techniques fail into one of these three categories, which are customarily called ( ), deadlock avoidance, and deadlock detection and recovery respectively.

가. deadlock waiting
나. deadlock prevention

다. deadlock preemption
라. deadlock exclusion

| **해설** | 교착상태 예방(deadlock prevention)은 교착상태를 사전에 방지하는 것이다.
교착상태 해결방법은 교착상태 예방, 교착상태 회피(deadlock avoidance), 교착상태 탐지(deadlock detection), 교착상태 복구(deadlock recovery)가 있다.

| 정답 | 나

33. 도스(MS-DOS)의 명령어 중 비교적 자주 사용되며 실행 과정이 간단하고 별도의 파일 형태를 갖지 않아 언제든지 실행이 가능한 것은?

가. SORT
나. CLS

다. SYS
라. FDISK

| **해설** | 파일형태를 가지지 않고 실행할 수 있다는 것은 COMMAND.COM으로 실행된다는 것이고 이것을 내부 명령어라고 한다. CLS는 내부 명령어 중 하나이다.

| 정답 | 나

34. "윈도우 98"의 시작버튼 위에서 마우스의 오른쪽 버튼을 눌렀을 때 나타나는 메뉴가 아닌 것은?

가. 열기
나. 탐색

다. 설정
라. 찾기

| 해설 | 찾기, 열기, 탐색이 나온다.

| 정답 | 다

35. UNIX 시스템의 구성을 크게 세 부분으로 나눌 때 해당하지 않는 것은?

가. Block
나. Kernel

다. Shell
라. Utility

| 해설 |

[표] 유닉스 시스템 구성

Layer	내용
커널 (Kernel)	- 주기억장치에 상주하여 사용자 프로그램을 관리하며, 유닉스 운영체제의 핵심적인 역할을 수행 - 프로세스, 메모리, 입출력(I/O), 파일관리 등
셸 (Shell)	- 명령어 해석기/번역기로 사용자 명령의 입출력을 수행하며 프로그램을 실행시킴. - 커널과 사용자 간의 인터페이스 담당 - Bourne 셸, C 셸, Korn 셸 등
파일 시스템 (File System)	- 여러 가지 정보를 저장하는 기본적인 구조이며, 시스템 관리를 위한 기본 환경을 제공하고, 계층적인 트리 구조 형태(디렉터리, 서브 디렉터리, 파일 등)

유닉스 시스템에서 유틸리티는 사용자에게 필요한 프로그램을 미리 만들어 둔 것이다.
Block은 유닉스 시스템의 구성과 관계없다.

| 정답 | 가

36. 다음 중 프로그래밍 시스템 내에서 서로 다른 프로세스가 일어날 수 없는 사건을 무한정 기다리고 있는 것은?

가. 세마포어　　　　　　　　　　　　나. 가비지 수집

다. 코루틴　　　　　　　　　　　　　라. 교착상태

| **해설** | 교착상태(Deadlock)는 하나 또는 둘 이상의 프로세스가 더 이상 계속할 수 없는 어떤 특정 사건을 기다리고 있는 상태이고 특정 사건이라는 것은 자원의 할당, 해제와 같은 사건이다.

| 정답 | 라

37. 운영체제(Operating System)의 목적이 아닌 것은?

가. 반환시간 증가　　　　　　　　　　나. 처리능력 향상

다. 사용 가능도 향상　　　　　　　　　라. 신뢰도 향상

| **해설** | 운영체제의 목적은 반환시간 증가가 아니라 감소여야 한다.

| 정답 | 가

38. 다음의 설명이 의미하는 것은?

This is protected variable (or abstract data type) which constitutes the classic method for restricting access to shared memory, in a multiprogramming environment. This is a counter for a set of available resource, rather than a locked/unlocked flag of a single resource.

가. Mutex　　　　　　　　　　　　　나. Event

다. Thread　　　　　　　　　　　　　라. Critical Section

| **해설** | 멀티 프로그래밍 환경에서 공유 메모리(임계영역: Critical Session) 접근에 대해서 한순간에 한 개의 프로그램만 접근하게 하는 것을 상호배제(Mutual Exclusion)라 한다.

| 정답 | 가

39. "윈도우 98"에서 한 번의 마우스 조작만으로 현재 실행 중인 응용프로그램 사이를 오가며 작업할 수 있는 환경을 제공하는 것은?

가. 바탕화면　　　　　　　　　　　　나. 내컴퓨터

다. 시작 버튼　　　　　　　　　　　　라. 작업 표시줄

| 해설 |

작업 표시줄

현재 실행 중인 프로그램을 단추 아이콘으로 표시한다.

| 정답 |　라

40. 도스(MS-DOS)에서 attrib 명령어의 옵션에 대한 설명으로 옳지 않은 것은?

가. 백업 파일 속성: A　　　　　　　　나. 시스템 파일 속성: S

다. 읽기전용 파일 속성: P　　　　　　라. 숨김 파일 속성: H

| 해설 |

[표] ATTRIB 옵션

옵션	설명
R(Read Only)	- 읽기전용 파일 속성
A(Archive)	- 저장 속성
S(System)	- 시스템 파일 속성
H(Hidden)	- 숨김 파일 속성

| 정답 |　다

41. 도스(MS_DOS)의 필터(Filter) 명령어 중 하나 또는 여러 개의 파일에서 특정한 문자열을 검색하는 명령어는?

가. FIND
나. MORE

다. SORT
라. SEARCH

| **해설** | FIND는 문자열을 검색하는 명령어이다.

| 정답 | 가

42. "윈도우 98"의 제어판에서 MIDI(Musical Instrument Digital Interface) 형식의 음악 파일을 재생하는 데 필요한 드라이브 파일을 설정하는 것은?

가. 시스템
나. 멀티미디어

다. 사운드
라. 디스플레이

| **해설** | MIDI 형식의 음악 파일은 멀티미디어이다.

| 정답 | 나

43. "윈도우 98"의 폴더명에 대한 설명으로 틀린 것은?

가. 하나의 폴더 내에 동일한 이름의 폴더가 존재할 수 없다.
나. 폴더명은 공백을 포함할 수 없다.
다. 폴더의 이름은 255자 이내로 작성한다.
라. ?, \, /는 폴더이름으로 사용할 수 없다.

| **해설** | 폴더명에도 공백을 넣을 수가 있다.

| 정답 | 나

44. "윈도우 98"에서 [디스크 조각 모음]에 관한 설명으로 틀린 것은?

가. 조각 모음을 하는 데 걸리는 시간은 볼륨에 있는 파일의 수와 크기, 조각난 양 등에 따라 달라진다.
나. 컴퓨터 시스템의 속도를 향상시키는 방법 중 하나이다.
다. 디스크를 효율적으로 사용하기 위해 파일을 정리하는 것이다.
라. CD-ROM 드라이브 및 네트워크 드라이브에서도 디스크 조각 모음을 수행할 수 있다.

| 해설 | CD-ROM 및 네트워크 드라이브는 조각 모음을 할 수 없다.

| 정답 | 라

45. UNIX에서 사용할 수 있는 편집기가 아닌 것은?

가. ed   나. vi

다. ex   라. et

| 해설 | 문서편집기에는 ed, ex, vi, emacs가 있다.

| 정답 | 라

46. UNIX 명령과 MS-DOS 명령의 기능이 서로 다르게 연결된 것은?

가. ls - dir   나. cp - copy

다. rd - rm   라. cd - cd

| 해설 | rd 명령어는 윈도우에서 디렉터리를 삭제하는 명령이고 유닉스에서 디렉터리를 삭제하는 것
은 rmdir이다.

| 정답 | 다

47. 다음에서 설명하는 프로세스의 상태 변화는 무엇인가?

> 실행 상태의 프로세스가 종료되기 전에 입출력이나 기타 다른 작업을 필요로 할 경우 CPU를 반납하고 작업의 완료를 기다리기 위해 대기 상태로 전환

가. 디스패치(Dispatch)

나. 블록(Block)

다. 타이머 종료(Timer run out)

라. 웨이크 업(Wake Up)

| 해설 |

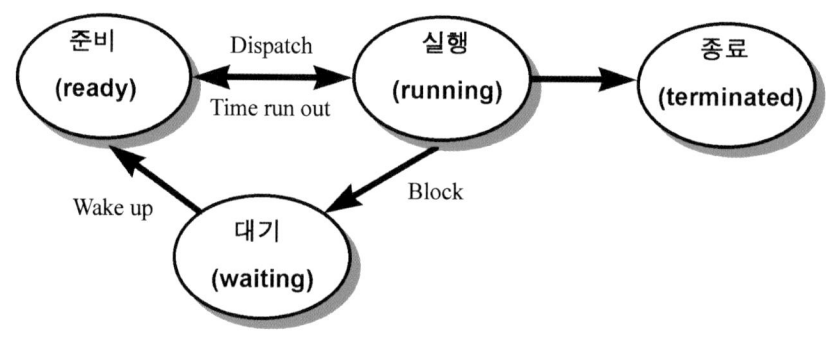

| 도표 | 프로세스 상태 전이도

| 정답 | 나

48. UNIX에 대한 설명으로 옳지 않은 것은?

가. 사용자의 명령으로 시스템이 수행되고 그에 따른 결과를 나타내 주는 대화식 운영체제이다.
나. 여러 프로그램을 동시에 여러 개를 실행시킬 수 있다.
다. 파일 시스템의 배열 형태가 선형적 구조로 되어 있다.
라. 표준 입출력을 통해 명령어와 명령어가 파이프라인으로 연결된다.

| 해설 | 유닉스 파일 시스템은 계층형 구조로 되어 있다.
유닉스는 C언어를 사용해서 개발된 운영체제로 실시간 온라인 대화식 시스템을 지원하는 운영체제이다. 유닉스는 윈도우와 같이 멀티태스킹(Multi Tasking)을 지원하고 다양한 네트워크

기능을 제공한다. 또한, 여러 사용자가 동시에 유닉스 시스템에 접속하여 사용자별로 서비스를 제공하는 다중 사용자(Multi User)를 지원한다.

| 정답 | 다

---

49. 다음 도스(MS-DOS) 명령어에 대한 설명으로 옳은 것은?

가. ren: 디렉터리를 지운다.　　　　　　나. find: 파일의 목록을 보여준다.

다. more: 화면을 깨끗이 지운다.　　　　라. cd: 특정 디렉터리로 이동한다.

| 해설 | cd 명령은 Change Directory의 약자로 특정 디렉터리로 이동시키는 명령이다.

| 정답 | 라

---

50. 다음 도스(MS-DOS) XCOPY 명령어에 대한 설명으로 옳지 않은 것은?

가. XCOPY는 파일과 하위 디렉터리를 한꺼번에 복사해 준다.
나. XCOPY 명령에서 HIDDEN FILE은 복사되지 않는다.
다. XCOPY는 + 기호를 사용하는 파일 합치기 기능이 있다.
라. XCOPY는 내부 명령어이다.

| 해설 | + 기호를 사용하는 파일 합치기는 COPY이다.

| 정답 | 다

---

51. HDLC(High-level Data Link Control) 프레임(Frame)을 구성하는 순서대로 바르게 열거한 것은?

가. 플래그, 주소부, 정보부, 제어부, 검색부, 플래그
나. 플래그, 주소부, 제어부, 정보부, 검색부, 플래그
다. 플래그, 검색부, 주소부, 정보부, 제어부, 플래그
라. 플래그, 제어부, 주소부, 정보부, 검색부, 플래그

| 해설 | HDLC는 플래그, 주소부, 제어부, 정보부, 검색부, 플래그로 프레임이 구성되어 있다.

| 정답 | 나

52. 다음 중 PCM 전송에서 송신 측 과정은?

가. 음성 → 양자화 → 표본화 → 부호화
나. 음성 → 복호화 → 변조화 → 부호화
다. 음성 → 2진화 → 압축화 →부호화
라. 음성 → 표본화 → 양자화 → 부호화

| 해설 |

[도표] PCM 변조 과정

PCM 변조	설명
표본화(Sampling)	- 아날로그 파형을 연속적인 시간폭으로 나누어 작은 간격의 직사각형으로 시분할하여 신호를 만듦.
양자화(Quantization)	- 표본화된 신호의 진폭은 일정한 값이 아니라서 수량화를 수행하는 단계
부호화(Encoding)	- 양자화된 진폭값을 2진법으로 나타낼 수 있어서 아날로그 신호를 디지털 신호로 변환
복호화(Decoding)	- 디지털 신호를 펄스 신호로 변환
여과(Filtering)	- 본래의 아날로그 신호로 변환

| 정답 | 라

53. 주파수분할 다중화 방식에서 각 채널 간 간섭을 막기 위해서 일종의 완충지역 역할을 하는 것은?

가. 서브채널(Sub-CH)   나. 채널밴드(CH Band)

다. 채널세트(CH Set)   라. 가드밴드(Guard Band)

| 해설 | 가드밴드(Guard Band)는 채널 간 간섭을 막는 일종의 완충지역 역할을 하기 위해서 채널 간에 간격을 벌려 둔 것이다.

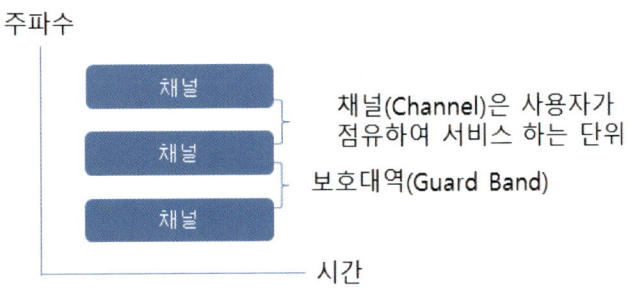

주파수

채널

채널

채널

채널(Channel)은 사용자가
점유하여 서비스 하는 단위

보호대역(Guard Band)

시간

| 도표 | 주파수분할 다중화

| 정답 | 라

54. IP 주소 198.0.46.201의 기본 마스크는?

가. 255.0.0.0

나. 255.255.0.0

다. 255.255.255.0

라. 255.255.255.255

| 해설 | 255.255.255.0을 기본 마스크로 한다. 이것은 IP주소를 확장하기 위해서 네트워크를 분할하는 서브넷팅을 하기 위해서 하는 것이다.

| 정답 | 다

55. PCM 방식에서 표본화 주파수가 8[khz]라 하면 이때 표본화 주기는?

가. 125[μs]

나. 100[μs]

다. 85[μs]

라. 8[μs]

| 해설 | 표본화 주파수가 8Khz라면 1/8000로 0.000125가 된다. Us 단위로 변경하면 125가 된다.

| 정답 | 가

56. 다음 중 트래픽 제어에 해당되지 않는 것은?

가. 흐름 제어

나. 교착회피 제어

다. 오류 제어

라. 폭주 제어

| 해설 | 에러 제어는 에러가 발생될 때 재전송하는 방법이고 트래픽 제어는 수신자의 수신 속도에 따라 조절하는 기능으로 흐름 제어, 폭주 제어, 교착상태 제어 방법이 있다. 즉, 트래픽 제어는 수신 자가 수신을 받지 못하는데 계속 빠르게 데이터를 보내면 부하만 더 증가할 것이다. 그래서 의 도적으로 속도를 조절하는 것이다.

| 정답 | 다

57. 패리티 검사에 대한 설명으로 틀린 것은?

가. 패리티 검사는 주로 저속 비동기 방식에서 이용된다.
나. 패리티 비트는 짝수(Even) 혹은 홀수(Odd) 패리티로 사용된다.
다. 전송 중 짝수 개의 에러 비트가 발생해도 에러 검출이 가능하다.
라. 패리티 검사를 통하여 전송 신뢰를 높일 수 있다.

| 해설 | 전송 중 짝수 개의 에러비트가 발생하면 에러 검출이 되지 않는다.

| 정답 | 다

58. ARQ 방식이란?

가. 에러를 정정하는 방식

나. 부호를 정정하는 방식

다. 에러를 검출하는 방식

라. 에러를 검출하여 재전송을 요구하는 방식

| 해설 | 에러 복구 기법(Error Recovery)
에러가 발생하면 에러를 재전송해야 한다. 이러한 재전송 기법을 자동 재전송 방식(ARQ: Automatic Repeat reQuset)이라 한다. 자동 재전송 방식은 에러 검출 후 송신 측에게 에러가 발생한 데이터 블록을 다시 전송하도록 요청하는 방법이다.

(1) 정지 대기 ARQ(Stop and Wait ARQ)

송신 측은 한 블록을 전송한 다음에 수신 측에서 에러 발생을 점검하고 응답이 올 때까지 기다 리는 방식이다.

(2) 연속적 ARQ

연속적 ARQ는 한 블록씩이 아니라 연속적으로 전송하는 방법으로 Go-Back-N ARQ와 선택적 (Selective) ARQ 방식이 존재한다.

(3) 적응적(Adaptive) ARQ

전송효율을 높이기 위해서 블록의 길이를 채널 상태에 따라 동적으로 변경하는 방법으로 제어 회로가 복잡한 문제점이 있다.

| 정답 | 라

59. 반송파신호(Carrier Signal)의 피크-투-피크(Peak-to-Peak) 전압이 변하는 형태의 아날로그 변 조방식은?

가. AM(Amplitude Modulation)   나. FM(Frequency Modulation)

다. PM(Phase Modulation)   라. DM(Delta Modulation)

| 해설 | 진폭변조(Amplitude Modulation)는 반송파의 진폭을 변조하는 것이다.

| 정답 | 가

60. 2 out of 5 부호를 이용하여 에러를 검출하는 방식은?

가. 정마크(정스페이스) 방식   나. 군계수 check 방식

다. SQD 방식   라. Parity check 방식

| 해설 | 정마크 방식은 2 out of 5 코드로 패리티 비트 코드가 자체적으로 수행한다.

| 정답 | 가

제5회 정보처리기능사 기출문제

1. 입출력 조작의 시간과 중앙처리장치의 처리시간과의 불균형을 보완하는 것은?

가. 채널장치   나. 제어장치

다. 터미널장치   라. 콘솔장치

| 해설 | 채널(Channel)에 의한 입출력 방법은 입출력을 전담하는 전용 CPU를 가지고 있는 입출력 전용 카드(하드웨어)이다. 입출력 전용장치를 가지게 되므로 가장 빠르고 안정적으로 입출력을 수행할 수 있고, CPU는 입출력 작업에 영향을 받지 않고 연산 작업을 계속적으로 진행할 수 있다. 채널은 현재 대부분의 컴퓨터에 모두 적용되어 사용되고 있는 방법이기도 하다.

| 정답 | 가

2. 명령어 형식(instruction format)에서 첫 번째 바이트에 기억되는 것은?

가. operand   나. length

다. question mark   라. opcode

| 해설 | 명령어는 기본적으로 수행해야 하는 동작을 의미하는 명령코드부(OP-Code: Operation Code)와 메모리 어디에서 데이터를 읽어야 할지를 나타내는 주소부(Operand)로 구성된다.

[도표] 명령어 형식

OP-Code	Operand(주소부)		
	Mode	Register	Address

| 정답 | 라

3. 반가산기(Half-Adder)의 논리회로도에서 자리올림이 발생하는 회로는?

가. OR

나. NOT

다. ExclusiveOR

라. AND

| **해설** | 반가산기는 두 개의 입력(A, B)으로 두 개의 출력(Sum, Carry)을 발생시키는 것으로 XOR 게이트와 AND 게이트로 구성된다. 출력 Sum은 입력 A와 B의 합과 자리올림(Carry)을 얻는 회로이다.

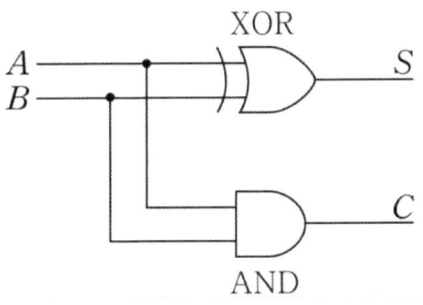

| 도표 | 반가산기 논리회로

| 정답 | 라

4. 기억장치 고유의 번지로서 0 1, 2, 3,…과 같이 16진수로 약속하여 순서대로 정해 놓은 번지는?

가. 절대번지

나. 상대번지

다. 필수번지

라. 선택번지

| **해설** | 절대번지란 순서대로 기억장치의 주소를 연속적으로 지정하는 방법이다.

| 정답 | 가

5. 2진수의 1011의 1의 보수는?

가. 0100   나. 1000

다. 0010   라. 1010

| 해설 | 1011의 1의 보수는 반대이다. 0100이다. 보수는 반대이다.

| 정답 | 가

6. 다음 진리표에 해당하는 GATE는 어느 것인가?

입력		출력
A	B	C
0	0	0
0	1	1
1	0	1
1	1	0

가. 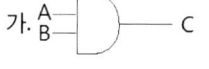 나.

다. 라.

| 해설 | □는 0, 1 혹은 1, 0일 때만 1이 된다.

| 정답 | 나

7. 불(Boolean)대수의 정리 중 틀린 것은?

가. 1+A=A   나. 1·A=A

다. 0+A=A   라. 0·A=0

386

| **해설** | 불대수에서 1+A는 1이다.

[도표] 불대수

1) X+0=X	2) X•0=0	3) X+1=1
4) X•1=X	5) X+X=X	6) X•X=X
7) X+X'=1	8) X•X'=0	9) X+Y=Y+X
10) X•Y=Y•X	11) X+(Y+Z)=(X+Y)+Z	12) X•(Y•Z)=(X•Y)•Z
13) X•(Y+Z)=X•Y+X•Z	14) X+Y•Z=(X+Y)•(X+Z)	15) (X+Y)'=X'•Y'
16) (X•Y)'=X'+Y'	17) (X')'=X	

| **정답** | 가

8. 데이터 전송 명령어의 기능이 아닌 것은?

가. 상수값을 레지스터 또는 주기억장치로 전송
나. 스택에 저장된 값을 레지스터로 전송
다. 레지스터에 저장된 값을 스택으로 전송
라. 레지스터에 저장된 값을 연산

| **해설** | 연산 명령은 레지스터에 저장된 값을 연산한다. 즉, 데이터 전송 명령어의 기능이 아니다.

| **정답** | 라

9. 다음 주소지정 방법 중 처리속도가 가장 빠른 것은?

가. direct address   나. indirect address

다. calculated address   라. immediate address

| **해설** | 즉시 주소지정 방식(Immediate Addressing)은 Operand 부분에 실제 데이터가 존재하는 형태이다. 빠르게 데이터를 읽을 수 있는 장점이 있지만 처리 가능한 데이터 길이가 제한적인 단점이 존재한다. 즉시 주소지정 방식도 메모리 참조가 발생하지 않는다.

OP-Code	실제 데이터가 존재

| 정답 | 라

10. ASCII 코드에 대한 설명으로 잘못된 것은?

가. 3개의 Zone비트를 가지고 있다.
나. 16비트 코드로 미국 표준협회에서 개발하였다.
다. 통신 제어용으로 사용한다.
라. 128가지의 문자를 표현한다.

| 해설 | ASCII 코드(American Standard Code for Information Interchange: 미국표준코드)
ASCII 코드는 개인용 PC 및 데이터 통신에서 사용하는 코드로 영문 대소문자 구분이 가능하며 7비트로 2^7인 128까지의 문자 표현이 가능하다. ACSII는 3비트 Zone과 4비트의 Digit로 구성되어 있다.

| 정답 | 나

11. 다음에 해당하는 논리회로는?

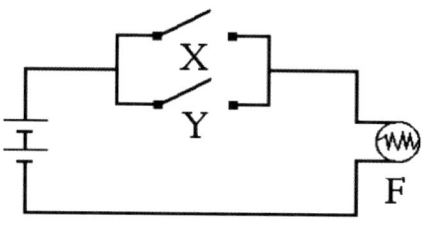

가. OR   나. AND

다. NOT   라. EX-OR

| 해설 | 위의 논리회로는 X와 Y 둘 중 하나만 1이면 전기가 켜지므로 OR 게이트이다.

| 정답 | 가

12. 1개의 입력선으로 들어오는 정보를 2^n개의 출력선 중 1개를 선택하여 출력하는 회로는?

가. 멀티플렉서   나. 인코더

다. 디코더   라. 디멀티플렉서

| 해설 | 디멀티플렉서(Demultiplexer, DeMUX)
         한 개의 선으로 정보를 받아 2^n개의 출력 가능한 선 중에서 하나를 선택하여 정보를 출력한다.

| 정답 | 라

13. 제어장치의 기능에 대한 설명으로 틀린 것은?

가. 산술 및 논리 연산을 실행하는 장치이다.
나. 입출력장치를 제어한다.
다. 주기억장치에 기억된 명령을 꺼내어 해독한다.
라. 프로그램 카운터와 명령 레지스터를 이용하여 명령어 처리순서를 제어한다.

| 해설 | 산술 및 논리 연산 실행은 연산장치의 기능이다.

· 제어장치(Control Unit) 기능

- 연산, 기억장치, 입력과 출력을 감시하고 제어
- 프로그램의 명령을 해독
- 제어신호를 발생시켜 명령을 순차적으로 처리

| 정답 | 가

14. 인터넷에 연결되어 있는 수많은 컴퓨터의 주소는 일정한 규칙에 따라 지어진다. 210.103.4.1과
    같이 4개의 필드로 끊어서, (.)으로 분리하여 나타내는 컴퓨터 주소는?

가. 개인 ID   나. 전자우편 ID

다. IP주소   라. 도메인 주소

| 해설 |

```
ⓒ                        명령 프롬프트                    _ □  ✕

이더넷 어댑터 이더넷:

    연결별 DNS 접미사. . . . : skbroadband
    링크-로컬 IPv6 주소 . . . . : fe80::7902:1ce7:98c7:e947%12
    IPv4 주소 . . . . . . . . . : 1.226.137.205
    서브넷 마스크 . . . . . . . . : 255.255.255.0
    기본 게이트웨이 . . . . . . : 1.226.137.1

터널 어댑터 isatap.skbroadband:

    연결별 DNS 접미사. . . . : skbroadband
    링크-로컬 IPv6 주소 . . . . : fe80::200:5efe:1.226.137.205%17
    기본 게이트웨이 . . . . . . :

터널 어댑터 Teredo Tunneling Pseudo-Interface:

    연결별 DNS 접미사. . . . :
    IPv6 주소 . . . . . . . . . : 2001:0:9d38:6ab8:288d:1914:fe1d:7632
    링크-로컬 IPv6 주소 . . . . : fe80::288d:1914:fe1d:7632%18
    기본 게이트웨이 . . . . . . :

터널 어댑터 6TO4 Adapter:

    연결별 DNS 접미사. . . . : skbroadband
    IPv6 주소 . . . . . . . . . : 2002:1e2:89cd::1e2:89cd
    기본 게이트웨이 . . . . . . : 2002:c058:6301::1

C:\Users\samsung>
```

| 도표 | ipconfig 명령으로 IP주소 확인

| 정답 | 다

15. 주소를 지정하는 필드가 없는 0번지 명령어에서 Stack의 Top 포인터가 가리키는 오퍼랜드를 암시하여 이용하는 주소 방식은?

가. Implied Mode

나. Immediate Mode

다. Direct Mode

라. Indirect Mode

| 해설 | 묵시적 주소지정 방식(Implied Addressing)은 OP-Code만 존재하는 명령어 형식으로 주소 부분인 Operand가 존재하지 않는다. 묵시적 주소는 Stack Push(삽입) 및 Pop(삭제)과 같이 주소지정 없이 명령코드와 레지스터로 이루어진 구성이다. 묵시적 주소지정 방식은 메모리를 참조하지 않는 특성이 있다.

[도표] 묵시적 주소지정 방식

OP-Code

| 정답 | 가

16. 10진수 23을 2진수로 변환하면?

가. $(100111)_2$

나. $(11011)_2$

다. $(10011)_2$

라. $(11101)_2$

| 해설 |

```
2 | 23
2 | 11 ····· 1      꺼꾸로 읽음
2 | 5  ····· 1
2 | 2  ····· 1
    1  ····· 0
```

| 정답 | 가

17. 주기억장치의 접근 시간과 CPU의 처리 속도 차이를 줄이기 위해 사용되는 것은?

가. Magnetic Tapes

나. Magnetic Disks

다. Cache Memory

라. Virtual Memory

| 해설 | 캐시 메모리(Cache Memory)라는 것은 CPU와 주기억장치 간의 속도 완화시키기 위한 메모리로 주기억장치보다 용량은 작지만 고속으로 읽고 쓸 수 있는 메모리이다. 즉, 주기억장치의 데이터를 캐시 메모리에 저장하고 CPU는 캐시 메모리에서 데이터를 읽거나 쓰기를 수행한다.

| 정답 | 다

18. 마이크로프로세서의 기능이 아닌 것은?

가. 기억 기능

나. 메모리 관리

다. 산술 및 논리 연산

라. 제어 기능

| 해설 | 마이크로프로세서는 CPU이다. 그러므로 메모리 관리는 운영체제가 하는 기능이다.

| 정답 | 나

19. 디스크팩이 6장으로 구성되었을 때 사용하여 기록할 수 있는 면의 수는?

가. 6

나. 8

다. 10

라. 12

| 해설 | 6장이면 앞뒤면이므로 6×2=12가 된다. 하지만 맨 처음과 마지막은 사용하지 못하므로 12-2=10이 된다.

| 정답 | 다

20. 다음 논리회로에서 입력 A, B, C에 대한 출력 Y의 값은?

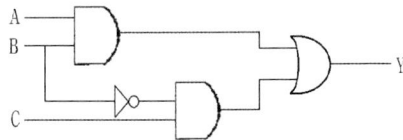

가. $Y = AB + \overline{B}C$

나. $Y = A + B + C$

다. $Y = AB + BC$

라. $Y = \overline{A}B + \overline{B}C$

| **해설** | A와 B는 맨 처음 AND 게이트를 만나므로 AB가 되고 C는 B의 Not과 함께 AND 게이트를 만난다. 그래서 B^C이 된다. 이것이 다시 OR를 만나므로 AB+B^C이 된다.

| 정답 | 가

21. 프레젠테이션에서 프레젠테이션의 흐름을 기획한 것을 무엇이라 하는가?

가. 개체

나. 슬라이드

다. 매크로

라. 시나리오

| **해설** | 프레젠테이션은 사람들에게 발표를 하기 위해서 사용된다. 그래서 어떻게 발표할 것인지 프레젠테이션의 흐름을 기획해야 하는데 이것을 시나리오라고 한다.

| 정답 | 라

22. 스프레드시트의 기능과 거리가 먼 것은?

가. 데이터 연산결과를 사용자가 다양한 서식으로 자유롭게 표현한다.

나. 입력된 자료 또는 계산된 자료를 가지고 여러 유형의 그래프를 작성한다.

다. 동영상 처리 및 애니메이션 효과를 구현할 수 있다.

라. 특정 자료의 검색, 추출 및 정렬을 한다.

| **해설** | 동영상 처리 및 애니메이션 기능은 프레젠테이션의 기능이다.

· **프레젠테이션 기능**

> - 텍스트 등의 문자를 표현
> - 애니메이션 기능
> - 동영상 기능
> - 차트 및 그림, 클립아트, 음성 등
> - 슬라이더 쇼를 통한 발표

| 정답 | 다

23. SQL의 DML에 해당하지 않는 것은?

가. INSERT

나. SELECT

다. CREATE

라. UPDATE

| 해설 | 데이터 조작어(DML)는 INSERT, SELECT, UPDATE, DELETE가 있다.

| 정답 | 다

24. 제품명과 단가로 이루어진 제품 테이블에서 단가에 대해 내림차순으로 검색하고자 한다. ( ) 안에 알맞은 SQL 명령으로 옳게 나열된 것은?

> SELECT 제품명, 단가 FROM 제품 (①) 단가 (②);

가. ① ORDER TO, ② DESC

나. ① ORDER BY, ② DESC

다. ① ORDER, ② DOWN

라. ① ORDER, ② DESC

| 해설 | 정렬해서 조회하기 위해서는 ORBER BY를 사용하고 내림차순은 DESC이다.
내림차순은 큰 순으로 정렬하는 것이다.

| 정답 | 나

25. 프레젠테이션에서 화면 전체를 전환하는 단위를 의미하는 것은?

가. 개체   나. 개요

다. 스크린 팁   라. 슬라이드

| 해설 | 프레젠테이션의 전체 화면 단위를 슬라이드라고 한다.

| 정답 | 가

26. 다음 내용을 실행하는 SQL 문장으로 옳은 것은?

> 주문(Purchase) 테이블에서 품명(ITEM)이 사과인 모든 행을 삭제하시오.

가. DELETE FROM Purchase WHEN ITEM="사과";
나. DELETE FROM Purchase WHERE ITEM="사과";
다. KILL FROM Purchase WHERE ITEM="사과";
라. DELETE ITEM="사과" FROM Purchase;

| 해설 |

> DELETE FROM 테이블명 WHERE 조건;

| 정답 | 나

27. 3단계 스키마의 종류에 해당하지 않는 것은?

가. 외부 스키마

나. 내부 스키마

다. 개념 스키마

라. 관계 스키마

| 해설 |

[도표] 3층 스키마(3-Level Schema)의 의미

3층 스키마	설명
외부 스키마	- 서브 스키마(Sub Schema)라고도 하고 사용자 관점에서 데이터베이스 모습을 표현 - 사용자 및 응용 프로그램이 필요한 데이터베이스 구조를 정의
개념 스키마	- 논리적인 측면에서 데이터베이스 구조를 표현 - 데이터에 대한 규칙, 데이터 모델, 접근권한, 무결성 등을 표현함.
내부 스키마	- 데이터베이스의 물리적인 구조를 표현 - 데이터 저장 구조, 레코드(튜블, 행) 구조, 필드(열)를 정의

| 정답 | 라

28. 데이터베이스 설계 단계의 순서로 옳은 것은?

① 개념적 데이터베이스 설계
② 논리적 데이터베이스 설계
③ 물리적 데이터베이스 설계

가. ② → ① → ③

나. ③ → ① → ②

다. ① → ② → ③

라. ① → ③ → ②

| 해설 | 데이터베이스 설계는 개념설계, 논리설계, 물리설계 순으로 진행된다.

| 정답 | 다

29. 스프레드시트 작업에서 반복적으로 실행하는 경우에 한 번의 명령으로 자동화시켜 처리하는 기능은?

가. 뷰

나. 정렬

다. 필터

라. 매크로

| **해설** | 매크로는 명령어들을 묶어서 일괄적으로 작업을 처리하는 것을 의미한다.

| 정답 | 라

30. 데이터베이스를 사용하는 경우의 장점이 아닌 것은?

가. 데이터의 일관성 유지

나. 데이터의 공용 사용

다. 데이터의 무결성 유지

라. 데이터 중복의 최대화

| **해설** | 데이터베이스는 중복을 최소화해야 한다.

· **데이터베이스의 장점**

```
- 데이터 중복을 최소화
- 실시간으로 접근 가능
- 데이터 보안을 제공
- 데이터베이스의 논리적, 물리적 독립성을 제공
- 데이터 표준 및 데이터 공유
- 데이터 일관성과 무결성을 제공
```

| 정답 | 라

31. 다음 ( ) 안의 내용으로 적절하지 않은 것은?

> The UNIX operation system has three important features - ( ), ( ) and ( ).

가. kernel

나. shell

다. file system

라. compiler

| **해설** | 컴파일러는 소스코드를 목적 프로그램으로 변환하고 연계는 목적 프로그램을 최종 실행파일로 변환하는 작업이다.

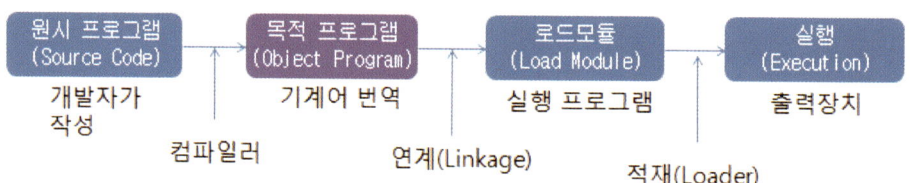

| **도표** | **소스코드(Source Code) 실행 과정**

컴파일러는 유닉스의 특징과 관련이 없다.

| 정답 | 라

32. 운영체제의 프로세스 정의로 가장 거리가 먼 것은?

가. 실행 중인 프로그램

나. 프로그램을 실행하는 처리단위

다. 프로세서가 할당되는 개체

라. 데이터 저장 공간

| **해설** | 데이터 저장 공간과 프로세스와는 관계가 없다.

· **프로세스(Process)**

> - 실행 중인 프로그램으로 CPU에 할당되는 개체
> - 각 프로세스는 PCB(Process Control Block)라는 메모리 공간이 할당됨.

| 정답 | 라

33. 다음 UNIX 명령어 중 반드시 인수를 갖는 명령어들로만 나열한 것은?

① wc ② pwd ③ kill ④ passwd

가. ①, ②

나. ②, ③

다. ①, ③

라. ②, ④

| **해설** | Wc는 줄단위 바이트를 계산한다. Kill은 해당 프로세스를 종료시킬 수 있다.
예를 들어, 사용방법은 kill -9 1000 이렇게 하면 1,000번 프로세스를 종료한다. 즉, 두 명령을
실행할 때 인수가 필요하다.

| 정답 | 다

34. 다음 중 운영체제의 발전 단계를 가장 올바르게 나열한 것은?

가. 배치 처리 → 다중 프로그래밍 → 시분할 시스템
나. 다중 프로그래밍 → 시분할 시스템 → 배치 처리
다. 시분할 시스템 → 배치 처리 → 다중 프로그래밍
라. 배치 처리 → 시분할 시스템 → 다중 프로그래밍

| **해설** |

| 정답 | 가

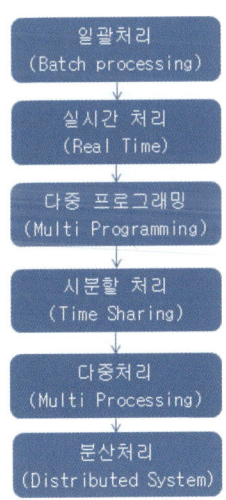

| 도표 | 운영체제 발전 과정

35. 도스(MS-DOS)에서 파일을 저장하고 보관하는 것은?

가. 파일(File)   나. 디렉터리(Directory)

다. 트리(Tree)   라. 자료구조(Data structure)

| 해설 |

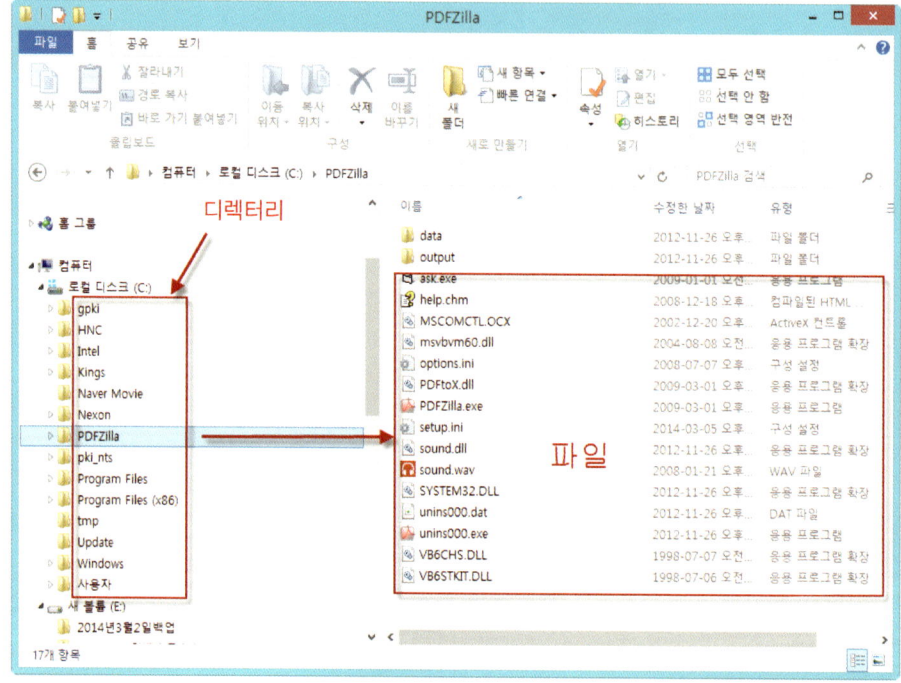

| 도표 | 디렉터리와 파일

| 정답 | 나

36. UNIX 운영체제에 대한 설명으로 가장 거리가 먼 것은?

가. 다중 프로세스 운영체제이다.
나. Windows기반 운영체제이다.
다. 다중 사용자 시스템이다.
라. 주로 C언어로 작성된 운영체제이다.

| 해설 | 유닉스는 C언어를 사용해서 개발된 운영체제로 실시간 온라인 대화식 시스템을 지원하는 운영체제이다. 유닉스는 윈도우와 같이 멀티태스킹(Multi Tasking)을 지원하고 다양한 네트워크 기능을 제공한다.
또한, 여러 사용자가 동시에 유닉스 시스템에 접속하여 사용자별로 서비스를 제공하는 다중 사용자(Multi User)를 지원한다.

| 정답 | 나

37. "윈도우 98"의 휴지통에 대한 설명으로 틀린 것은?

가. 일반적으로 삭제된 파일이 저장되는 공간이다.
나. 휴지통의 용량은 조절할 수 있다.
다. 휴지통에 있는 파일을 직접 실행시키려면 해당 파일을 더블클릭한다.
라. 휴지통 비우기를 실행하면 복구가 불가능해진다.

| 해설 | 휴지통에 있는 파일은 복원을 해야 실행할 수 있다.

| 정답 | 다

38. 윈도우 98의 시스템 종료 대화 상자의 항목이 아닌 것은?

가. 시스템 종료   나. 시스템 다시 시작

다. MS-DOS모드에서 시스템 다시 시작   라. 사용자 전환

| 해설 | 시스템 종료, 시스템 다시 시작, MS-DOS 모드에서 시스템 다시 시작, 다시 시작이 존재한다.

| 정답 | 라

39. 두 개의 파일에 차이가 있을 때 차이점이 나타난 바이트 위치와 행 번호를 표시하는 UNIX 명령어는?

가. diff

나. cmp

다. comm

라. paste

| **해설** | cmp 명령어는 두 개의 파일을 비교하는 유닉스 명령어이다.

| 정답 | 나

40. 실행 중인 프로그램이나 시스템을 중지시킬 수 있는 수행 중단기능(break on)을 설정할 수 있는 도스 파일은?

가. io.sys

나. command.com

다. config.sys

라. autoexec.bat

| **해설** | Config.sys 파일은 환경설정 파일이고 수행 중단기능을 설정할 수 있다.

| 정답 | 다

41. "윈도우 98"에서 시동디스크(부팅디스크)를 만드는 기능은 어디에 있는가?

가. 내게 필요한 옵션

나. 시스템

다. 프로그램 추가/제거

라. 디스플레이

| **해설** | 프로그램 추가/제거에서 시동 디스크를 만든다.

| 정답 | 다

42. Which one is not related to Processing program?

가. Language translator program   나. Service program

다. Job management program   라. Problem program

| 해설 | Job management program은 제어 프로그램이다.

[표] 제어 프로그램(Control Program)

제어 프로그램	상세 기능
감시 프로그램	- Supervisor Program - 컴퓨터 시스템의 감시 및 감독을 수행
작업 관리 프로그램	- Job Management Program - 작업처리, 작업관리를 수행하는 프로그램
데이터 관리 프로그램	- Data Management Program - 데이터 및 파일을 관리하는 프로그램

| 정답 | 다

43. 스풀링(Spooling)에 대한 설명으로 틀린 것은?

가. 프로세서와 입출력장치와의 속도 차이를 해결하여 시스템의 효율을 높이는 방법이다.
나. 스풀링의 방법은 출력장치로 직접 보내는 것이다.
다. 출력 시 출력할 데이터를 만날 때마다 디스크로 보내 저장시키는 것이다.
라. 프로그램 실행과 속도가 느린 입출력을 이원화한다.

| 해설 | 스풀링은 출력 데이터를 스풀링에 저장하고 저속인 프린터기에 보내는 방식이다.

| 정답 | 나

44. 운영체제의 데이터 처리 방식 중 처리할 데이터를 일정한 시간이 경과하거나 일정한 수준이 되었을 때 일시에 처리하는 것은?

가. Batch Processing System

나. Multi-Processing System

다. Distributed Processing System

라. Time Sharing Processing System

| 해설 | 일괄 처리 시스템(Batch Processing System)은 작업을 처리할 때 유사한 작업을 모아서 일괄적으로 작업을 처리하는 시스템으로 하드웨어를 효율적으로 사용할 수 있는 장점을 가지고 있지만, 실시간 처리가 어렵다는 문제와 실행 시간이 장시간 필요한 단점을 가지고 있다.

| 정답 | 가

45. 컴퓨터에 하드디스크를 새로 장착하고 부팅 가능한 하드디스크로 만들기 위한 도스 명령어는?

가. FORMAT C:/S

나. FORMAT C:/B

다. FORMAT C:/T

라. FORMAT C:/Q

| 해설 | FORMAT C:/S는 새로운 부팅 가능한 디스크를 만드는 것이다.

| 정답 | 가

46. "윈도우 98"에서 작업 표시줄에 볼륨 조절 표시 아이콘을 생성할 수 있는 제어판의 아이콘은?

가. 사운드

나. 멀티미디어

다. 내게 필요한 옵션

라. 시스템

| 해설 | 멀티미디어는 비디오 재생 화면크기, 볼륨 등을 설정한다.

| 정답 | 나

47. 운영체제의 수행업무에 해당하지 않는 것은?

가. 하드웨어 장치와 프로그램 수행 제어　　나. CPU 스케줄링

다. 기억장치의 할당 및 회수　　라. 통신회선 신호 변환

| **해설** |　D

· **운영체제 기능**

- 프로세스 관리(Process Management)
- CPU 스케줄링(CPU Scheduling)
- 기억장치 관리(Memory Management)
- 하드웨어 관리

| 정답 |　라

48. 도스(MS-DOS)에서 1개의 하드디스크를 논리적으로 2개의 드라이브로 분할하고자 할 때 사용하는 명령어는?

가. chkdsk　　나. attrib

다. format　　라. fdisk

| **해설** |　Fdisk는 한 개의 하드디스크를 N개로 분할할 수 있는 프로그램이다.

| 정답 |　라

49. 다음에서 설명하는 UNIX 명령어는?

> - 현재 사용 중인 프로세스 정보를 출력한다.
> - [옵션]-a[all]: 시스템에 작동 중인 모든 프로세스에 대한 자세한 정보를 출력한다.

가. ping

나. ps

다. pwd

라. cd

| **해설** | ps는 유닉스에서 실행 중인 프로세스 목록을 확인하는 명령어이다.

```
ivory82@be9995a5-c20b-4a17-a7a2-f5754b0b8a7f:~$ ps aux
USER        PID %CPU %MEM    VSZ   RSS TTY      STAT START   TIME COMMAND
root          1  0.0  0.0  24344  2248 ?        Ss   Feb15   0:00 /sbin/init
root          2  0.0  0.0      0     0 ?        S    Feb15   0:00 [kthreadd]
root          3  0.0  0.0      0     0 ?        S    Feb15   0:01 [ksoftirqd/0]
root          4  0.0  0.0      0     0 ?        S    Feb15   0:00 [kworker/0:0]
root          5  0.0  0.0      0     0 ?        S    Feb15   0:00 [kworker/u:0]
root          6  0.0  0.0      0     0 ?        S    Feb15   0:00 [migration/0]
root          7  0.0  0.0      0     0 ?        S    Feb15   0:05 [watchdog/0]
root          8  0.0  0.0      0     0 ?        S    Feb15   0:00 [migration/1]
root          9  0.0  0.0      0     0 ?        S    Feb15   0:00 [kworker/1:0]
root         10  0.0  0.0      0     0 ?        S    Feb15   0:01 [ksoftirqd/1]
root         11  0.0  0.0      0     0 ?        S    Feb15   0:04 [watchdog/1]
```

| 도표 | 유닉스 ps 명령어 실행 예제

| 정답 | 나

50. 윈도우 98의 "찾기" 대화상장에서 제공되는 탭이 아닌 것은?

가. 이름 및 위치

나. 찾아보기

다. 날짜

라. 고급

| **해설** | 대화상장 탭은 이름 및 위치, 날짜, 고급이다.

| 정답 | 나

51. 10개 국(station)을 서로 망형 통신망을 구성할 시 최소로 필요한 통신 회선 수는?

가. 15

나. 25

다. 35

라. 45

| 해설 | 망형(Mesh)의 회선 링크 수=n(n-1)/2로 계산한다. 망형은 그물처럼 서로 간의 연결을 가지고 있는 네트워크로 한쪽에 장애가 발생해도 통신을 할 수 있는 장점이 있다.

10(10-1)/2=45

| 정답 | 라

52. 데이터 변조속도가 3,600[Baud]이고 쿼드비트(Quad bit)를 사용하는 경우 전송속도는?

가. 14,400[Baud]

나. 10,800[Baud]

다. 9,600[Baud]

라. 7,200[Baud]

| 해설 | 3,600×쿼드비트(4비트)=14,400Baud이다.
Baud는 전기 통신에서 1초당 발생한 신호의 변화 횟수이다.

| 정답 | 가

53. 다음 중 LAN의 특성이라고 볼 수 없는 것은?

가. 고속의 정보전송이 가능하다.
나. 자원의 공유가 가능하다.
다. 외부 통신망의 제약을 받지 않는다.
라. 방송 형태로 서비스 이용이 불가능하다.

| 해설 | LAN은 방송형태의 서비스도 가능하다.

· LAN(Local Area Network) 특징

> - 동일한 지역에서 근거리 영역의 네트워크
> - 사무실, 공장 등과 같은 곳에서 사용
> - 고속회선을 연결하여 통신망을 구성
> - 에러가 낮고 경로를 결정하는 라우팅이 필요 없음.
> - 데이터, 음성, 영상과 같은 다양한 멀티미디어 정보 가능
> - 데이터 공유가 쉬움.

| 정답 | 라

54. RS-232C 25핀 인터페이스에서 데이터 전송(TXD)과 수신(RXD)에 해당되는 핀(Pin) 번호가 순서대로 옳은 것은?

가. 1, 2   나. 3, 4

다. 2, 3   라. 4, 5

| 해설 |

| 도표 | RS-232C

RS-232C는 2번은 데이터를 송신, 3번은 데이터를 수신, 4번은 송신 요구, 5번은 송신 준비완료를 담당한다.

| 정답 | 다

408

55. PCM(Pulse Code Modulation)의 과정을 순서대로 옳게 나타낸 것은?

가. 신호 → 양자화 → 표본화 → 부호화 → 복호화
나. 신호 → 표본화 → 양자화 → 부호화 → 복호화
다. 신호 → 표본화 → 양자화 → 복호화 → 부호화
라. 신호 → 복호화 → 양자화 → 부호화 → 표본화

| 해설 | 아날로그 신호를 디지털 신호로 변조하는 방식에는 PCM(Pulse Code Modulation) 방식이 존재한다. PCM 방식은 아날로그 신호를 펄스로 변환하여 전송하고 수신 측에서는 다시 아날로그 신호로 변환한다.
신호 → 표본화 → 양자화 → 부호화 → 복호화 순이다.

| 정답 | 나

56. 다음 중 전송선로의 1차 정수가 아닌 것은?

가. 저항   나. 인덕턴스

다. 정전용량   라. 위상정수

| 해설 | 전송선로 1차 정수는 인덕턴스, 정전용량, 컨덕턴스, 도체저항이다.

| 정답 | 라

57. 컴퓨터를 이용하여 기존의 문자나 숫자 정보뿐만 아니라 텍스트, 이미지, 오디오, 비디오 등 여러 가지 미디어 형태의 정보를 통합하여 처리하는 기술을 무엇이라고 하는가?

가. 패킷무선망 기술   나. 전화망 기술

다. 멀티미디어 기술   라. 대용량전송 기술

| 해설 | 멀티미디어는 다양한 매체를 통해서 다양한 자료를 전달 및 사용하는 기술을 총칭하는 것으로 음성, 화상, 데이터, 그림 등을 양방향으로 공유한다.

| 정답 | 다

58. 다음 중 데이터의 암호화와 압축을 수행하는 OSI 참조 모델의 계층은?

가. 응용 계층　　　　　　　　　　나. 표현 계층

다. 세션 계층　　　　　　　　　　라. 전송 계층

| 해설 | 암호화 및 압축은 표현 계층에서 수행한다.

[표] OSI 7계층 구조

OSI 7 Layer	주요 내용	주요 프로토콜 (매체)
7. 응용 (Application)	- 사용자 소프트웨어를 네트워크에 접근 가능하도록 함. - 사용자에게 최종 서비스를 제공	- FTP, SNMP, HTTP,Mail, Telnet 등
6. 표현 (Presentation)	- 포맷기능, 압축, 암호화 - 텍스트 및 그래픽 정보를 컴퓨터가 이해할 수 있는16진수 테이터로 변환	- 압축, 암호, 코드 변환 - MIDI, MPEG, JPEG, 암호화 - GIF, ASCII, EBCDIC
5. 세션 (Session)	- 세션 연결 및 동기화 수행, 통신 방식 결정 - 가상 연결을 제공하여Login/Logout	- 단방향, 반이중, 전이중
4. 전송 (Transport)	- 가상연결, 에러 제어, Data 흐름 제어, Segment 단위 - 두 개의 종단 간 End-to-End 데이터 흐름이 가능하도록 논리적 연결 - 신뢰도, 품질보증, 오류탐지 및 교정 기능 제공 - 다중화(Multiplexing) 발생	- TCP, UDP
3. 네트워크 (Network)	- 경로선택, 라우팅 수행, 논리적 주소 연결(IP) - 데이터 흐름 조절, 주소지정 메커니즘 구현 - 네트워크에서 노드에 전송되는 패킷 흐름을통제하고, 상태메시지가 네트워크상에서 어떻게 노드로 전송되는가를 정의, Datagram 단위	- IP, ICMP, IPX, ARP - 라우팅 프로토콜

2. 데이터링크 (Data Link)	- 물리주소 결정, 에러 제어, 흐름 제어, 데이터 전송 - Frame 단위, 전송 오류를 처리하는 최초의 계층	HDLC
1. 물리 (Physical)	- 전기적, 기계적 연결 정의, 실제 Data Bit 전송 - Bit 단위, 전기적 신호, 전압구성, 케이블, 인터페이스 등을 구성	- 동축케이블, 광섬유, Twist Pair Cable

| 정답 | 나

59. 다음 중 신호대 잡음비(SNR)의 단위로 옳은 것은?

가. baud
나. cycle
다. Hz
라. dB

| 해설 |

· 데시벨(dB)

- 전기 신호세력 측정단위

| 정답 | 라

60. 다음 중 아날로그 CATV방송의 영상신호 전송방식은?

가. FM 방식
나. FSK 방식
다. PCM 방식
라. AM 방식

| 해설 | AM(Amplitude Modulation)은 아날로그 정보 반송파의 진폭을 변조한다.

| 정답 | 라